高等院校环境类系列教材

仪器分析实验教程

蔡艳荣　主编

中国环境科学出版社·北京

图书在版编目（CIP）数据

仪器分析实验教程/蔡艳荣主编. —北京：中国环境科学出版社，2010.8

（高等院校环境类系列教材）

ISBN 978-7-5111-0348-2

Ⅰ. ①仪… Ⅱ. ①蔡… Ⅲ. ①仪器分析—实验—高等院校—教材 Ⅳ. ①O657-33

中国版本图书馆 CIP 数据核字（2010）第 158139 号

责任编辑 黄晓燕 陈雪云
责任校对 扣志红
封面设计 玄石至上

出版发行 中国环境科学出版社
（100062 北京东城区广渠门内大街 16 号）
网 址：http://www.cesp.com.cn
联系电话：010-67112735
发行热线：010-67125803，010-67113405（传真）
印 刷 北京东海印刷有限公司
经 销 各地新华书店
版 次 2010 年 8 月第 1 版
印 次 2010 年 8 月第 1 次印刷
印 数 1—3 000
开 本 787×960 1/16
印 张 17.5
字 数 300 千字
定 价 28.00 元

前言

本书是为高等院校化学、化工、环境、商检专业学生编写的仪器分析实验教材。全书共十章，涵盖 27 个教学实验。内容包括紫外—可见光谱、原子吸收光谱、原子发射光谱、电位分析、极谱、气相色谱、高效液相色谱、红外光谱、X 射线粉末衍射分析法等内容。

每章重点介绍一种分析方法的基本原理、仪器构造、操作说明和仪器使用注意事项，同时各章配有一定的教学实验内容。

全书由蔡艳荣主编，第二章由顾佳丽编写，第五章、第六章由马占玲编写，第七章由王敏编写，第八章和第十章由鲁奇林编写，第九章由孙曙光编写，第一章、第三章和第四章由蔡艳荣编写，最后由蔡艳荣统稿。

本书是化学实验教学中心长期工作在仪器分析实验教学第一线的教师和教辅人员共同劳动的成果。有些教师因其他工作任务，没能参与本书的编写工作，但是他们都为本书的出版付出过辛勤劳动。

本书在编写过程中借鉴了大量同行业书籍和相关国家标准，在此一并向作者表示感谢！

由于编者的学识水平所限，书中的缺点和错误在所难免，敬请各位读者批评指正。

目录

第一章 绪　论

第一节　概　述

一、仪器分析实验的作用

仪器分析实验是化学相关专业的基础课程之一，是在学生学习和掌握了仪器分析课程的基本原理之后，将仪器分析理论与操作应用技能融合在一起的一门独立开设的基础实验课程。实验内容包括光谱分析（紫外—可见吸收光谱、原子吸收光谱、原子发射光谱、红外光谱）、电化学分析（电位分析、极谱分析）、色谱（气相色谱、液相色谱）等仪器分析实验技术。

二、仪器分析实验课的任务

通过仪器分析实验课程的学习，使学生加深对仪器分析方法基本原理的理解，对仪器分析领域有较全面的了解，掌握主要仪器的结构、功能和特点，能根据不同的分析对象和要求选择合适的分析方法。

三、对仪器分析实验的基本要求

为了使学生掌握仪器分析实验的基本知识和技能，学会正确使用分析仪器，正确处理实验数据和表达实验结果，培养学生严谨求实的科学态度和独立工作的能力，对仪器分析实验提出一些基本的要求。

1. 实验课前

实验课前要求学生准备一个预习记录本，认真做好预习，写好预习报告。

由于实验室的仪器设备台数有限，无法使理论教学与实验教学同步进行，实验只能采取轮流的方式进行，学生要进行实验时，有时理论课还没讲到相应部分，这就要求学生除了预习实验讲义和实验教材的内容，还需要把理论知识部分提前预习，明白仪器的工作原理。实验前对实验内容、实验步骤都有了充分的了解，设计好实验记录数据表格和实验注意事项，做到对该实验内容心中有数。

2. 实验课中

（1）熟悉实验室有关规章制度。进入实验室应认真阅读实验室的有关规章制度，并严格遵守。

（2）操作要规范。实验过程中应遵守实验室纪律，严格按照仪器的操作规程认真操作，仔细观察实验现象，并及时做好记录，积极进行思考。

对不了解的仪器设备，要事先仔细阅读有关资料，了解其使用方法，不可随意动手调节仪器设备，以免损坏仪器。凡损坏仪器设备的，应及时报告指导教师并进行登记。

（3）应及时进行实验记录。应在实验预习本上及时记录实验条件、实验现象和实验数据，不能使用单张纸记录或记录在书本上。实验数据不能随意取舍或涂改，如有改动应在旁边备注原因。

（4）打扫实验室。实验课程结束后值日生应认真打扫实验室，关好门、窗、水、电、气，指导教师检查后方可离开实验室。

3. 实验课后

（1）及时完成实验报告。实验报告是整个实验过程的一个重要环节。实验报告一般包括实验的基本信息（实验名称、实验日期、实验人、同组者、实验地点、实验性质、实验学时等）和实验的主要内容（实验目的、实验原理、实验仪器和试剂、实验步骤、实验数据处理、结果与讨论、思考题）。

（2）及时补充学习相应的理论知识。由于实验采取轮流的方式进行，理论教学与实验教学无法同步进行，学生即便实验课前进行了预习，有些原理部分仍然不能完全理解。通过实验课上对仪器的了解和使用，课下再补充相应的理论知识，进一步理解和掌握仪器分析实验的原理和操作。

第二节 数据处理方法

一、有效数字

1. 有效数字位数

在分析工作中通过直读获得的准确数字叫做可靠数字，通过估读获得的数字叫做存疑数字，测量结果中能够反映被测量大小的带有一位存疑数字的全部数字叫做有效数字。

实验过程中，有效数字的取舍对实验结果的表达有很大的影响，一般的有效数字取舍原则可参考口诀“四舍六入五考虑，五后非零则进一，五后皆零视奇偶，五前为偶应舍去，五后为奇则进一”。

计算时有效数字的取舍，加减法以小数点后位数最少的数为依据，乘除法以有效数字位数最少的数为依据。在计算过程中，可以暂时多保留一位可疑数字，得到最后结果时，再弃去多余的数字。

2．可疑数据取舍

在实验过程中，可能会歪曲试验结果，但尚未经检验断定其是离群数据的测量数据称为可疑数据。对于明显歪曲实验结果的测量数据称为离群数据。

对离群数据要进行统计检验才能决定是否取舍。若未知标准差，可以采取狄克逊检验和格拉布斯检验方法进行。若已知标准差，可以采用奈尔检验法。

（1）狄克逊检验（Dixon，单侧检验，3≤样本量≤30）。该检验方法适于一组测量值的一致性检验和剔除离群值。

① 将一组测量数据从小到大顺序排列为 X_1，X_2，X_3，…，X_n，X_1 和 X_n 分别为最小可疑值和最大可疑值。

② 根据表 1-1 计算公式求 D 值。

表 1-1 狄克逊检验统计量 D 计算公式

n 值范围	3～7	8～10	11～13	14～30
可疑数据为最小值 X_1 时	$D=\frac{X_2-X_1}{X_n-X_1}$	$D=\frac{X_2-X_1}{X_{n-1}-X_1}$	$D=\frac{X_3-X_1}{X_{n-1}-X_1}$	$D=\frac{X_3-X_1}{X_{n-2}-X_1}$
可疑数据为最大值 X_n 时	$D=\frac{X_n-X_{n-1}}{X_n-X_1}$	$D=\frac{X_n-X_{n-1}}{X_n-X_2}$	$D=\frac{X_n-X_{n-2}}{X_n-X_2}$	$D=\frac{X_n-X_{n-2}}{X_n-X_3}$

③ 根据给定的检出水平 α 和样本容量 n 从表 1-2 中查得临界值 $D_{1-\alpha}$（n）。

④ 若 $D>D_{1-\alpha}$（n）则可疑值为离群值；否则判定未发现离群值。

表 1-2 单侧狄克逊检验的临界值

n \ α	0.90	0.95	0.99	0.995
3	0.885	0.941	0.988	0.994
4	0.679	0.765	0.889	0.920
5	0.557	0.642	0.782	0.823

n \ α	0.90	0.95	0.99	0.995
6	0.484	0.562	0.698	0.744
7	1.434	0.507	0.637	0.680
8	0.479	0.554	0.684	0.723
9	0.441	0.512	0.635	0.676
10	0.410	0.477	0.597	0.638
11	0.517	0.575	0.674	0.707
12	0.490	0.546	0.642	0.675
13	0.467	0.521	0.617	0.649
14	0.491	0.546	0.640	0.672
15	0.470	0.524	0.618	0.649
16	0.453	0.505	0.597	0.629
17	0.437	0.489	0.580	0.611
18	0.424	0.475	0.564	0.595
19	0.412	0.462	0.550	0.580
20	0.401	0.450	0.538	0.568
21	0.391	0.440	0.526	0.556
22	0.382	0.431	0.516	0.545
23	0.374	0.422	0.507	0.536
24	0.367	0.413	0.497	0.526
25	0.360	0.406	0.489	0.519
26	0.353	0.399	0.482	0.510
27	0.347	0.393	0.474	0.503
28	0.341	0.387	0.468	0.496
29	0.337	0.381	0.462	0.489
30	0.332	0.376	0.456	0.484

（2）格拉布斯（Grubbs）检验：适于多组测量值的均值的一致性检验和剔除离群均值。

① 有 l 组测定值，每组 n 个测定值的均值分别为 $\overline{X_1}$，$\overline{X_2}$，…，$\overline{X_l}$，则最大均值记为 $\overline{X}_{\max}$，最小均值记为 $\overline{X}_{\min}$。

② 由 n 个均值计算总均值 $\overline{\overline{X}}$ 和标准偏差 $S_{\overline{X}}$。

$$\overline{\overline{X}}=\frac{1}{l}\sum_{i=1}^{l}\overline{\overline{X}}_i \qquad S_{\overline{X}}=\sqrt{\frac{1}{l-1}\sum_{i=1}^{l}\left(\overline{X_i}-\overline{\overline{X}}\right)^2} \tag{1.1}$$

③ 可疑均值为最大值 $\overline{X}_{\max}$ 时：$G=\dfrac{\overline{X}_{\max}-\overline{\overline{X}}}{S_{\overline{X}}}$，　(1.2)

可疑均值为最小值 $\overline{X}_{\min}$ 时：$G=\dfrac{\overline{\overline{X}}-\overline{X}_{\min}}{S_{\overline{X}}}$。　(1.3)

④ 根据测定值组数和给定的显著性水平α，从表 1-3 查得临界值 $G_{1-\alpha}$（n）。

⑤ 若 $G>G_{1-\alpha}$（n），则可疑均值为离群均值，应予剔除，即剔除含有该均值的一组数据，否则判定未发现离群值。

表 1-3 格拉布斯（Grubbs）检验的临界值

n \ α	0.90	0.95	0.975	0.99	0.995	n \ α	0.90	0.95	0.975	0.99	0.995
3	1.148	1.153	1.155	1.155	1.155	27	2.519	2.698	2.859	3.049	3.178
4	1.425	1.463	1.481	1.492	1.496	28	2.534	2.714	2.876	3.068	3.199
5	1.602	1.672	1.715	1.749	1.764	29	2.549	2.730	2.893	3.085	3.218
6	1.729	1.822	1.887	1.944	1.973	30	2.563	2.745	2.908	3.103	3.236
7	1.826	1.938	2.020	2.097	2.139	31	2.577	2.759	2.924	3.119	3.253
8	1.909	2.032	2.126	2.221	2.274	32	2.591	2.773	2.938	3.135	3.270
9	1.977	2.110	2.215	2.323	2.387	33	2.604	2.773	2.938	3.135	3.270
10	2.036	2.176	2.290	2.410	2.482	34	2.616	2.799	2.965	3.164	3.301
11	2.088	2.234	2.355	2.485	2.564	35	2.628	2.811	2.979	3.178	3.316
12	2.134	2.285	2.412	2.550	2.636	36	2.639	2.823	2.991	3.191	3.330
13	2.175	2.331	2.462	2.607	2.699	37	2.650	2.835	3.003	3.204	3.343
14	2.213	2.371	2.507	2.659	2.755	38	2.661	2.846	3.014	3.216	3.356
15	2.247	2.409	2.549	2.705	2.805	39	2.671	2.857	3.025	3.216	3.356
16	2.279	2.443	2.585	2.747	2.852	40	2.682	2.866	3.036	3.240	3.381
17	2.309	2.475	2.620	2.785	2.894	41	2.692	2.877	3.046	3.251	3.393
18	2.335	2.504	2.651	2.821	2.932	42	2.700	2.887	3.057	3.261	3.404
19	2.361	2.532	2.681	2.854	2.968	43	2.710	2.896	3.067	3.271	3.415
20	2.385	2.557	2.709	2.884	3.001	44	2.719	2.905	3.075	3.282	3.425
21	2.408	2.580	2.733	2.912	3.031	45	2.727	2.914	3.085	3.292	3.435
22	2.429	2.603	2.758	2.939	3.060	46	2.736	2.923	3.094	3.302	3.445
23	2.448	2.624	2.781	2.963	3.087	47	2.744	2.931	3.103	3.310	3.455
24	2.467	2.644	2.802	2.987	3.112	48	2.753	2.940	3.111	3.319	3.464
25	2.486	2.663	2.822	3.009	3.135	49	2.760	2.948	3.120	3.329	3.474
26	2.502	2.681	2.841	3.029	3.157	50	2.768	2.956	3.128	3.336	3.483

（3）奈尔（Nair）检验法（3≤样本量≤100）。

① 将一组测量数据从小到大顺序排列为 X_1，X_2，X_3，…，X_n，X_1 和 X_n 分别为最小可疑值和最大可疑值。

② 计算统计量 R_n 的值。

可疑均值为最大值 X_{max} 时：$R_n = \dfrac{X_{max} - \overline{X}}{\sigma}$， （1.4）

可疑均值为最小值 X_{min} 时：$R_n = \dfrac{\overline{X} - X_{min}}{\sigma}$。 （1.5）

式中，σ为已知的总体标准差；$\overline{X}$ 为样本均值。

③ 根据测定值给定的显著性水平α，从表 1-4 查得临界值 $R_{1-\alpha}$（n）。

④ 若 $R_n > R_{1-\alpha}$（n），则可疑均值为离群均值，否则判定未发现离群值。

表 1-4 奈尔（Nair）检验的临界值

n \ α	0.90	0.95	0.975	0.99	0.995	n \ α	0.90	0.95	0.975	0.99	0.995
3	1.497	1.738	1.955	2.215	2.396	27	2.616	2.843	3.053	3.310	3.493
4	1.696	1.941	2.163	2.431	2.618	28	2.630	2.856	3.065	3.322	3.505
5	1.835	2.080	2.304	2.574	2.764	29	2.643	2.869	3.077	3.334	3.516
6	1.939	2.184	2.408	2.679	2.870	30	2.656	2.881	3.089	3.345	3.527
7	2.022	2.267	2.490	2.761	2.952	31	2.668	2.892	3.100	3.356	3.538
8	2.091	2.334	2.557	2.828	3.019	32	2.679	2.903	3.111	3.366	3.548
9	2.150	2.392	2.613	2.884	3.074	33	2.690	2.914	3.121	3.376	3.557
10	2.200	2.441	2.662	2.931	3.122	34	2.701	2.924	3.131	3.385	3.566
11	2.245	2.484	2.704	2.973	3.163	35	2.712	2.934	3.140	3.394	3.575
12	2.284	2.523	2.742	3.010	3.199	36	2.733	2.944	3.150	3.403	3.584
13	2.320	2.557	2.886	3.043	3.232	37	2.732	2.953	3.159	3.412	3.592
14	2.352	2.589	2.806	3.072	3.261	38	2.741	2.962	3.167	3.420	3.600
15	2.382	2.617	2.834	3.099	3.287	39	2.750	2.971	3.176	3.428	3.608
16	2.409	2.644	2.860	3.124	3.312	40	2.759	2.980	3.184	3.436	3.616
17	2.434	2.668	2.883	3.147	3.334	41	2.768	2.988	3.192	3.444	3.623
18	2.458	2.691	2.905	3.168	3.355	42	2.776	2.996	3.200	3.451	3.630
19	2.480	2.712	2.926	3.188	3.374	43	2.784	3.004	3.207	3.458	3.627
20	2.500	2.732	2.945	3.207	3.392	44	2.792	3.011	3.215	3.465	3.644
21	2.519	2.750	2.963	3.224	3.409	45	2.800	3.019	3.222	3.472	3.651
22	2.538	2.768	2.980	3.240	3.425	46	2.808	3.020	3.229	3.479	3.657
23	2.555	2.784	2.996	3.256	3.440	47	2.815	3.033	3.235	3.485	3.663
24	2.571	2.800	3.011	3.270	3.455	48	2.822	3.040	3.242	3.491	3.669
25	2.587	2.815	3.026	3.284	3.468	49	2.829	3.047	3.249	3.498	3.675
26	2.602	2.829	3.039	3.298	3.481	50	2.836	3.053	3.255	3.504	3.681

二、误差和偏差

1. 误差

误差是表示测定结果准确度的一种方法。

（1）定义。误差是指测量值与真实值之间的差值。真值是指客观值或实际值，包括理论真值、约定真值和相对真值等。

（2）分类。误差可以分为系统误差、偶然误差和过失误差。

系统误差，又称可测误差、恒定误差，一般是由测定方法、仪器、试剂、恒定人员或环境造成的。

偶然误差，又称随机误差、不可测误差，一般是由测定过程中各种随机因素的共同作用所造成，服从正态分布。

过失误差，又称粗差，是由测量过程中犯了不应有的错误所造成。

（3）表示方法。

绝对误差$=X-X_t$，即测量值−真实值；

相对误差$=\dfrac{X-X_t}{X_t}\times 100\%$。　（1.6）

2. 偏差

偏差是指个别测定值 X_i 与多次测定均值（$\overline{X}$）的偏离程度，是表示测定结果精密度的方法。在实际实验数据处理中，常用以下量表示：

绝对偏差 d：$d=X_i-\overline{X}$；　（1.7）

相对偏差：$\dfrac{d}{\overline{X}}\times 100\%$；　（1.8）

算术平均偏差：$\overline{d}=\dfrac{1}{n}\Sigma\left|d_i\right|$；　（1.9）

相对平均偏差：$\dfrac{\overline{d}}{\overline{X}}\times 100\%=\dfrac{\overline{d}}{\overline{X}}\times 1\,000\text{‰}$；　（1.10）

样本标准偏差：$s=\sqrt{\dfrac{1}{n-1}\sum_{i=1}^{n}\left(X_i-\overline{X}\right)^2}=\sqrt{\dfrac{\Sigma X_i^{\,2}-\dfrac{\left(\Sigma X_i\right)^2}{n}}{n-1}}$；　（1.11）

样本相对标准偏差（变异系数）：$C_V=\dfrac{s}{\overline{X}}\times 1\,000\text{‰}$；　（1.12）

总体标准偏差：$\sigma = \sqrt{\frac{1}{N}\sum_{i=1}^{n}(X_i - \mu)^2} = \sqrt{\frac{\Sigma X_i^2 - \frac{(\Sigma X_i)^2}{n}}{N}}$　　(1.13)

式中，N 为总体容量；μ 为总体均值。

三、直线相关和回归

在进行数据分析时常用到标准曲线法，最常用的标准曲线就是直线，下面简单介绍一下直线相关。

1．相关和直线回归方程

变量之间既有关系又无确定性关系，称为相关关系，它们之间的关系式称为回归方程式，最简单的直线回归方程为 $y=ax+b$，式中 a、b 为常数，可根据最小二乘法求出来。

$$a = \frac{\Sigma xy - \Sigma x \cdot \Sigma y}{n\Sigma x^2 - (\Sigma x)^2} \qquad b = \frac{\Sigma x^2 \cdot \Sigma y - \Sigma x \cdot \Sigma xy}{n\Sigma x^2 - (\Sigma x)^2} \tag{1.14}$$

2．相关系数

相关系数是表示两种变量之间关系的密切程度的指标，符号“r”，其值在-1～$+1$。

$$r = \frac{\Sigma(x-\bar{x})\cdot(y-\bar{y})}{\sqrt{\Sigma(x-\bar{x})^2 \cdot (y-\bar{y})^2}} \tag{1.15}$$

若 x 增大，y 也相应增大，x 与 y 正相关，$0<r<1$；若 $r=1$，称完全正相关。若 x 增大，y 相应减小，x 与 y 负相关，$-1<r<0$；若 $r=-1$，称完全负相关。若 y 与 x 变化无关，称 x 与 y 不相关，$r=0$。

四、实验室常用的几个术语

1．准确度

准确度是测定值与真值之间符合程度的度量，它是反映分析方法或测量系统存在的系统误差和随机误差两者的综合指标，误差的大小是衡量准确度高低的尺度。

2．精密度

精密度是指用一特定分析程序在受控条件下重复分析同一样品所得测定值的一致程度，偏差的大小是衡量精密度高低的尺度。

在实验室进行精密度测量时常进行平行性、重复性和再现性实验。

平行性是指在同一实验室中，当分析人员、分析设备和分析时间都相同时，用同一分析方法对同一样品进行双份或多份平行样测定结果之间的符合程度。

重复性是指在同一实验室中，当分析人员、分析设备和分析时间三因素中至少有一项不相同时，用同一分析方法对同一样品进行的两次或两次以上独立测定结果之间的符合程度。

再现性是指在不同实验室（分析人员、分析设备甚至分析时间都不相同），用同一分析方法对同一样品进行多次测定结果之间的符合程度。

3. 灵敏度

分析方法灵敏度是指该方法对单位浓度或单位量的待测物质的变化所引起响应量变化的程度，可以用仪器的响应量或其他指示量与对应的待测物质的浓度或量之比来描述，因此常用标准曲线的斜率来度量灵敏度的大小。如原子吸收光谱、紫外—可见光光谱。利用标准曲线法进行分析时，都可以利用斜率来表示分析方法的灵敏度大小。

4. 空白试验

空白试验是在不加试样的情况下，以蒸馏水代替试样，按照试验的分析步骤和条件而进行分析的试验。

5. 对照试验

对照试验是用来检查系统误差的方法，以标准物质代替试样，按照试验的分析步骤和条件而进行分析的试验。

6. 校准曲线

校准曲线是指用于描述待测物质的浓度或量与相应的测量仪器的响应量或其他指示量之间的定量关系的曲线。绘制校准曲线的标准溶液的分析步骤与样品分析步骤完全相同时称为工作曲线，绘制校准曲线的标准溶液的分析步骤与样品分析步骤相比有所省略时称为标准曲线，比如省略样品的前处理。

7. 检测限

某一分析方法在给定的可靠程度内可以从样品中检测待测物质的最小浓度或最小量。

8. 测定限

测定限分为测定下限和测定上限。

测定下限指在测定误差能满足预定要求的前提下，用特定方法能够准确地定量测定待测物质的最小浓度或量。

测定上限指在测定误差能满足预定要求的前提下，用特定方法能够准确地定量测定待测物质的最大浓度或量。

第二章

紫外—可见吸收光谱法

第一节　概　述

紫外—可见吸收光谱法（UV-VIS）是根据溶液中物质的分子或离子对紫外和可见光谱区辐射能的吸收来研究物质的组成和结构的方法。

紫外光是波长 10～380 nm 的电磁辐射，它可分为远紫外光（10～200 nm）和近紫外光（200～380 nm）。远紫外光能被大气吸收，不易利用。所以，这里讨论的紫外光，仅指近紫外光。可见光区则是指其电磁辐射能被人的眼睛所感觉到的区域，即波长为 400～780 nm 的光谱区。紫外—可见吸收光谱法通常是指研究 200～780 nm 光谱区域内物质对光辐射吸收的一种方法。

紫外吸收光谱法和可见吸收光谱法在基本原理和仪器构造方面基本相似，由于工作波段的不同导致所用仪器部件和分析对象的差异。紫外吸收光谱法不仅可用于无机化合物的分析，更重要的是许多有机化合物在紫外区具有特征的吸收光谱，从而可以用来进行有机物的鉴定及结构分析。

紫外—可见吸收光谱法是一类历史悠久、应用十分广泛的分析方法。具有灵敏度高、选择性好、通用性强、设备和操作简单、价格低廉、分析速度快、准确度较好等优点。

第二节　紫外—可见吸收光谱原理

可见吸收光谱法是利用物质的分子对光的选择性吸收进行定量测定的分析方法。即当一定波长的单色光照射有色物质溶液时，由于有色物质分子吸收一部分光能使透射光的强度减弱，记录照射前后光强度随波长的变化情况，即可得到该物质的吸收光谱。因为各种物质分子的组成和结构的差异，他们的吸收光谱也不同。

紫外吸收光谱法是基于分子中价电子（即σ电子、π电子、杂原子上未成键的孤对 n 电子）吸收一定波长范围的紫外光而产生的分子吸收光谱，该光谱决定于分子的组成结构和分子中价电子的分布。因此分子吸收光谱具有物质分子本身的特征性质，利用这种性质可对物质进行定性分析。

紫外—可见吸收光谱法定量分析的理论依据是朗伯-比尔定律。即当把一束单色光（I_0）照射溶液时，一部分光（I_t）通过溶液，而另一部分被溶液吸收。这种吸收是与溶液中物质的浓度（c）和液层的厚度（b）成正比的。它的数学表达式为：

$$A = \lg\frac{I_0}{I_t} = Kbc \tag{2.1}$$

式中，K 为比例常数，与入射光的波长、物质的性质和溶液的温度等因素有关；A 为吸光度；c 为溶液的摩尔浓度，mol/L；b 为液层的厚度，cm。

一、紫外光谱图中常见的几种吸收带及光谱术语

（1）R 吸收带［来自德文 Radikalartig（基团）］。由 $n \to \pi^*$ 跃迁引起的吸收带，如 C═O，—NO_2，—CHO。其特点 $\varepsilon_{max} < 100$，λ_{max} 一般在 270 nm 以上。

（2）K 吸收带［来自德文 Konjugierte（共轭）］。由 $\pi \to \pi^*$ 跃迁引起的吸收带，如共轭双键。特点 $\varepsilon_{max} > 10\,000$。共轭双键增加 λ_{max} 向长波方向移动，ε_{max} 随之增大。

（3）B 吸收带［来自 Benzenoid（苯系）］。由苯的 $\pi \to \pi^*$ 跃迁引起的特征吸收带，其波长在 230～270 nm，中心在 254 nm，ε_{max} 为 204 左右。

（4）E 吸收带［Ethylenic（乙烯型）］。也属于 $\pi \to \pi^*$ 跃迁。可分为 E_1 和 E_2 带，二者可以分别看成是苯环中的乙烯及共轭乙烯键所引起的。苯的 E_1 为 180 nm，$\varepsilon_{max} > 10\,000$；$E_2$ 为 200 nm，$2\,000 < \varepsilon_{max} < 14\,000$。

（5）生色团。共价键不饱和原子基团，能引起电子光谱特征吸收，一般为带π电子的基团。如：C═C、C═O、C═N、NO、NO_2 等。

（6）助色团。饱和原子基团，本身在 200 nm 以上没有吸收，但当它与发色基团连接时，可使发色团的最大吸收峰向长波方向移动，并且使强度增加。

二、电子跃迁类型

紫外—可见吸收光谱的基本原理是在光的照射下待测样品内部的电子跃迁。

1. $\sigma \to \sigma^*$ 跃迁和 $n \to \sigma^*$ 跃迁

$\sigma \to \sigma^*$ 跃迁指处于成键轨道上的σ电子吸收光子后被激发跃迁到 σ^* 反键轨道，所需能量很大，不同物质具有不同的分子结构，对不同波长的光会产生选择

性吸收，因而具有不同的吸收光谱。

$n\rightarrow\sigma^*$指分子中处于非键轨道上的 n 电子吸收能量后向σ^*反键轨道的跃迁，一般相当于 150～250 nm 区域的辐射能，其中大多数吸收峰出现在低于 200 nm 的真空紫外区。此能量相当于真空紫外区的辐射能。

2. $\pi\rightarrow\pi^*$跃迁和$n\rightarrow\pi^*$跃迁

$\pi\rightarrow\pi^*$跃迁指不饱和键中的π电子吸收光波能量后跃迁到π^*反键轨道。$n\rightarrow\pi^*$跃迁指分子中处于非键轨道上的 n 电子吸收能量后向π^*反键轨道的跃迁。n 电子和π电子比较容易激发，π^*轨道的能量又比较低，所以由这两类跃迁产生的吸收峰波长一般都大于 200 nm，有机化合物的紫外—可见吸收光谱的分析就是以这两种跃迁为基础。

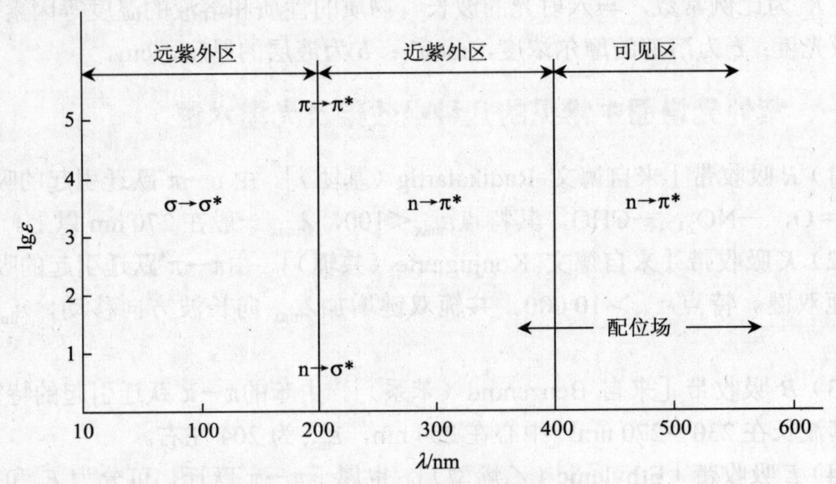

图 2-1 电子跃迁所处的波长范围

特殊的结构就会有特殊的电子跃迁，对应着不同的能量（波长），反映在紫外—可见吸收光谱图上就有一定位置一定强度的吸收峰，根据吸收峰的位置和强度就可以推知待测样品的结构信息。

第三节 紫外—可见分光光度计

一、基本部件

紫外—可见分光光度计主要由光源、单色器、吸收池、检测器和信号显示器组成。

1. 光源

光源的作用是提供激发能，使待测分子产生吸收。要求能够提供足够强的连续光谱，有良好的稳定性、较长的使用寿命，且辐射能量随波长无明显变化。常用的光源有热辐射光源和气体放电光源。利用固体灯丝材料高温放热产生的辐射作为光源的是热辐射光源。如在可见光最常用的光源是钨灯和卤钨灯。它们通常的波长范围是 320～2 500 nm，卤钨灯的使用寿命及发光效率高于钨灯。气体放电光源是指在低压直流电条件下，氢或氘气放电所产生的连续辐射。氢灯和氘灯是紫外区的常用光源，它们的波长范围是 180～375 nm，在相同情况下氘灯的发射强度约是氢灯的 4 倍。紫外—可见分光光度计同时具有可见和紫外两种光源。

2. 单色器

单色器是从连续光谱中获得所需单色光的装置。常用的有棱镜和光栅。棱镜和光栅结构原理如图 2-2 所示。主要组成部分有：① 入射狭缝；② 准直透镜，它使入射光束变为平行光束；③ 色散元件，它使不同波长的入射光色散开来；④ 聚焦透镜，它使不同波长的光聚焦在焦面的不同位置；⑤ 出射狭缝。

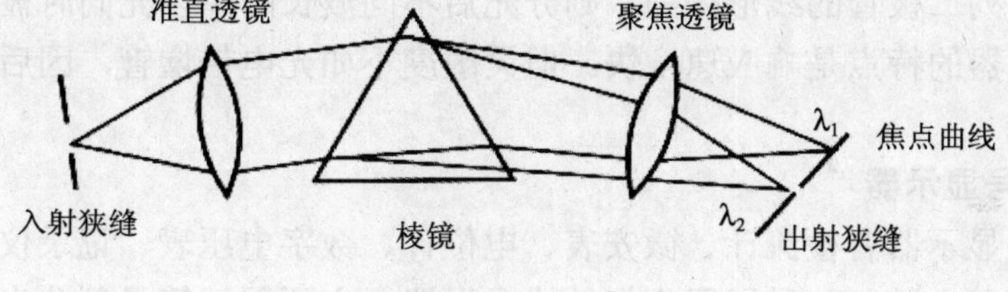

（a）棱镜单色器

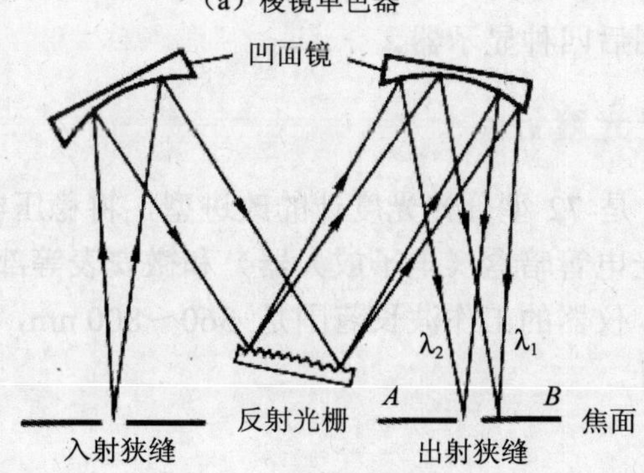

（b）光栅单色器

图 2-2　单色器

棱镜一般由玻璃或石英制成。玻璃棱镜可用于 350～2 000 nm 波长，石英棱镜可用于 185～4 000 nm 波长。紫外—可见分光光度计使用石英棱镜。玻璃棱镜的色散率随波长变化，得到的光谱呈非均匀排列，而且传递光的效率较低。

光栅在整个光学光区具有良好的几乎相同的色散能力。紫外—可见分光光度计多采用光栅。

3. 吸收池

吸收池是用于盛放溶液并提供一定吸光厚度的器皿。它由透明的光学玻璃或石英材料制成。玻璃吸收池只能用于可见光区，而石英吸收池在紫外和可见光区都可使用。最常见的吸收池吸光厚度为 1 cm。

4. 检测器

检测器的作用是检测光信号。常用检测器有光电管和光电倍增管。简易分光光度计上使用光电池或光电管作为检测器。目前最常见的检测器是光电倍增管，有的用二极管阵列作为检测器。其特点是在紫外—可见区的灵敏度高、响应快。但强光照射会引起不可逆损害，因此高能量检测不宜，需避光。一般单色器都有出口狭缝。经光栅分光后的光是一组以角度分布的光线，通过旋转光栅角度使某一波长的光经物镜聚焦到出口狭缝。二极管阵列检测器不使用出口狭缝，在其位置上放一系列二极管的线形阵列，则分光后不同波长的单色光同时被检测。二极管阵列检测器的特点是响应速度快。但灵敏度不如光电倍增管，因后者具有很高的放大倍数。

5. 信号显示器

常用的显示器有检流计、微安表、电位计、数字电压表、记录仪、示波器及数据微处理器。前三种显示器为指针式显示器，主要用于简易型分光光度计，中高档分光光度计多采用后四种显示器。

二、721 型分光光度计

721 型分光光度计是 72 型分光光度计的改进型，将稳压电源装置、光源灯、单色器、比色皿架、光电管暗盒（电子放大器）和微安表等部件全部装成一体，装置紧凑，操作简便。仪器的工作波长范围是 360～800 nm，适用于近紫外区和可见光区的分光光度计。

1．721 型分光光度计结构

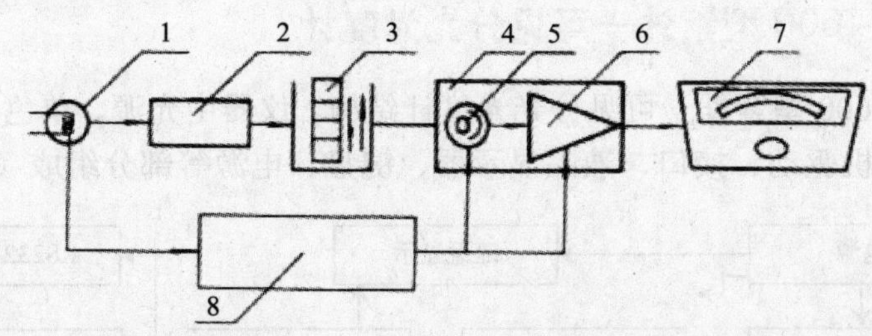

1—光源：钨灯；2—单色器：玻璃棱镜；3—吸收池：玻璃比色皿，0.5～3 cm；4—光电管暗盒；5—光电管；6—放大器；7—微安表；8—稳压器

图 2-3　721 型分光光度计结构

2．工作原理

由光源发出的复合光经单色器分光之后获得单色光，此单色光经吸收池后照射到检测器上，检测器将光信号转变为电信号，且经微电流放大器放大电信号后，由信号显示装置以吸光度 A 或透光度 T（%）形式表现出来。

3．721 型可见分光光度计光学系统构造

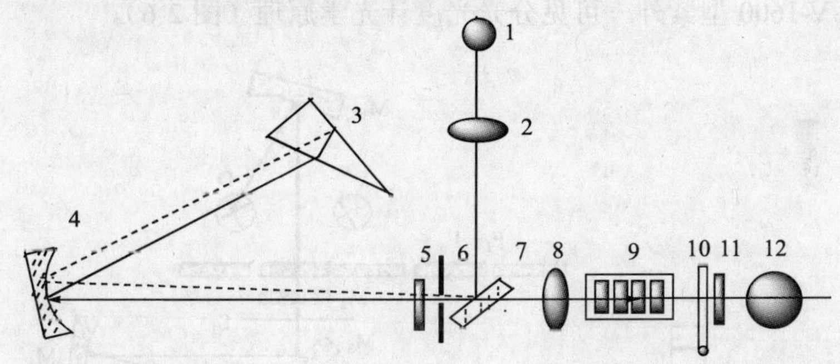

1—光源：钨灯；2—聚光透镜；3—色散棱镜（玻璃）；4—球面准直镜；5—保护玻璃；6—入射狭缝；7—平面反射镜；8—聚光透镜；9—玻璃比色皿；10—光路闸门；11—保护玻璃；12—G-D7 型真空光电管

图 2-4　721 型可见分光光度计光学系统构造

4．使用方法

① 选择波长。

② 调零点，$T=0$（打开样品池暗箱盖即关闭光路闸门）。

③ 调满度，$T=100\%$（合上样品池暗箱盖即打开光路闸门）。

④ 测量读数（打开光路闸门，样池对准光路读吸光度 *A* 值）。

三、UV-1600 型紫外—可见分光光度计

（1）UV-1600 型紫外—可见分光光度计结构。仪器由光源、单色器、样品室、检测系统、电机驱动、接口、液晶显示器、键盘、电源等部分组成（图 2-5）。

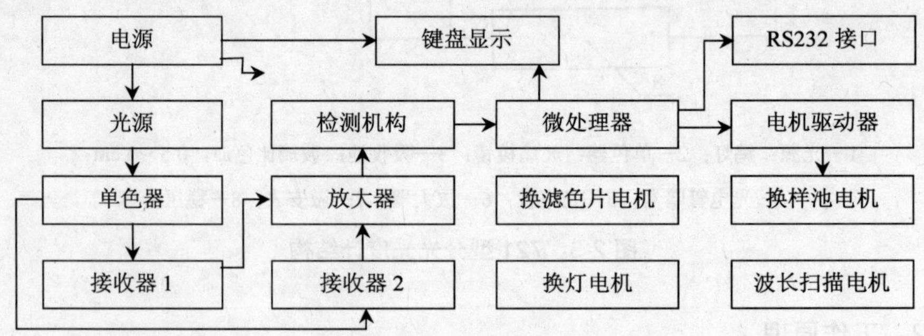

图 2-5 UV-1600 型紫外—可见分光光度计结构

（2）工作原理。由光源（灯依据波长变化而变换使用）发出的光经入射狭缝及反射镜反射至光栅，色散后经出射狭缝而得到所需波长的单色光束。

（3）UV-1600 型紫外—可见分光光度计光学原理（图 2-6）。

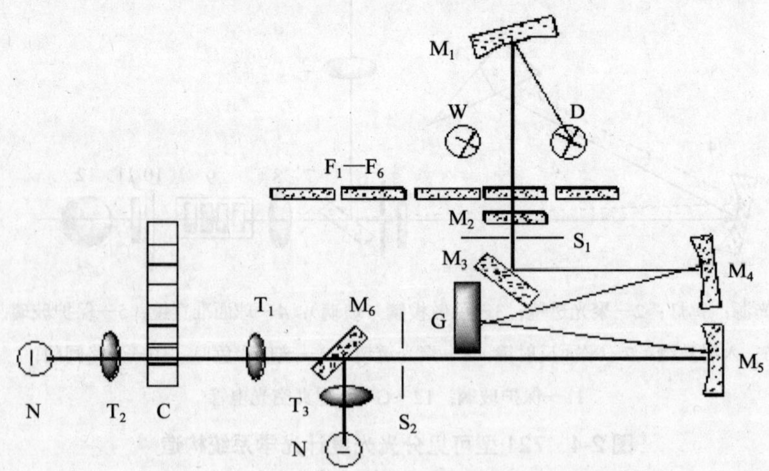

W—钨灯；D—氘灯；N—接收器；G—光栅；C—样池；M_1—聚光镜；M_2—保护片；M_3、M_6—平面反光镜、半反光透镜；M_4、M_5—准直镜；T_1、T_2、T_3—透镜；F_1—F_6—滤色片；S_1、S_2—狭缝

图 2-6 UV-1600 型紫外—可见分光光度计光学系统

（4）仪器主要技术参数。

波长范围：190～1 100 nm　　透光度 *T*（%）范围：0～220%*T*

吸光度范围 Abs：–0.342～3A　　光谱带宽：2 mm

最小取样间隔：0.1 nm　　浓度范围：0.000～9 999

能量范围：0.000～8　　波长准确度：±0.5 nm

波长重现性：≤0.2 nm

（5）主要功能。

波长测量方式：7 个样品，共 9 个波长可一次测量完毕。

定量分析测量方式：标准曲线法，1～21 点，用最小二乘法进行线性回归。

（6）UV-1600 型紫外—可见分光光度计特点。

① 仪器采用 128×64 位点阵液晶显示器，直接显示标准曲线和动力学测试曲线，同时可显示 200 组测试数据。

② 首次实现了在低价位仪器主机上进行动力学测试。

③ 存储的标准曲线多达 100 条。

④ 设计独特的光学系统、高性能 1 200 条/mm 光栅和进口接收器确保仪器有优良的性能指标。

⑤ 自动波长校准、自动波长设定、自动切换光源，自动控制氘灯和钨灯的开关，实时监控灯的点亮时间。

⑥ 宽大的样品室，可容纳 5～100 mm 各种规格的比色皿。

⑦ 薄膜按键，操作简单、方便。

⑧ USB 数据输出接口，可选配 Mapada 数据处理软件联机测试。

⑨ 使用专业的 Mapada 的扫描分析软件，可实现全波长光谱扫描、多波长测试、DNA/蛋白质分析。主要功能通过简单的参数设定，方便地进行光度分析、定量分析、动力学测试。

第四节　实验内容

实验一　邻二氮菲分光光度法测定样品中微量铁

一、实验目的

（1）掌握 721 型分光光度计的构造原理、光学原理及其操作方法。

（2）学习标准系列溶液、样品溶液的配制方法。

（3）学会绘制吸收曲线和标准曲线。

二、实验原理

显色前：用盐酸羟胺将 Fe^{3+}还原为 Fe^{2+}。反应如下：

$$2Fe^{3+}+2NH_2OH\cdot HCl = 2Fe^{2+}+N_2\uparrow+2H_2O+4H^++2Cl^-$$

显色：Fe^{2+}与邻二氮菲反应生成橘红色络合物，反应如下：

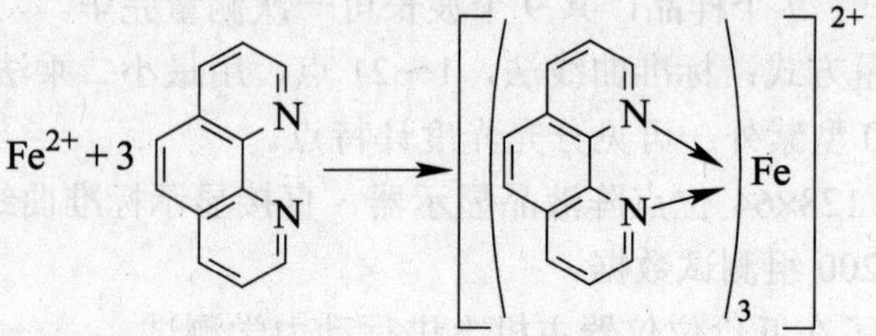

此橘红色络合物为邻二氮菲铁，其稳定较好，$\lg K_{稳}=21.3$（20℃），$\varepsilon=1.1\times10^4$ L/（cm·mol）。

显色酸度范围为 pH＝2～9。酸度高，反应进行慢；酸度低，Fe^{2+}水解。通常在 HAc-NaAc 缓冲介质中测定。

邻二氮菲与 Fe^{2+}的反应选择性很高，相当于含铁 5 倍的 Co^{2+}、Cu^{2+}，20 倍的 Cr^{3+}、Mn^{2+}、PO_4^{3-}、V（Ⅴ），40 倍的 Al^{3+}、Ca^{2+}、Mg^{2+}、SiO_3^{2-}、Sn^{2+}、Zn^{2+}都不干扰测定。

此方法测量灵敏度：10^{-5}%～10^{-4}%的痕量组分，相对误差为 5%～10%或 2%～5%。利用分光光度法定量测定时，一般选择最大吸收波长，因为在此波长下ε最大，测定的灵敏度也最高。通常绘制待测物质在不同波长下的吸收曲线，以找出物质的最大吸收波长。采用标准曲线法定量测定，即先配制一系列不同浓度的标准溶液，在选定的反应条件下使被测物质显色，测得相应的吸光度，以浓度为横坐标，吸光度为纵坐标绘制标准曲线。

三、实验仪器与试剂

1．仪器

721 型分光光度计，50 mL 容量瓶，10 mL、5 mL、2 mL、1 mL 吸量管，烧杯，滴管，擦镜纸，滤纸等。

2．试剂

Fe^{2+}标准储备溶液（1 000 μg/mL）；Fe^{2+}标准工作溶液（10 μg/mL）：准确移取 Fe^{2+}标准储备溶液稀释 100 倍；0.15%邻二氮菲水溶液；10%盐酸羟胺水溶液；

HAc-NaAc（pH＝4.6）缓冲溶液。

四、实验步骤

1．Fe^{2+}标准系列溶液的配制

分别准确移取 10 μg/mL Fe^{2+}标准工作溶液 0 mL、2.00 mL、4.00 mL、6.00 mL、8.00 mL、10.00 mL 于 6 个 50 mL 容量瓶中，再依次各加入 10%盐酸羟胺溶液 1.00 mL、0.15%邻二氮菲溶液 2.00 mL、pH＝4.6 的 HAc-NaAc 缓冲溶液 5 mL，定容摇匀。

2．样品溶液的配制

固体样品：石灰石、食用铁盐。

液体试样：工业酸：HCl、H_3PO_4。

固体样品用万分之一电子天平称量，液体试样用吸量管量取。

样品溶解、调 pH、转移定容，其余步骤与标准系列的配制同步进行。

3．邻二氮菲铁吸收曲线的绘制

以试剂空白为参比，用 1 cm 比色皿，测定邻二氮菲铁（2.0 μg/mL）溶液在 440～600 nm 内的吸光度，每隔 10 nm 测定一次吸光度 A，在最大吸收峰附近，每隔 2 nm 测定一次吸光度 A。记录数据，绘制邻二氮菲铁吸收曲线，找到最大吸收波长λ_{max}。

4．邻二氮菲铁标准曲线的绘制

以试剂空白为参比，用 1 cm 比色皿，在最大吸收波长λ_{max}下，分别测定各标准溶液的吸光度 A，记录数据，绘制邻二氮菲铁标准曲线。

5．样品溶液中 Fe^{2+}浓度的测定

在最大吸收波长λ_{max}下，测定样品溶液的吸光度 A，记录数据，计算样品溶液中铁的含量。

五、数据处理

（1）邻二氮菲铁吸收曲线的绘制。要求：在坐标纸上画图。

表 2-1　不同波长下邻二氮菲铁的吸光度

λ/nm	440	450	460	…	…	580	590	600
A								

由吸收光谱曲线图上找到λ_{max}=？

（2）邻二氮菲铁标准曲线的绘制。要求：在坐标纸上画图。

表 2-2 不同浓度邻二氮菲铁的吸光度

Fe^{2+}标准工作溶液（10 μg/mL）体积/mL	0	2.00	4.00	6.00	8.00	10.00
Fe^{2+}标准溶液浓度/（μg/mL）						
A						

（3）样品溶液中铁含量的计算。

样品溶液 A=______，c=______μg/mL

样品溶液中铁的含量=c× 稀释倍数=______μg/mL

（4）回归方程。

y=______x+______，相关系数 r=______

六、结果讨论

对是否完成实验目的、实验中的异常现象、实验方法存在的问题以及思考题等进行讨论。

七、思考题

1．哪些试剂需要准确加入，哪些试剂不需要准确加入？

2．在使用 721 型可见分光光度计时应该注意哪些问题？

3．在使用比色皿时应该注意哪些问题？

4．参比溶液的作用是什么？

5．朗伯-比尔定律的物理意义是什么？

6．什么叫吸收曲线？什么叫标准曲线？

7．用邻二氮菲分光光度法测定微量铁时，为什么在配制试液时需要加入还原剂盐酸羟胺？

8．影响显色反应的因素有哪些？如何选择合适的显色条件？

9．计算邻二氮菲铁的摩尔吸收系数ε。

实验二 有机化合物的紫外—可见吸收光谱及溶剂效应

一、实验目的

（1）了解紫外—可见分光光度法的原理及应用范围。

（2）了解紫外—可见分光光度计的基本构造及设计原理。

（3）了解苯及衍生物的紫外吸收光谱及鉴定方法。

（4）观察溶剂对吸收光谱的影响。

二、实验原理

紫外—可见吸收光谱是由于分子中价电子的跃迁而产生的。这种吸收光谱决定于分子中价电子的分布和结合情况。分子内部的运动分为价电子运动、分子内原子在平衡位置附近的振动和分子绕其重心的转动。因此分子具有电子能级、振动能级和转动能级。通常电子能级间隔为 1～20 eV，这一能量恰好落在紫外与可见光区。每一个电子能级之间的跃迁，都伴随着分子的振动能级和转动能级的变化，因此，电子跃迁的吸收线就变成了内含分子振动和转动精细结构的较宽的谱带。

芳香族化合物的紫外光谱的特点是具有由$\pi\rightarrow\pi^*$跃迁产生的 3 个特征吸收带。例如，苯在 184 nm 附近有一个强吸收带，ε=68 000；在 204 nm 处有一较弱的吸收带，ε=8 800；在 254 nm 附近有一个弱吸收带，ε=250。当苯处在气态时，这个吸收带具有很好的精细结构。当苯环上带有取代基时，则强烈地影响苯的 3 个特征吸收带。

三、实验仪器与试剂

1．仪器

UV-1600 型紫外—可见分光光度计；比色管（带塞）：5 mL 10 支，10 mL 3 支；移液管：1 mL 6 支，0.1 mL 2 支。

2．试剂

苯、乙醇、环己烷、正己烷、氯仿、丁酮，HCl（0.1 mol/L），NaOH（0.1 mol/L），苯的环己烷溶液（1∶250），甲苯的环己烷溶液（1∶250），苯的环己烷溶液（0.3 g/L），苯甲酸的环己烷溶液（0.8 g/L），苯酚的水溶液（0.4 g/L）。

四、实验步骤

1．取代基对苯吸收光谱的影响

在 5 个 5 mL 带塞比色管中，分别加入 0.5 mL 苯、甲苯、苯酚、苯甲酸的环己烷溶液，用环己烷溶液稀释至刻度，摇匀。用带盖的石英吸收池，环己烷作参比溶液，在紫外区进行波长扫描，得出 4 种溶液的吸收光谱。

2．溶剂对紫外吸收光谱的影响

溶剂极性对 $n\rightarrow\pi^*$跃迁的影响：在 3 mL 带塞比色管中，分别加入 0.02 mL 丁酮，然后分别用水、乙醇、氯仿稀释至刻度，摇匀。用 1 cm 石英吸收池，将各自的溶剂作参比溶液，在紫外区作波长扫描，得到 3 种溶液的紫外吸收光谱。

3．溶液的酸碱性对苯酚吸收光谱的影响

在2个5 mL带塞比色管中，各加入苯酚的水溶液0.5 mL，分别用HCl和NaOH溶液稀释至刻度，摇匀。用石英吸收池，以水作参比溶液，绘制两种溶液的紫外吸收光谱。

五、数据处理

（1）比较苯、甲苯、苯酚和苯甲酸的吸收光谱，计算各取代基使苯的最大吸收波长红移了多少纳米。解释原因。

（2）比较溶剂和溶液酸碱性对吸收光谱的影响。

六、结果讨论

依据实验过程中出现的现象和数据进行讨论。

七、思考题

1．本实验中需要注意的事项有哪些？

2．为什么溶剂极性增大，$n\rightarrow\pi^*$跃迁产生的吸收带发生紫移，而$\pi\rightarrow\pi^*$跃迁产生的吸收带则发生红移？

实验三　紫外—可见分光光度法测定苯酚

一、实验目的

（1）了解紫外—可见分光光度计的结构、性能及使用方法。

（2）熟悉定性、定量测定的方法。

二、实验原理

紫外—可见分光光度法是研究分子吸收 190～1 100 nm 波长范围内的吸收光谱。紫外吸收光谱主要产生于分子价电子在电子能级间的跃迁，是研究物质电子光谱的分析方法。通过测定分子对紫外光的吸收，可以对大量的无机物和有机物进行定性和定量测定。

苯酚是一种剧毒物质，可以致癌，已经被列入有机污染物的黑名单。但在一些药品、食品添加剂、消毒液等产品中均含有一定量的苯酚。如果其含量超标，就会产生很大的毒害作用。苯酚在紫外光区的最大吸收波长λ_{max}＝270 nm。对苯酚溶液进行扫描时，在270 nm处有较强的吸收峰。

定性分析时，可在相同的条件下，对标准样品和未知样品进行波长扫描，通过比较未知样品和标准样品的光谱图对未知样品进行鉴定。在没有标准样品的情况下，可根据标准谱图或有关的电子光谱数据表进行比较。

定量分析是在 270 nm 处测定不同浓度苯酚的标准样品的吸光值，并自动绘制标准曲线。再在相同的条件下测定未知样品的吸光度值，根据标准曲线可得出未知样中苯酚的含量。

三、实验仪器与试剂

1. 仪器

UV-1600 型紫外—可见分光光度计；

容量瓶（1 000 mL、250 mL），比色管（50 mL），吸量管（5 mL、10 mL）。

2. 试剂

苯酚储备液（1 000 μg/mL）：准确称取苯酚 1.000 g 溶解于 200 mL 蒸馏水中，溶解后定量转移到 1 000 mL 的容量瓶中；苯酚标准溶液（10 μg/mL）。

四、实验步骤

（1）设置仪器参数。

（2）波长扫描。

① 确定波长扫描参数：测量方式、扫描速度、波长范围、光度范围、换灯点等；② 放入参比液和样品；③ 波长扫描。

（3）定性分析。

（4）定量分析。

① 标准系列的配制：在 5 支 50 mL 的比色管中，用吸量管分别加入 0.5 mL、2 mL、5 mL、10 mL、20 mL 的 10 μg/mL 苯酚标准溶液，用蒸馏水定容至刻度，摇匀；② 确定定量分析参数：波长、样池数、浓度等。

（5）测量完毕，返回主页面，关机。

五、数据处理

（1）定性分析：比较未知样品和标准样品的光谱图对未知样品进行鉴定。

（2）定量分析：根据标准曲线可得出未知样品中苯酚的含量。

六、结果讨论

定性分析和定量分析的理论依据和方法。

七、思考题

1. 紫外—可见分光光度计的主要组成部件有哪些？
2. 试说明紫外—可见分光光度法的特点及适用范围。

实验四　维生素 B_{12} 注射液的定性分析与定量分析

一、实验目的

（1）掌握 UV-1600 型紫外—可见分光光度计的构造原理、光学原理及使用方法。

（2）学会应用分光光度法对物质进行定性分析和定量分析。

（3）掌握样品标示量、对照样品标示量及稀释倍数等计算方法。

二、实验原理

物质的紫外吸收光谱是物质分子中生色团和助色团的特征表现，例如具有共轭双键化合物、芳香烃化合物在紫外区都有强烈吸收。

维生素 B_{12} 是含 Co^{2+} 的有机化合物，分子量为 1 355.38。分子式：$C_{63}H_{88}CoO_{14}N_{14}P$。维生素 B_{12} 注射液为粉红色至红色的澄明液体，结构如下：

维生素 B_{12} 在可见光区 550 nm 处有吸收，VB_{12} 中苯环等含有共轭双键，具有吸收紫外光的性质，在 278 nm 和 361 nm 处也有最大吸收。

（1）定性分析。

① 样品与标准比较，吸收峰位置不超过±2 nm。

② 最大吸收峰与相邻吸收峰的比值是否在一定范围之内。

维生素 B_{12} 有 3 个吸收峰，分别位于 278 nm、361 nm、550 nm。

$$\frac{A_{1\,\text{cm}}^{1\%}\ 361\,\text{nm}}{A_{1\,\text{cm}}^{1\%}\ 278\,\text{nm}}=1.70\sim1.88\qquad \frac{A_{1\,\text{cm}}^{1\%}\ 361\,\text{nm}}{A_{1\,\text{cm}}^{1\%}\ 550\,\text{nm}}=2.82\sim3.45$$

（2）定量分析。

① 标准比较法。

根据朗伯-比尔定律：$A=Kbc$

当 $c=1$ g/100 mL，$b=1$ cm 时，$A=Ebc$，E 单位：100 mL/（g·cm）

国家药典中规定，

$$A_{标}=E_{1\,\text{cm}}^{1\%}\lambda_{361\,\text{nm}} \tag{2.2}$$

用标准比较法计算：

$$\frac{A_{标}}{A_{样}}=\frac{c_{标}}{c_{样}}\qquad c_{样}=c_{标}\times\frac{A_{样}}{A_{标}} \tag{2.3}$$

式中，$c_{标}=1$ g/100 mL；$A_{标}=207$；$A_{样}$：通过测量得到；

样品标示量（样品）$=c_{样}\times$稀释倍数＝________

对照样品标示量%＝样品标示量（样品）/样品标示量（标准）×100%

式中，样品标示量（标准）＝500 μg/mL，对照样品标示量%＝90%～110%，合格。

② 标准曲线法。

三、实验仪器及试剂

1．仪器

UV-1600 型紫外—可见分光光度计；

玻璃仪器：10 mL 容量瓶，吸量管 5 mL、1 mL 各 1 支，烧杯，滴管等。

2．试剂

维生素 B_{12} 注射液（样品）：500 μg/mL（医用）；

维生素 B_{12}（标准溶液）：50 μg/mL。

四、实验步骤

（1）VB_{12} 样品溶液的配制：25 μg/mL。取医用 500 μg/mL 维生素 B_{12} 注射液溶液 0.50 mL 用去离子水稀释 10 倍，制成 25 μg/mL 的试样溶液。

（2）VB_{12} 标准系列溶液的配制。取 50 μg/mL 维生素 B_{12} 标准溶液 1.00 mL、2.00 mL、3.00 mL、4.00 mL、5.00 mL、6.00 mL 于 10 mL 容量瓶中，用去离子

水定容。

（3）波长扫描，VB_{12}样品溶液在 200～600 nm 范围内的吸收光谱曲线。

（4）光度测量，VB_{12}样品溶液在 278 nm、361 nm、550 nm 处的 A。

（5）定量分析，VB_{12}标准系列溶液在 361 nm 的 A。

（6）定量分析，VB_{12}样品溶液浓度。

（7）UV-1600 型紫外—可见分光光度计操作规程。

① 开机，进入自检菜单，8 秒钟后按任意键开始自检，“OK”表示仪器正常，可以工作。“ERR”表示有故障，待排除故障后方可使用。

② 按任意键进入主菜单，按数字键选定功能操作。进入功能操作后，请按照屏幕提示操作，切勿无目的地触摸键盘，以免误操作。

③ 各操作按键功能如下：

“RESET”为红色键，用于重新开启仪器。

“GOTO”为蓝色键，继续操作，如图谱缩放、入波长界面、键入标准样浓度、查看修改等。

“CE”清除，否定。

“ENTER”确认。

“RETURN”返回，返回主菜单操作界面。

“F1”进入参数设定。“F2”测量。“F3”测量后的处理。

“F4”打印（预先开启打印机，安装打印纸）。

“——”图谱切换，A—T 转换，数据查询等。

“ · ”游标。

“1～9”数字键。输入数据，确定菜单。

“上下箭头”选项光标，下箭头还用于多数据切换屏幕。

“左右箭头”游标微调。

④ 操作中，屏幕出现“E”表示测量时间与取样间隔不匹配，须重新设定。

⑤ 参比溶液放在参比池，其余样池按号放置。

⑥ 断电或关机后，测量数据将丢失，请及时打印数据和图谱。

⑦ 操作完毕后，返回主菜单，关闭打印机，关闭仪器。

⑧ 清洗比色皿，按编号顺序，透光面朝上放置好。

五、数据处理

（1）维生素 B_{12} 医用注射液的定性分析。

① 峰位置的确定。

② $A_{1\text{cm}}^{1\%}$ 比值的确定。

由以上定性分析结果，得出结论：________________

（2）维生素 B_{12} 医用注射液的定量分析。

① 标准比较法。

② 标准曲线法。

由以上定量分析结果，得出结论：________________

六、结果讨论

对是否完成实验目的、实验中的异常现象、实验方法存在的问题以及思考题等进行讨论。

七、讨论题

1．在紫外—可见分光光度计法中可否用去离子水作参比？

2．紫外—可见分光光度法适用于什么样品的分析？

3．维生素 B_{12} 注射液含量测定时，如果取注射液 2 mL，稀释 30 倍后，在 361 nm 测得 A 值为 0.698，试计算此注射液每毫升含维生素 B_{12} 多少微克。

实验五　紫外分光光度法对某一药品的定性鉴别与含量测定

实验要求：用紫外分光光度法测定某一药品的纯度及含量。药品有：己烯雌酚片、甲硝唑片、扑热息痛片、扑尔敏片、别嘌醇片、醋酸地塞米松片、醋酸泼尼松片、维生素 B_6 片、细胞色素 C 注射液、秋水仙碱片。

实验学生在上述药品中任选一种，应用所学知识和基本理论，参考教科书以及其他文献资料（自己查阅），设计实验方案。

提示：样品溶液的吸光度 $A=0.2\sim0.8$；波长扫描范围要在紫外光谱范围内；列出所需实验试剂及仪器的规格和数量、自拟实验步骤、独立完成仪器操作及结果处理。

在实验前一周，提交设计方案初稿，经教师批改后，在实验报告纸上写出正式设计方案。

一、实验目的

（1）掌握实验应用的基础知识和基本理论。

（2）熟练使用紫外—可见分光光度计。

（3）自拟实验方案，独立完成实验准备以及对样品的测定。

二、实验原理

紫外光谱是物质分子中生色团和助色团的特征表现，例如具有共轭双键的化合物、芳香烃化合物在紫外区都有强烈吸收，在一定浓度范围内服从朗伯-比尔定律：$A=Kbc$。

当 $c=1$ g/100 mL，$b=1$ cm 时，$A=E_{1\,\text{cm}}^{1\%}\,bc$。

（1）化学反应原理（考虑溶剂效应、写出结构式）。

（2）仪器工作原理（参考 UV-1600 型紫外—可见分光光度计）。

三、实验仪器与试剂（学生自拟）

四、实验步骤

提示（可参考下页附录）：

（1）取样品 1 片（除甲硝唑、扑热息痛不是 1 片，需要称量），进行溶解，定容。

（2）A 的取值范围要在 0.2～0.8。

（3）试样稀释的倍数依据朗伯-比尔定律，要有可操作性。

（4）使用仪器步骤与测定项目要明确。

（5）写出定性分析和定量分析结论。

五、数据处理

（1）根据样品波长扫描图，对药品定性鉴定。

（2）根据朗伯-比尔定律对药品定量测定：$A=Kbc$。

用标准比较法计算，求出样品标示量（样品）＝？，对照样品标示量%＝？

（3）实验结论测定药品是否合格。

六、结果讨论

对自拟实验步骤是否合理、实验结果是否正确等进行讨论。

七、思考题

1．设计实验应该注意哪些问题？

2．如何设计一个可行的实验方案对药品进行鉴别？

八、附录

1. 己烯雌酚片（2 mg/片）

$C_{18}H_{20}O_2$　268.36

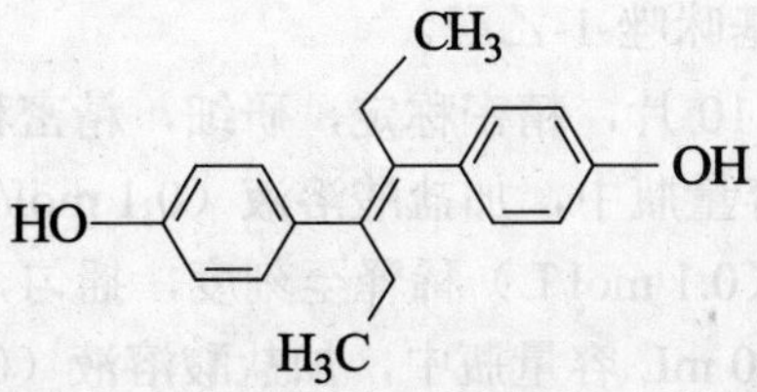

本品为（*E*）-4,4′-（1,2-二乙基-1,2-亚乙烯基）双苯酚

【含量测定】取本品 10 片（2 mg/片），精密称定，研细，精密称出适量（约相当于己烯雌酚 5 mg），置 50 mL 容量瓶中，加无水乙醇约 30 mL，置热水浴中加热 30 min，并不时振摇，放冷，加无水乙醇稀释至刻度，摇匀，过滤。弃去初滤液；精密量取续滤液 5 mL，置 50 mL 容量瓶中，加无水乙醇稀释至刻度，摇匀。照分光光度法，在 241±1 nm 的波长处测定吸收度，按 $C_{18}H_{20}O_2$ 的吸收系数（$E_{1cm}^{1\%}$）为 600 计算，即得。90.0%～110.0%合格。

2. 扑尔敏片（马来酸氯苯那敏片）（4 mg/片）

$C_{16}H_{19}ClN_2 \cdot C_4H_4O_4$　390.87

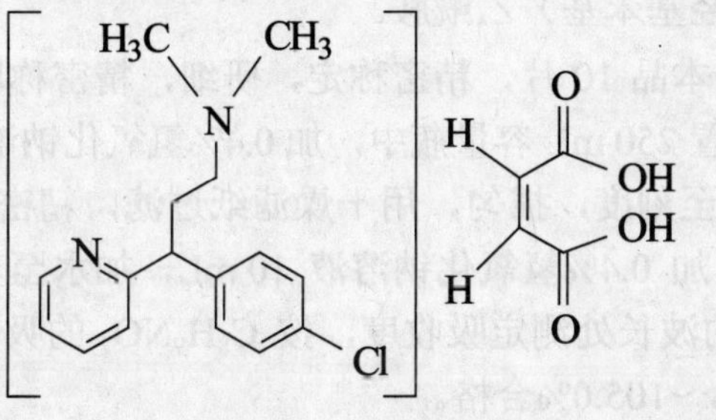

本品为 *N,N*-二甲基-γ-（4-氯苯基）-2-吡啶丙胺顺丁烯二酸盐。

【含量测定】取本品 10 片，精密称定，研细，精密称取适量（约相当于马来酸氯苯那敏 4 mg），置 200 mL 容量瓶中，加稀盐酸2 mL 与水适量，振摇使马来酸氯苯那敏溶解，并用水稀释至刻度，摇匀，静置，过滤，取续滤液。照分光光度法，在 265±1 nm 的波长处测定吸收度，按 $C_{16}H_{19}ClN_2 \cdot C_4H_4O_4$ 的吸收系数（$E_{1cm}^{1\%}$）为 217 计算，即得。93.0%～107.0%合格。

3. 甲硝唑片（0.2 g/片）

$C_6H_9N_3O_3$　171.16

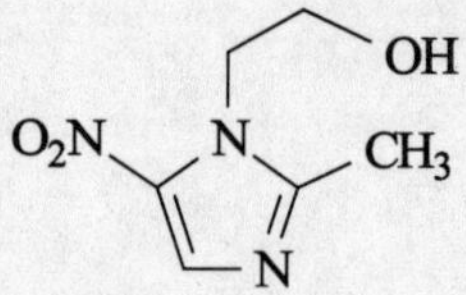

本品为2-甲基-5-硝基咪唑-1-乙醇。

【含量测定】取本品10片，精密称定，研细，精密称取适量（约相当于甲硝唑50 mg），置100 mL容量瓶中，加盐酸溶液（0.1 mol/L）约80 mL，微温使甲硝唑溶解，加盐酸溶液（0.1 mol/L）稀释至刻度，摇匀，用干燥滤纸过滤，精密量取续滤液5 mL，置200 mL容量瓶中，加盐酸溶液（0.1 mol/L）稀释至刻度，摇匀。照分光光度法，在277±1 nm的波长处测定吸收度，按$C_6H_9N_3O_3$的吸收系数（$E_{1cm}^{1\%}$）为377计算，即得。93.0%～107.0%合格。

4．对乙酰氨基酚片（扑热息痛片）（0.1 g/片）

$C_8H_9NO_2$　151.16

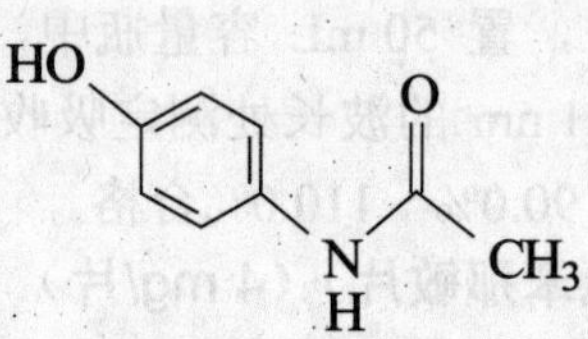

本品为*N*-（4-羟基苯基）乙酰胺。

【含量测定】取本品10片，精密称定，研细，精密称取适量（约相当于对乙酰氨基酚40 mg），置250 mL容量瓶中，加0.4%氢氧化钠溶液50 mL及水50 mL，振摇15 min，加水至刻度，摇匀，用干燥滤纸过滤，精密量取续滤液5 mL，置100 mL容量瓶中，加0.4%氢氧化钠溶液10 mL，加水至刻度，摇匀。照分光光度法，在257 nm的波长处测定吸收度，按$C_8H_9NO_2$的吸收系数（$E_{1cm}^{1\%}$）为715计算，即得。95.0%～105.0%合格。

5．别嘌醇片（0.1 g/片）

$C_5H_4N_4O$　136.11

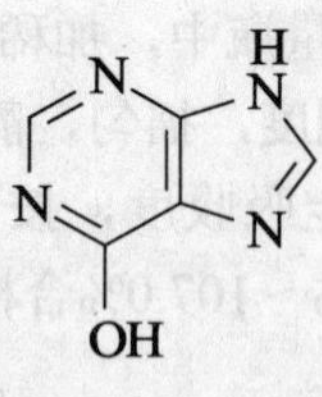

本品为1-H-吡唑并[3,4-d]嘧啶-4-醇。

【含量测定】取本品20片，精密称定，研细，精密称取适量（约相当于别嘌醇 0.1 g)，置 100 mL 容量瓶中，加 0.2%氢氧化钠20 mL，振摇 15min 使别嘌醇溶解，加水稀释至刻度，摇匀，过滤，精密量取续滤液 5 mL，置 500 mL 容量瓶中，加盐酸溶液（0.1 moL/L）稀释至刻度，摇匀。照分光光度法，在 250±1 nm 的波长处测定吸收度，按 $C_5H_4N_4O$ 的吸收系数（$E_{1cm}^{1\%}$）为 571 计算，即得。93.0%～107.0%合格。

6．细胞色素 C 注射液（2 mL：15 mg）

本品是自猪心或牛心中提取的细胞色素 C 的水溶液。每 1 mL 中含细胞色素 C 不得少于 15 mg，为细胞色素 C 的灭菌水溶液。

【含量测定】精密量取本品 1 mL，置 50 mL 容量瓶中，用磷酸盐缓冲液稀释（取磷酸二氢钠 1.38 g 与磷酸氢二钠 31.2 g，加水适量使其溶解成 1 000 mL，调节 pH（至 7.3）至刻度，加连二亚硫酸钠约 15 mg，摇匀。照分光光度法，在约 550 nm 的波长处，以间隔 0.5 nm 找出最大吸收波长，测定吸收度，按细胞色素 C 的吸收系数（$E_{1cm}^{1\%}$）为 23.0 计算，即得。90.0%～110.0%合格。

7．秋水仙碱片（0.5 mg/片）

$C_{22}H_{25}NO_6$　399.44

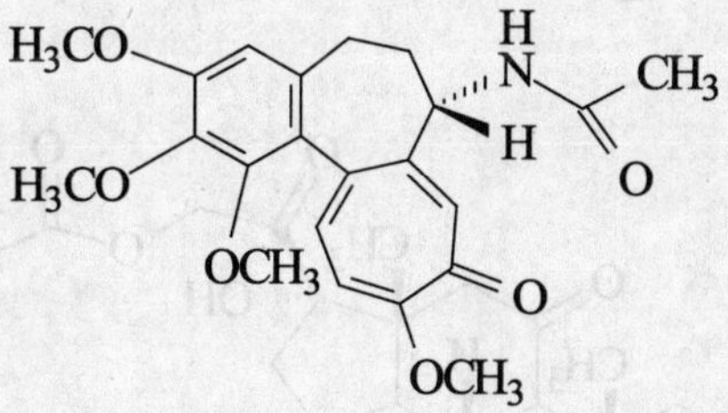

本品为百合科植物丽江山慈菇 *Iphigenia indica* Kunth et Benth. 的球茎中提取得到的一种生物碱。

【含量测定】取本品 20 片，精密称定，研细，精密称取适量（约相当于秋水仙碱1.0 mg)，置 100 mL 容量瓶中，加水约 50 mL，振摇 1 小时使秋水仙碱溶解，加水至刻度，摇匀，用干燥滤纸过滤，取续滤液。照分光光度法，在 350 nm 的波长处测定吸收度，按 $C_{22}H_{25}NO_6$ 的吸收系数（$E_{1cm}^{1\%}$）为 425 计算，即得。90.0%～110.0%合格。

8．醋酸地塞米松片（0.75 mg/片）

$C_{24}H_{31}FO_6$　434.50

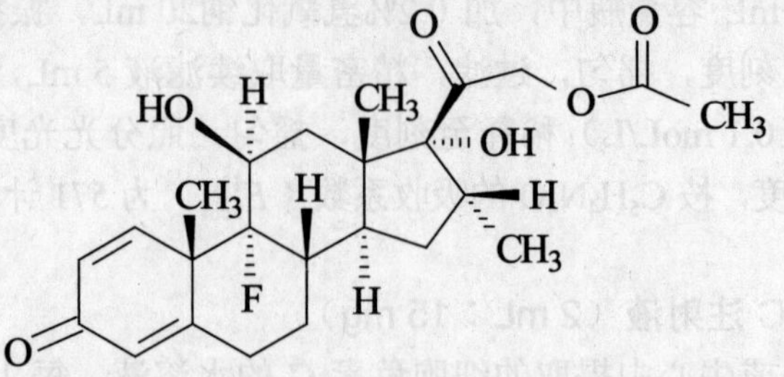

本品为 16α-甲基-11β,17α,21-三羟基-9α-氟孕甾-1,4-二烯-3,20-二酮-21-醋酸酯。

【含量测定】取本品 20 片，精密称定，研细，精密称取适量（约相当于醋酸地塞米松7.5 mg），置 100 mL 容量瓶中，加乙醇75 mL，置 50～60℃的水浴中保温 10 min，并时时振摇使醋酸地塞米松溶解，放冷至室温，加乙醇稀释至刻度，摇匀，过滤，精密量取续滤液 20 mL，置另一 100 mL 容量瓶中，加乙醇至刻度，摇匀。照分光光度法，在 240 nm 的波长处测定吸收度，按 $C_{24}H_{31}FO_6$ 的吸收系数（$E_{1cm}^{1\%}$）为 357 计算，即得。90.0%～110.0%合格。

9．醋酸泼尼松片（5 mg/片）

$C_{23}H_{28}O_6$　400.47

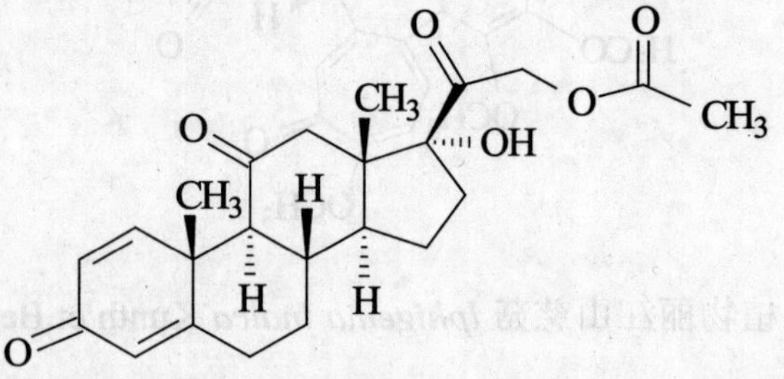

本品为17α,21-二羟基孕甾-1,4-二烯-3,11,20-三酮-21-醋酸酯。

【含量测定】取本品 20 片，精密称定，研细，精密称取适量（约相当于醋酸泼尼松 20 mg），置 100 mL 容量瓶中，加无水乙醇约 60 mL，振摇 15min 使醋酸泼尼松溶解，加无水乙醇稀释至刻度，摇匀，过滤，精密量取续滤液 5 mL，置另一 100 mL 容量瓶中，再加无水乙醇稀释至刻度，摇匀。照分光光度法，在 238 nm 的波长处测定吸收度，按 $C_{23}H_{28}O_6$ 的吸收系数（$E_{1cm}^{1\%}$）为 385 计算，即得。90.0%～110.0%合格。

10．维生素 B_6 片（10 mg/片）

$C_8H_{11}NO_3\cdot HCl$　205.64

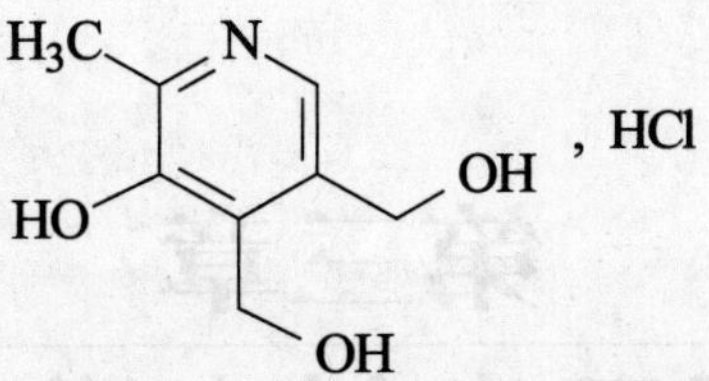

本品为 6-甲基-5-羟基-3,4-吡啶二甲醇盐酸盐。

【含量测定】取本品 20 片，精密称定，研细，精密称取适量（约相当于维生素 B_6 25 mg），置研钵中，加盐酸溶液（0.1 mol/L）数滴，研磨成糊状后，用盐酸溶液（0.1 mol/L）50 mL 移至 100 mL 容量瓶中，时时振摇 30min 使维生素 B_6 溶解，加盐酸溶液（0.1 mol/L）稀释至刻度，摇匀，过滤，精密量取续滤液 5 mL，置另一 100 mL 容量瓶中，加盐酸溶液（0.1 mol/L）稀释至刻度，摇匀。照分光光度法，在 291 nm 的波长处测定吸收度，按 $C_8H_{11}NO_3 \cdot HCl$ 的吸收系数（$E_{1cm}^{1\%}$）为 427 计算，即得。93.0%～107.0%合格。

第三章

原子发射光谱法

第一节 概 述

原子发射光谱法是一种成分分析方法，是根据处于激发态的待测元素原子回到基态时发射的特征谱线对待测元素进行分析的方法，可对约 70 种元素进行定性、半定量和定量分析。在一般情况下，用于 1%以下含量的组分测定，检出限可达 10^{-6}，精密度为±10%左右，线性范围约 2 个数量级。

第二节 原子发射光谱原理

一、原子发射光谱的产生

原子的外层电子由高能级向低能级跃迁，能量以电磁辐射的形式发射出去，这样就得到发射光谱。原子发射光谱是线状光谱。

一般情况下，原子处于基态，通过电致激发、热致激发或光致激发等激发光源作用，原子获得能量，外层电子从基态跃迁到较高能态变为激发态，外层电子随后又从高能级向较低能级或基态跃迁，多余能量的发射可得到一条光谱线。

原子中某一外层电子由基态激发到高能级所需要的能量称为激发电位。原子光谱中每一条谱线的产生各有其相应的激发电位。由激发态向基态跃迁所发射的谱线称为共振线。共振线具有最小的激发电位，因此最容易被激发，为该元素最强的谱线。

二、原子能级与能级图

原子光谱是原子的外层电子在两个能级之间跃迁产生的。

核外电子在原子中存在运动状态，可以用四个量子数 n、l、m、m_s 来规定。

主量子数 n 决定电子的能量和电子离核的远近，$n=1$，2，3，…，n。

角量子数 l 决定电子角动量的大小及电子轨道的形状，$l=0$，1，2，…，$(n-1)$，相应的符号为 s，p，d，f……

磁量子数 m 决定磁场中电子轨道在空间的伸展方向不同时电子运动角动量分量的大小，$m=0$，1，2，…，l。

自旋量子数 m_s 决定电子自旋的方向，$m_s=\pm\frac{1}{2}$。

有多个价电子的原子，它的每一个价电子都可能跃迁而产生光谱。同时各个价电子间还存在相互作用，光谱项用 n，L，S，J 四个量子数描述：

$$n^{2s+l}L_J \tag{3.1}$$

n 为主量子数；

L 为总角量子数，其数值为外层价电子角量子数 l 的矢量和，即

$$L=\sum l_i \tag{3.2}$$

两个价电子耦合所得的总角量子数 L 与单个价电子的角量子数 l_1、l_2 有如下的关系：

$$L=(l_1+l_2),\ (l_1+l_2-1),\ (l_1+l_2-2),\ \cdots,\ |l_1-l_2| \tag{3.3}$$

其值可能：$L=0$，1，2，3……相应的谱项符号为 S，P，D，F……若价电子数为 3 时，应先把 2 个价电子的角量子数的矢量和求出后，再与第三个价电子求出其矢量和，就是 3 个价电子的总角量子数。

S 为总自旋量子数，自旋与自旋之间的作用也较强的，多个价电子总自旋量子数是单个价电子自旋量子数 m_s 的矢量和。

$$S=\sum m_{s,\ i} \tag{3.4}$$

其值可取 0，±1/2，±1，±3/2，……

J 为内量子数，是由于轨道运动与自旋运动的相互作用即轨道磁矩与自旋量子数的相互影响而得出的，它是原子中各个价电子组合得到的总角量子数 L 与总自旋量子数 S 的矢量和。

$$J=L+S \tag{3.5}$$

J 的求法为：

$$J=(L+S),\ (L+S-1),\ (L+S-2),\ \cdots,\ |L-S| \tag{3.6}$$

光谱项符号左上角的（$2S+l$）称为光谱项的多重性。

把原子中所有可能存在状态的光谱项——能级及能级跃迁用图解的形式表示出来，称为能级图。通常用纵坐标表示能量 E，基态原子的能量 $E=0$，以横坐标表示实际存在的光谱项。一般将低能级光谱项符号写在前，高能级写在后。

根据量子力学的原理，电子的跃迁不能在任意两个能级之间进行，而必须遵循一定的原则：$\Delta n=0$ 或任意正整数；$\Delta L=\pm1$ 跃迁只允许在 S 项和 P 项，P 项和 S 项或 D 项之间，D 项和 P 项或 F 项之间等；$\Delta S=0$，即单重项只能跃迁到单重项，三重项只能跃迁到三重项等；$\Delta J=0$，±1。但当 $J=0$ 时电子的跃迁是禁阻的。

三、谱线强度

设 i、j 两能级之间的跃迁所产生的谱线强度用 I_{ij} 表示，则

$$I_{ij}=N_iA_{ij}h\nu_{ij} \tag{3.7}$$

式中，N_i 为单位体积内处于高能级 i 的原子数；A_{ij} 为 i、j 两能级间的跃迁概率；h 为普朗克常数；ν_{ij} 为发射谱线的频率。

若激发是处于热力学平衡的状态下，分配在各激发态和基态的原子数目 N_i、N_0，应遵循统计力学中麦克斯韦-玻兹曼分布定律。

$$N_i=N_0\cdot\frac{g_i}{g_0}\cdot e^{\left(-\frac{E_i}{kT}\right)} \tag{3.8}$$

式中，N_i 为单位体积内处于激发态的原子数；N_0 为单位体积内处于基态的原子数；g_i，g_0 为激发态和基态的统计权重；E_i 为激发电位；k 为玻兹曼常数；T 为激发温度。

影响谱线强度的因素包括以下几种：

统计权重，即谱线强度与激发态和基态的统计权重之比成正比。

跃迁概率，谱线强度与跃迁概率成正比。跃迁概率是一个原子在单位时间内两个能级之间跃迁的概率，可通过实验数据计算。

激发电位，谱线强度与激发电位呈负指数关系。在温度一定时，激发电位越高，处于该能量状态的原子数越少，谱线强度越小。激发电位最低的共振线通常是强度最大的线。

激发温度，温度升高，谱线强度增大。但温度升高，电离的原子数目也会增多，而相应的原子数减少，致使原子谱线强度减弱，离子的谱线强度增大。

基态原子数，谱线强度与基态原子数成正比。在一定的条件下，基态原子数

与试样中该元素浓度成正比。因此，在一定的条件下谱线强度与被测元素浓度成正比，这是光谱定量分析的依据。

四、谱线的自吸与自蚀

在实际工作中，发射光谱是通过物质的蒸发、激发、迁移和射出弧层而得到的。首先，物质在光源中蒸发形成气体，由于运动粒子相互碰撞和激发，使气体中产生大量的分子、原子、离子、电子等粒子，这种电离的气体在宏观上是中性的，称为等离子体。在一般光源中，是在弧焰中产生的，弧焰具有一定的厚度，弧焰中心的温度最高，边缘的温度较低。由弧焰中心发射出来的辐射光，必须通过整个弧焰才能射出，由于弧层边缘的温度较低，因而这里处于基态的同类原子较多。这些低能态的同类原子能吸收高能态原子发射出来的光而产生吸收光谱。原子在高温时被激发，发射某一波长的谱线，而处于低温状态的同类原子又能吸收这一波长的辐射，这种现象称为自吸现象。

弧层越厚，弧焰中被测元素的原子浓度越大，则自吸现象越严重。

当低原子浓度时，谱线不呈现自吸现象；原子浓度增大，谱线产生自吸现象，使其强度减小。由于发射谱线的宽度比吸收谱线的宽度大，所以，谱线中心的吸收程度要比边缘部分大，因而使谱线出现“边强中弱”的现象。当自吸现象非常严重时，谱线中心的辐射将完全被吸收，这种现象称为自蚀。

共振线是原子由激发态跃迁至基态而产生的。由于这种迁移及激发所需要的能量最低，所以基态原子对共振线的吸收也最严重。当元素浓度很大时，共振线呈现自蚀现象。自吸现象严重的谱线，往往具有一定的宽度，这是由于同类原子的互相碰撞而引起的，称为共振变宽。

由于自吸现象严重影响谱线强度，所以在光谱定量分析中是一个必须注意的问题。

第三节　原子发射光谱仪

一、光源

光源具有使试样蒸发、解离、原子化、激发、跃迁产生光辐射的作用。目前常用的光源有直流电弧、交流电弧、电火花及电感耦合高频等离子体（ICP）。

光谱分析用的电光源，两个电极之间是空气（或其他气体），放电发生在有气体的电极之间。在常压下，空气几乎没有电子或离子，不能导电，要借助于外界的力量才能使气体产生离子变成导体，常用紫外线照射、电子轰击、电子或离子对中性原子碰撞以及金属灼热时发射电子等方法进行电离。当气体电离后，还需在电极间加以足够的电压，才能维持放电。通常，当电极间的电压增大，电流也随之增大，当电极间的电压增大到某一定值时，电流突然增大到差不多只受外电路中电阻的限制，即电极间的电阻突然变得很小，这种现象称为击穿。在电极间的气体被击穿后，即使没有外界电离作用，仍然继续保持电离，使放电持续，这种放电称为自持放电。

使电极间击穿而发生自持放电的最小电压称为“击穿电压”。如果电极间采用低压（220 V）供电，为了使电极间持续地放电，必须采用其他方法使电极间的气体电离。通常使用一个小功率的高频振荡放电器使气体电离，称为“引燃”。自持放电发生后，为了维持放电所必需的电压，称为“燃烧电压”。燃烧电压总是小于击穿电压，并和放电电流有关。

1. 直流电弧

电源一般为可控硅整流器。常用高频电压引燃直流电弧。

直流电弧工作时，阴极释放出来的电子不断轰击阳极，使其表面上出现一个炽热的斑点。这个斑点称为阳极斑。阳极斑的温度较高，有利于试样的蒸发。因此，一般均将试样置于阳极碳棒孔穴中。在直流电弧中，弧焰温度取决于弧隙中气体的电离电位，一般为 4 000～7 000 K，尚难以激发电离电位高的元素。电极头的温度较弧焰的温度低，且与电流大小有关，一般阳极可达 3 800℃，阴极则在 3 000℃以下。

直流电弧的最大优点是电极头温度高，蒸发能力强，缺点是放电不稳定，且弧较厚，自吸现象严重，故不适宜用于高含量定量分析，但可很好地应用于矿石等的定性、半定量及痕量元素的定量分析。

2. 交流电弧

因为电极间没有导电的电子和离子，将普通的 220 V 交流电直接连接在两个电极间是不可能形成弧焰的，可以采用高频高压引火装置。借助高频高压电流，不断地“击穿”电极间的气体，造成电离，维持导电。在这种情况下，低频低压交流电就能不断地流过，维持电弧的燃烧。这种高频高压引火、低频低压燃弧的装置就是普通的交流电弧。

交流电弧是介于直流电弧和电火花之间的一种光源，与直流相比，交流电弧的电极头温度稍低一些，但由于有控制放电装置，故电弧较稳定。这种电源常用于金属、合金中低含量元素的定量分析。

3. 电火花

高压电火花通常使用 10 000 V 以上的高压交流电，通过间隙放电，产生电火花。电源电压经过可调电阻后进入升压变压器的初级线圈，使初级线圈上产生10 000 V以上的高电压，并向电容器充电。当电容器两极间的电压升高到分析间隙的击穿电压时储存在电容器中的电能立即向分析间隙放电，产生电火花。由于高压火花放电时间极短，故在这一瞬间内通过分析间隙的电流密度很大，因此弧焰瞬间温度很高，可达10 000 K以上，故激发能量大，可激发电离电位高的元素。

由于电火花是以间隙方式进行工作的，平均电流密度并不高，所以电极头温度较低，且弧焰半径较小。这种光源主要用于易熔金属合金试样的分析及高含量元素的定量分析。

4．等离子体光源

等离子体光源（ICP），是指由电子、离子、原子、分子组成的在总体上显中性的物质状态。

当有高频电流通过线圈时，产生轴向磁场，这时若用高频点火装置产生火花，形成的载流子（离子与电子）在电磁场作用下，与原子碰撞并使之电离，形成更多的载流子，当载流子多到足以使气体有足够的导电率时，在垂直于磁场方向的截面上就会感生出流经闭合圆形路径的涡流，强大的电流产生高热又将气体加热，瞬间使气体形成最高温度可达 10 000 K 的稳定的等离子炬。感应线圈将能量耦合给等离子体，并维持等离子炬。当载气载带试样气溶胶通过等离子体时，被后者加热至6 000～7 000 K，并被原子化和激发产生发射光谱。

一般ICP的组成包括以下几个部分：

（1）高频发生器和感应圈。高频发生器的作用是产生高频磁场以供给等离子体能量。应用最广泛的是利用石英晶体压电效应产生高频振荡的他激式高频发生器，其频率和功率输出稳定性高。频率多为 27～50 MHz，最大输出功率通常是2～4 kW。

感应线圈一般是以圆铜管或方铜管绕成的2～5匝水冷线圈。

（2）炬管和供气系统。等离子炬管由三层同心石英管组成。外管通冷却气Ar，目的是使等离子体离开外层石英管内壁，以避免它烧毁石英管。采用切向进气，其目的是利用离心作用在炬管中心产生低气压通道，以利于进样。

中层石英管出口做成喇叭形，通入 Ar 气维持等离子体的作用，有时也可以不通Ar气。

内层石英管内径为1～2 mm，载气载带试样气溶胶由内管注入等离子体内。用 Ar 做工作气，Ar 为单原子惰性气体，不与试样组分形成难解离的稳定化合物，也不会像分子那样因解离而消耗能量，有良好的激发性能，本身的光谱简单。

（3）试样引入系统。试样气溶胶由气动雾化器或超声雾化器产生。ICP 焰分为三个区域：焰心区、内焰区和尾焰区。焰心区呈白色，不透明，是高频电流形成的涡流区，等离子体主要通过这一区域与高频感应线圈耦合而获得能量。该区温度高达 10 000 K，电子密度很高，由于黑体辐射、离子复合等产生很强的连续背景辐射。试样气溶胶通过这一区域时被预热、挥发溶剂和蒸发溶质，因此，这一区域又称为预热区。内焰区位于焰心区上方，一般在感应圈以上 10～20 mm，略带淡蓝色，呈半透明状态，温度为 6 000～8 000 K，是分析物原子化、激发、电离与辐射的主要区域，光谱分析就在该区域内进行，因此，该区域又称为测光区。尾焰区在内焰区上方，无色透明，温度较低，在 6 000 K 以下，只能激发低能级的谱线。

二、分光仪

分光仪也称为单色器，作用是将复合光按照不同波长分开。单色器分为光栅和棱镜两类，其光学性能用三个指标衡量：

1. 色散率

棱镜：角色散率 $D=\dfrac{d\theta}{d\lambda}$ （3.9）

线色散率 $D_l=\dfrac{dl}{d\lambda}=\dfrac{f}{\sin\varepsilon}\cdot\lambda$ （3.10）

式中，f 为照相物镜焦距；ε 为焦面与主光线夹角。实际中常用倒线色散率 $d\lambda/dl$ 表示色散程度，倒线色散率指单位距离上两根谱线的波长差。

2. 分辨率

$$R=\frac{\lambda}{\Delta\lambda}=m\cdot N \qquad (3.11)$$

式中，m 为光栅级次；N 为刻痕总数。

3. 集光本领

表示光谱仪光学系统传递辐射的能力。

原子发射光谱分析对单色器的要求是：色散率大且与波长无关；分辨率大（能分开 Fe 三线 0.03 nm）；集光本领强（使分析所需波长的能量达到最大）。

三、检测器

在原子发射光谱法中，常用的检测方法有：目视法、摄谱法和光电法。

1. 目视法

用眼睛来观测谱线强度的方法称为目视法，也称为看谱法。这种方法仅适用于可见光波段。常用的仪器为看谱镜。看谱镜是一种小型的光谱仪，专门用于钢铁及有色金属的半定量分析。

2．摄谱法

摄谱法是用感光板记录光谱。将光谱感光板置于摄谱仪焦面上，接受被分析试样的光谱作用而感光，再经过显影、定影等过程后，制得光谱底片，其上有许多黑度不同的光谱线。然后用影谱仪观察谱线位置及大致强度，进行光谱定性及半定量分析。用测微光度计测量谱线的黑度，进行光谱定量分析。

感光板上谱线的黑度与作用其上的总曝光量有关。曝光量等于感光层所接受的照度和曝光时间的乘积：

$$H = E \cdot t \tag{3.12}$$

式中，H 为曝光量；E 为照度；t 为时间。

感光板上谱线黑度，一般用测微光度计测量。设测量用光源强度为 a，通过感光板上没有谱线部分的光强为 I_0，通过谱线部分的光强为 I，则透过率 T 为：

$$T = \frac{I}{I_0} \tag{3.13}$$

黑度 S 定义为透过率倒数的对数，故

$$S = \lg\frac{1}{T} = \lg\frac{I_0}{I} \tag{3.14}$$

感光板上感光层的黑度 S 与曝光量 H 之间的关系极为复杂。通常用图解法表示。若以黑度为纵坐标，曝光量的对数为横坐标，得到实际的乳剂特征曲线（图 3-1）。

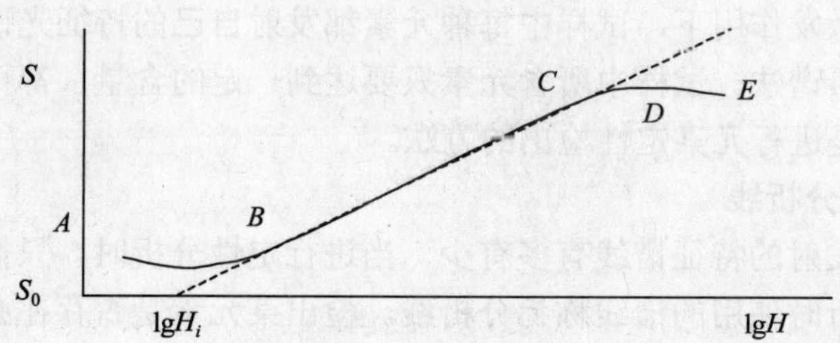

图 3-1 乳剂特征曲线

乳剂特征曲线是表示曝光量 H 的对数与黑度 S 之间关系的曲线。

乳剂特征曲线可分为四部分：AB 部分为曝光不足部分，BC 部分为正常曝光部分，CD 为曝光过量部分，DE 为负感部分（黑度随曝光量的增加而降低部分）。

在光谱定量分析中，通常需要利用乳剂特征曲线的正常曝光部分 BC，因为此时黑度和曝光量 H 的对数之间可用简单的数学公式表示：

$$S=\gamma(\lg H-\lg H_i)=\gamma\lg H-i \tag{3.15}$$

式中，H_i 为感光板的惰延量，可从直线 BC 延长至横轴上的截距求出。$1/H_i$ 决定感光片的灵敏度；i 代表 $\gamma\lg H_i$；γ 为相应直线的斜率，称为“对比度”或“反衬度”。它表示感光板在曝光量改变时，黑度改变的程度。

定量分析用的感光板，γ 值应在 1 左右。

3．光电法

光电法用光电倍增管检测谱线强度。

四、光谱仪

光谱仪的作用是将光源发射的电磁辐射经色散后，得到按波长顺序排列的光谱，并对不同波长的辐射进行检测与记录。

光谱仪按照使用色散元件的不同，分为棱镜光谱仪和光栅光谱仪；按照光谱记录与测量方法的不同，又可以分为照相式摄谱仪和光电直读光谱仪。

第四节　原子发射光谱分析方法

一、光谱定性分析

在光源的激发作用下，试样中每种元素都发射自己的特征光谱。光谱定性分析一般多采用摄谱法。试样中所含元素只要达到一定的含量，都可以有谱线摄谱在感光板上，是进行元素定性检出的方法。

1．元素的分析线

每种元素发射的特征谱线有多有少，当进行定性分析时，只需检出几条谱线即可。进行分析时使用的谱线称为分析线。检出某元素是否存在必须有两条以上不受干扰的最后线与灵敏线。灵敏线是元素激发电位低、强度较大的谱线，多是共振线。最后线是指当样品中某元素的含量逐渐减少时，最后仍能观察到的几条谱线，也是该元素的最灵敏线。

2．分析方法

（1）铁光谱比较法。也称为标准光谱图比较法，是将试样与铁并列摄谱于同一光谱感光板上，然后将试样光谱与铁光谱标准谱图对照，以铁谱线为波长标尺，逐一检查欲检查元素的灵敏线，若试样光谱中的元素谱线与标准谱图中标明的某一元素谱线出现的波长位置相同，表明试样中存在该元素。

（2）标准试样光谱比较法。将要检出元素的纯物质和纯化合物与试样并列摄谱于同一感光板上，在映谱仪上检查试样光谱与纯物质光谱。若两者谱线出现在同一波长位置上，即可说明某一元素的某条谱线存在。

二、光谱半定量分析

光谱半定量分析常采用摄谱法中的比较黑度法，配制一个基体与试样组成近似的被测元素的标准系列。在相同条件下，在同一块感光板上标准系列与试样并列摄谱，然后在映谱仪上用目视法直接比较试样与标准系列中被测元素分析线的黑度。

三、光谱定量分析

1. 光谱定量分析的关系式

光谱定量分析主要是根据谱线强度与被测元素浓度的关系来进行的。当温度一定时谱线强度 I 与被测元素浓度 c 成正比，即

$$I=ac \tag{3.16}$$

当考虑到谱线自吸时，有如下关系式

$$I=ac^b \tag{3.17}$$

此式为光谱定量分析的基本关系式，式中，b 为自吸系数。b 随浓度 c 增加而减小，当浓度很小无自吸时，$b=1$，因此，在定量分析中，选择合适的分析线是十分重要的。a 值受试样组成、形态及放电条件等的影响，在实验中很难保持为常数，故通常不采用谱线的绝对强度来进行光谱定量分析，而是采用“内标法”。

2. 内标法

内标法是通过测量谱线相对强度来进行定量分析的方法。

在分析元素的谱线中选一根谱线，称为分析线，再在基体元素的谱线中选一根谱线，作为内标线，这两条线组成分析线对。然后根据分析线对的相对强度与被分析元素含量的关系式进行定量分析。

内标法可在很大程度上消除光源放电不稳定等因素带来的影响，光源变化对分析线的绝对强度有较大的影响，但对分析线和内标线的影响基本是一致的，所以对其相对影响不大。

设分析线强度为 I，内标线强度为 I_0，被测元素浓度与内标元素浓度分别为 c 和 c_0，b 和 b_0 分别为分析线和内标线的自吸系数。

$$I = ac^b \tag{3.18}$$

$$I_0 = a_0 c_0^{\ b_0} \tag{3.19}$$

分析线与内标线强度之比 R 称为相对强度。

$$R = \frac{I}{I_0} = \frac{a \cdot c^b}{a_0 \cdot c_0^{b_0}} \tag{3.20}$$

式中，内标元素 c_0 为常数，实验条件一定时，$A = \dfrac{a}{a_0 \cdot c_0^{b_0}}$，则 $R = \dfrac{I}{I_0} = A \cdot c^b$。

对两边同取对数，得 $\lg R = b\lg c + \lg A$。 (3.21)

式（3.21）为内标法光谱定量分析的基本关系式。

3．定量分析方法

（1）校准曲线法。在确定的分析条件下，用三个或三个以上含有不同浓度被测元素的标准样品与试样在相同的条件下激发光谱，以分析线强度 I 或内标分析线对强度比 R 或 $\lg R$ 对浓度 c 或 $\lg c$ 做校准曲线，再由校准曲线求得试样被测元素含量。

① 摄谱法。将标准样品与试样在同一块感光板上摄谱，求出一系列黑度值，由乳剂特征曲线求出 $\lg I$，再将 $\lg R$ 对 $\lg c$ 做校准曲线，求出未知元素含量。

分析线与内标线的黑度都落在感光板正常曝光部分，可直接用分析线对黑度差 ΔS 与 $\lg c$ 建立校准曲线。选用的分析线对波长比较靠近，此分析线对所在的感光板部位乳剂特征相同。

若分析线对黑度为 S_1，内标线黑度为 S_2，则 $S_1 = \gamma_1 \lg H_1 - i_1$，$S_2 = \gamma_2 \lg H_2 - i_2$

因分析线对所在部位乳剂特征基本相同，故

$$\gamma_1 = \gamma_2 = \gamma \qquad i_1 = i_2 = i$$

由于曝光量与谱线强度成正比，因此

$$S_1 = \gamma \lg I_1 - i$$

$$S_2 = \gamma \lg I_2 - i$$

黑度差 $$\Delta S = S_1 - S_2 = \gamma(\lg I_1 - \lg I_2) = \gamma \lg \frac{I_1}{I_2} = \gamma \lg R \tag{3.22}$$

将式（3.21）代入式（3.22），

$$\Delta S = \gamma b \lg c + \gamma \lg A \quad (3.23)$$

式（3.23）为摄谱法定量分析的基本关系式。

分析线对黑度值都落在乳剂特征曲线直线部分，分析线与内标线黑度差ΔS与被测元素浓度的对数 $\lg c$ 呈线性关系。

② 光电直读法。ICP 光源稳定性好，一般可以不用内标法，但由于有时试液黏度等有差异而引起试样导入不稳定，也采用内标法。ICP 光电直读光谱仪上带有内标通道，可自动进行内标法测定。

光电直读法中，在相同条件下激发试样与标样的光谱，测量标准样品的电压值 U 和 U_r，U 和 U_r 分别为分析线和内标线的电压值；再绘制 $\lg U - \lg c$ 或 $\lg(U/U_r) - \lg c$ 校准曲线；最后，求出试样中被测元素的含量。

（2）标准加入法。当测定低含量元素时，找不到合适的基体来配制标准试样时，一般采用标准加入法。

设试样中被测元素含量为 c_x，在几份试样中分别加入不同浓度 c_1，c_2，c_3……的被测元素；在同一实验条件下，激发光谱，然后测量试样与不同加入量样品分析线对的强度比 R。在被测元素浓度低时，自吸系数 $b=1$，分析线对强度 $R \propto c$，R—c 图为一直线，将直线外推，与横坐标相交截距的绝对值即为试样中待测元素含量 c_x。

4．背景的扣除

光谱背景是指在线状光谱上，叠加着由于连续光谱和分子带状光谱等造成的谱线强度。

（1）光谱背景来源。分子辐射是指在光源作用下，试样与空气作用生成的分子氧化物、氮化物等分子发射的带状光谱。

连续辐射是指在经典光源中炽热的电极头，或蒸发过程中被带到弧焰中去的固体质点等炽热的固体发射的连续光谱。

分析线附近有其他元素的强扩散性谱线（即谱线宽度较大），如 Zn、Sb、Pb、Bi、Mg 等元素含量较高时，会有很强的扩散线。

光谱仪器中的杂散光也会造成不同程度的背景。

（2）背景的扣除。可以用摄谱法扣除。测出背景的黑度 S_B，然后测出被测元素谱线黑度为分析线与背景相加的黑度 $S_{(L+B)}$。由乳剂特征曲线查出 $\lg I_{(L+B)}$与 $\lg I_B$，再计算出 $I_{(L+B)}$与 I_B，两者相减，即可得出 I_L，同样方法可得出内标线谱线强度 $I_{(IS)}$。

注意：背景的扣除不能用黑度值直接相减，必须用谱线强度相减。

光电直读光谱仪：由于光电直读光谱仪检测器将谱线强度积分的同时也将背

景积分，因此需要扣除背景。ICP 光电直读光谱仪中都带有自动校正背景的装置。

5．光谱定量分析工作条件的选择

（1）光谱仪。一般多采用中型光谱仪，但对谱线复杂的元素（如稀土元素等），则需选用色散率大的大型光谱仪。

（2）光源。可根据被测元素的含量、元素的特征及分析要求等选择合适的光源。

（3）狭缝。在定量分析中，为了减少由乳剂不均匀引入的误差，宜使用较宽的狭缝，一般可达 20 mm。

（4）内标元素和内标线。金属光谱分析中的内标元素，一般采用基体元素。对于组分变化很大的样品，一般不用基体元素作内标，而是加入定量的其他元素。加入的内标元素应符合下列几个条件：内标元素与被测元素在光源作用下应有相近的蒸发性质；内标元素若是外加的，必须是试样中不含或含量极少可以忽略的；分析线对选择需匹配；分析线对两条谱线的激发电位相近；分析线对波长应尽可能接近，分析线对两条谱线应没有自吸或自吸很小，并不受其他谱线的干扰；内标元素含量一定的。

（5）光谱缓冲剂。为了减少试样成分对弧焰温度的影响，使弧焰温度稳定，试样中加入一种或几种辅助物质，用来抵偿试样组成变化的影响，这种物质称为光谱缓冲剂。此外，缓冲剂还可以稀释试样，这样可减少试样与标样在组成及性质上的差别。

（6）光谱载体。进行光谱定量分析时，在样品中加入一些有利于分析的高纯度物质称为光谱载体。它们多为一些化合物、盐类、碳粉等。载体的作用主要是增加谱线强度，提高分析的灵敏度，并且提高准确度和消除干扰等。

第五节　实验内容

实验一　电感耦合等离子体发射光谱法测定废水中铅、镉、铬的含量

一、实验目的

（1）了解电感耦合等离子体发射光谱仪的结构。

（2）学会用电感耦合等离子体发射光谱法测定废水中金属元素。

二、实验原理

电感耦合等离子体光谱仪主要由高频发生器、ICP 矩管、耦合线圈、进样系统、分光系统、检测系统及计算机控制、数据处理系统构成。

ICP 光源具有激发能力强、稳定性好、基体效应小、检出限低等优点。由于 ICP 光源无自吸现象，标准曲线的直线范围很宽，可达到几个数量级，因而，多数标准曲线是按 $b=1$ 绘制的，即 $I=Ac$。

三、实验仪器与试剂

1．仪器

全谱直读等离子体发射光谱仪（ICP-OES）；

仪器型号：VISTA-MPX ICP-OES（美国 VARIAN 公司）。

2．试剂

（1）1.0 g/L 镉标准储备液。准确称取 0.500 0 g 金属镉于 100 ml 烧杯中，用 5 mL 6 mol/L 的盐酸溶液溶解，然后，全部转移到 500 mL 容量瓶中，用 10 g/L 盐酸稀释至刻度，摇匀备用。

（2）1.0 g/L 铬标准储备液。准确称取 3.734 9 g 预先干燥过的 K_2CrO_4 于 100 mL 烧杯中，用 20 mL 水溶解，全部转移到 1 000 mL 容量瓶中，用水稀释至刻度，摇匀备用。

（3）1.0 g/L 铅标准储备液。准确称取 0.500 0 g 金属铅于 100 mL 烧杯中，用 5 mL 6 mol/L 的盐酸溶液溶解，然后，全部转移到 500 mL 容量瓶中，用 10 g/L 盐酸稀释至刻度，摇匀备用。

配制用水均为二次蒸馏水。

四、实验步骤

（1）ICP-OES（VISTA-MPX ICP-OES）型光谱仪工作参数：

① 分析线波长：Cd 228.8 nm、Cr 283.5 nm、Pb 283.3 nm。

② 入射功率：1 kW。

③ 氩冷却气流量：12～14 L/min。

④ 氩辅助气流量：0.5～0.8 L/min。

⑤ 氩载气流量：1.0 L/min。

⑥ 试液提升量：1.5 mL/min。

（2）按照 ICP-OES 光电直读仪的基本操作步骤完成准备工作，开机及点燃 ICP 炬。进行单色仪波长校正，然后输入工作参数。

（3）按单元素定量分析程序，输入分析元素、分析线波长及最佳工作条件等。

（4）喷入标准溶液，进行预标准化。

（5）进行标准化，绘制标准曲线。

（6）喷入废水试液，采集测试数据。根据试样数据，进行计算机自动结果处理。打印测定结果。

（7）按照关机程序，退出分析程序，进入主菜单，关蠕动泵、气路，关 ICP 电源及计算机系统，最后关冷却水。

（8）报告测定结果。

五、注意事项

（1）测试完毕后，进样系统用去离子水喷洗 3 min，再关机，以免试样沉积在雾化器口和石英炬管口。

（2）先降高压、熄灭 ICP 炬，再关冷却气、冷却水。

（3）等离子体发射很强的紫外光，易伤眼睛，应通过有色玻璃防护窗观察 ICP 炬。

实验二　电感耦合等离子体原子发射光谱法测定白酒中的锰

一、实验目的

（1）学习使用电感耦合等离子体发射光谱法测定白酒中的锰。

（2）学会湿式消解法对白酒进行前处理。

二、实验原理

白酒试样经湿法消解后，稀释定容至一定体积，将白酒试样溶液导入 ICP-AES 等离子火焰中，测定锰的发射光谱强度，从校准曲线上确定其含量。

三、实验试剂

硝酸；高氯酸；混合酸消化液：硝酸+高氯酸＝5+1；硝酸（5%）：取 5 份硝酸与 95 份水混合；锰标准储备液（1 g/L）。

四、实验步骤

（1）试样预处理。

① 湿式消解法。取 100 mL 白酒样品于 250 mL 三角瓶内，在水浴上蒸发至近干，加入 20 mL 硝酸高氯酸混合酸，在电热板上消化，当棕色气体消失并冒

白烟时，取下冷却，补加 2 mL 硝酸继续消化，直至再冒白烟为止，这时溶液变清，用水定容至 25 mL，摇匀，同时做试剂空白。

② 微波消解法。取 10 mL 白酒样品于消化罐中，在水浴中蒸至近干，加入 5 mL 硝酸于消化罐中，按各自微波设定最佳消解条件，在微波中进行消化，消化完毕后在电热板上赶酸，待干涸时取下，用水定容至 10 mL 待测，同时做试剂空白。

（2）测定。

① 标准曲线绘制。用硝酸（5%）配制锰标准溶液，浓度 0.0、0.5 μg/mL、1.0 μg/mL、2.0 μg/mL、3.0 μg/mL、4.0 μg/mL、5.0 μg/mL。

将锰标准溶液分别导入调至最佳条件的电感耦合等离子体发射光谱仪中，以锰含量对应吸光值绘制标准曲线。

② 试样测定。将处理后的样液、试剂空白液导入电感耦合等离子体发射光谱仪中进行测定，试样吸光值与曲线比较求出含量。

（3）计算试样中的锰含量。

第四章 原子吸收光谱法

第一节 概 述

原子吸收光谱法也称为原子吸收分光光度法，是 20 世纪 50 年代出现的一种仪器分析方法，用于直接或间接测定样品中的金属元素含量，广泛应用于化学、物理、地质、环境、食品等各个领域。

目前，原子吸收光谱法不需要进行复杂的分离操作就可以用来测定 70 余种金属和类金属元素的含量，既可以进行痕量分析，也可以进行微量甚至常量的测定。原子吸收仪器的操作简便，分析速度快，对大多数元素都有较高的灵敏度，可测定试样中 mg/L 或μg/L 数量级的组分。由于原子吸收法使用的光源就是被测元素做成的发射光谱灯，因为共振发射和共振吸收对某一元素来说是特征的，因此分析的选择性高，干扰较小，通常对试样只需要进行简单的处理，就可直接进行分析，避免了繁杂的分离步骤，节省了分析时间，也容易得到准确的分析结果。它的缺点是原子吸收光谱法分析不同元素，必须使用不同的元素灯，操作起来比较烦琐。

第二节 原子吸收光谱原理

一、共振线

原子吸收光谱分析法是基于物质所产生的原子蒸气对待测元素的特定谱线的吸收作用来进行定量分析的，这一特定谱线就称为共振吸收线。

原子受外界能量激发时，其外层电子从基态跃迁到能量最低的第一激发态时要吸收一定频率的光，当它再跃迁回基态时，则发射出同样频率的谱线，这种谱线称为共振发射线。而使电子从基态跃迁至第一激发态所产生的吸收谱线称为共振吸收线。

二、谱线轮廓

原子吸收光谱谱线十分窄，但也有一定的宽度和轮廓。

一束不同频率、强度为 I_0 的平行光通过厚度为 l 的原子蒸气，一部分光被吸收，透过光的强度 I_ν 服从吸收定律

$$I_\nu = I_0 e^{-K_\nu l} \tag{4.1}$$

式中，I_ν 为透过光的强度，l 为原子蒸气的宽度，K_ν 为基态原子对频率为 ν 的光的吸收系数。不同元素原子吸收不同频率的光，透过光强度 I_ν 对吸收光频率作图，如图 4-1 所示。

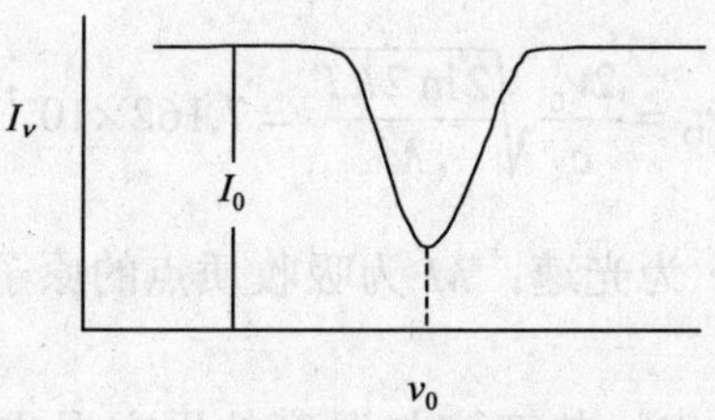

图 4-1　I_ν 与 ν 关系

由图 4-1 可知，在频率 ν_0 处透过光强度最小，即吸收最大。

原子吸收线轮廓以原子吸收谱线的中心频率（或中心波长）和半宽度表征。如果将吸收系数 K_ν 对频率 ν 作图，所得曲线为吸收线轮廓，如图 4-2 所示。

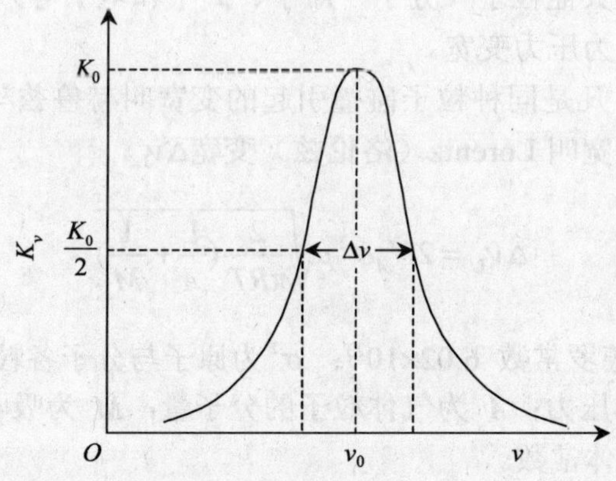

图 4-2　吸收线轮廓与半宽度

半宽度是中心频率位置，吸收系数极大值一半处，谱线轮廓上两点之间频率或波长的距离。

吸收谱线具有一定的宽度，主要包括以下几个方面：

1．自然宽度$\Delta\nu_N$

没有外界因素影响时，原子谱线的宽度称为自然宽度。它与激发态原子的平均寿命有关，平均寿命越长，谱线宽度越窄。不同谱线有不同的自然宽度，多数情况下约为 10^{-5} nm 数量级。

2．热变宽$\Delta\nu_D$

也称为多普勒变宽，是由于热运动产生的。辐射原子处于无规则的热运动状态，辐射原子可以看作运动的波源。这一不规则的热运动与观测器两者间形成相对位移运动，从而发生多普勒效应，使谱线变宽，一般可达 10^{-3} nm，是谱线变宽的主要因素。

$$\Delta\nu_D = \frac{2\nu_0}{c}\sqrt{\frac{2\ln 2RT}{M}} = 7.162\times10^{-7}\nu_0\sqrt{\frac{T}{M}} \tag{4.2}$$

式中，R 为气体常数；c 为光速；M 为吸收质点的原子量；T 为绝对温度；ν_0 为谱线的中心频率。

从式（4.1）可以看出，热变宽与温度的平方根成正比，与吸收质点的原子量的平方根成反比。

3．压力变宽

指由于吸光原子与蒸气中原子或分子相互碰撞而引起的能级稍微变化，使发射或吸收光量子频率改变而导致的谱线变宽。压力变宽通常随压力增大而增大。根据与之碰撞的粒子不同，可分为两类：

由于辐射原子与其他粒子（分子、原子、离子和电子等）间的相互作用而产生的谱线变宽，统称为压力变宽。

在压力变宽中，凡是同种粒子碰撞引起的变宽叫赫鲁兹马克变宽$\Delta\nu_H$；凡是由异种粒子引起的变宽叫 Lorentz（洛伦兹）变宽$\Delta\nu_L$。

$$\Delta\nu_L = 2N_A\sigma^2 p\sqrt{\frac{2}{\pi RT}(\frac{1}{A}+\frac{1}{M})} \tag{4.3}$$

式中，N_A 为阿伏伽德罗常数 6.02×10^{23}；σ^2 为原子与分子各粒子间碰撞的有效横截面；p 为外界气体压力；A 为气体粒子的分子量；M 为吸收质点的原子量；T 为绝对温度；R 为气体常数。

表 4-1 某些元素的多普勒变宽和洛伦兹变宽

元素	相对原子质量	波长/nm	T=2 000K		T=2 500K		T=3 000K	
			$\Delta\nu_D$	$\Delta\nu_L$	$\Delta\nu_D$	$\Delta\nu_L$	$\Delta\nu_D$	$\Delta\nu_L$
Na	22.99	589.00	39	32	44	29	48	27
Ba	137.24	553.56	15	32	17	28	18	26
Sr	87.62	460.73	16	26	17	23	19	21
V	50.94	437.92	20		22		24	
Ca	40.08	422.67	21	15	24	13	26	12
Fe	55.85	371.99	16	13	18	11	19	10
Co	58.93	352.69	13	16	15	14	16	13
Ag	107.87	338.29	10	15	11	13	13	12
Cu	63.54	324.76	13	9	14	8	16	7
Mg	24.31	285.21	18		21		23	
Pb	207.19	283.31	6.3		7		8	
Au	196.97	267.59	6.1		7		7.5	
Zn	63.37	213.86	8.5		9.5		10	

4. 场致变宽

在外电场或磁场作用下，能引起能级的分裂，从而导致谱线变宽，这种变宽称为场致变宽。

电场变宽$\Delta\nu_s$ 也称为斯塔克变宽，是由外部电场或带电粒子和离子形成的电场所引起的谱线变宽。一般在原子吸收分析条件下，电场强度很弱，这种变宽可以忽略不计。

磁场变宽$\Delta\nu_z$ 也称为塞曼变宽，是由磁场的影响而产生的变宽，一般条件下也可以忽略不计。

5. 自吸变宽

空心阴极灯发射的共振线被灯内同种基态原子吸收产生自吸现象，从而使谱线变宽称为自吸变宽。灯电流越大，自吸变宽越严重。

三、定量基础

1. 基态原子与激发态原子

原子吸收光谱法测定的是基态原子的浓度。物质分子解离后，有一部分吸收了较多的能量变为激发态的原子，使灵敏度下降。

根据热力学原理，在一定温度下达到热力学平衡状态时，基态和激发态的原子数之比与热力学温度的关系，可以用波尔兹曼公式描述：

$$\frac{N_j}{N_0}=\frac{P_j}{P_0}e^{-\frac{E_j-E_0}{kT}} \tag{4.4}$$

式中，N_j，N_0 —— 激发态、基态原子数；

P_j，P_0 —— 激发态、基态原子的统计权重，即粒子在某一能级下可能具有的几种不同的状态数，数值等于 $2J+1$，J 为内量子数。对一定元素的特征谱线，它的值是常数；

E_j，E_0 —— 激发态、基态原子的能量；

k —— 波尔兹曼常数，$k=1.38\times10^{-23}$ J/K；

T —— 绝对温度。

设激发态原子与基态原子的能级差对应的共振线波长为λ，即：

$$E_j-E_0=\frac{hc}{\lambda}$$

则：

$$\frac{N_j}{N_0}=\frac{P_j}{P_0}e^{-\frac{hc}{k\lambda T}} \tag{4.5}$$

从式（4.5）可以看出，知道了被测元素的共振线波长后，就可根据原子化温度 T 求得 N_j/N_0 值。温度越高，N_j/N_0 值越大，即激发态原子数随温度升高而增加，而且按指数关系变化；在相同的温度条件下，激发能越小，吸收线波长越长，N_j/N_0 值越大。

在原子吸收光谱中，原子化温度一般小于 3 000 K，大多数元素的最强共振线都低于 600 nm，N_j/N_0 值绝大部分在 10^{-3} 以下，激发态和基态原子数之比小于千分之一，激发态原子数可以忽略。因此，基态原子数 N_0 可以近似等于总原子数 N。

2. 原子吸收光谱的测量

（1）积分吸收。原子吸收谱线具有一定的宽度，各频率处的吸收系数并不相等，吸收系数的积分称为积分吸收系数，简称为积分吸收，它与原子蒸气单位体积中基态原子的数目成正比：

$$\int K_\nu \mathrm{d}\nu=\frac{\pi e^2 N_0 f}{mc} \tag{4.6}$$

式中，K_ν为基态原子对频率ν的光辐射的吸收系数；e 为电子电荷；m 为电子质量；c 为光速；N_0 为单位体积内基态原子数；f 为吸收振子强度，即能被入射辐射激发的每个原子的平均电子数，它正比于原子对特定波长辐射的吸收概率。这是原子吸收光谱分析法的重要理论依据。

若能测定积分吸收，则可求出原子浓度。但是，测定谱线宽度仅为 10^{-3} nm 的积分吸收，需要分辨率非常高的色散仪器。

（2）峰值吸收。如果采用发射线半宽度比吸收线半宽度小得多的锐线光源，并且发射线的中心与吸收线中心一致，如图 4-3 所示。这样就不需要用高分辨率的单色器，而只要将其与其他谱线分离，就能测出峰值吸收系数。

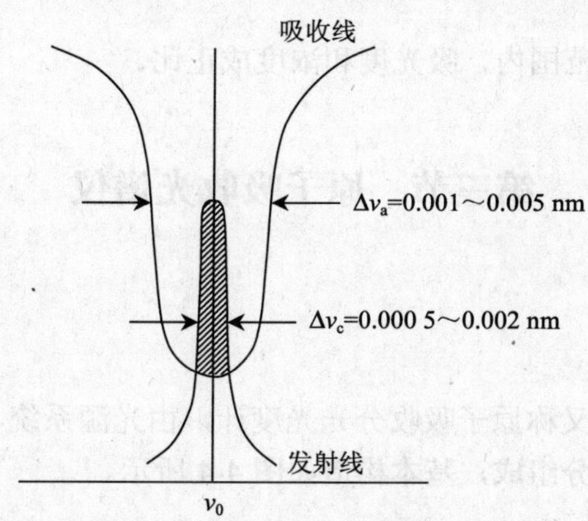

图 4-3　峰值吸收测量

在一般原子吸收测量条件下，原子吸收轮廓取决于热变宽宽度，通过运算可得峰值吸收系数：

$$K_0=\frac{2\sqrt{\pi\ln 2}}{\Delta\nu_D}\cdot\frac{e^2}{mc}\cdot f\cdot N_0 \tag{4.7}$$

式中，$\Delta\nu_D$ 为热变宽，在温度恒定的条件下为一常数。条件一定时，$\frac{2\sqrt{\pi\ln 2}}{\Delta\nu_D}\cdot\frac{e^2}{mc}\cdot f$ 为常数，用 K_1 表示。基态原子数 N_0 近似等于总原子数 N，则 $K_0=K_1N_0$。可以看出，峰值吸收系数与原子浓度成正比，只要能测出 K_0 就可得出 N_0。

3．定量关系

在实际工作中，对于原子吸收值的测量，是以一定光强的单色光 I_0 通过原子蒸气，然后测出被吸收后的光强 I，此吸收过程符合朗伯-比尔定律，即

$$I=I_0\cdot e^{-K_\nu L} \tag{4.8}$$

式中，K_ν为吸收系数；L 为吸收层厚度。

吸光度 A 可用下式表示：

$$A = \lg\frac{I_0}{I} = 0.4343 \cdot K_\nu L = 0.4343 \cdot K_1 \cdot N \cdot L \qquad (4.9)$$

在实际分析过程中，当实验条件一定时，N 正比于待测元素的浓度，所以

$$A = Kc$$

即在一定的浓度范围内，吸光度和浓度成正比。

第三节　原子吸收光谱仪

一、概述

原子吸收光谱仪又称原子吸收分光光度计，由光源系统、原子化系统、分光系统和检测系统四部分组成，基本构造如图 4-4 所示。

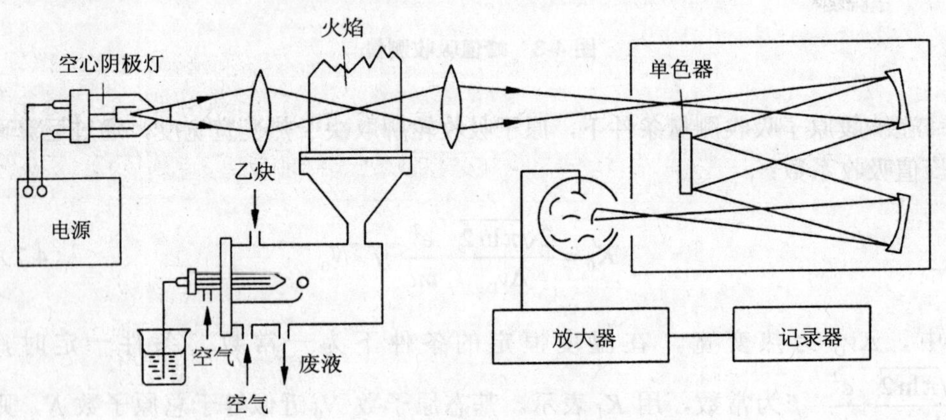

图 4-4　原子吸收分光光度计基本构造

二、光源系统

光源的作用是辐射待测元素的特征光谱，实际上就是辐射共振线和其他非吸收谱线。为了测出待测元素的峰值吸收，必须使用锐线光源，对光源的基本要求：能辐射锐线，即发射线的半宽度要明显小于吸收线的半宽度；能辐射待测元素的

共振线，并且有足够的强度；辐射的光强度必须稳定而且背景小。

空心阴极灯是符合上述要求的理想光源，应用最广。

空心阴极灯是由玻璃管制成的封闭着低压气体的放电管。主要是由一个阳极和一个空心阴极组成，如图 4-5 所示。

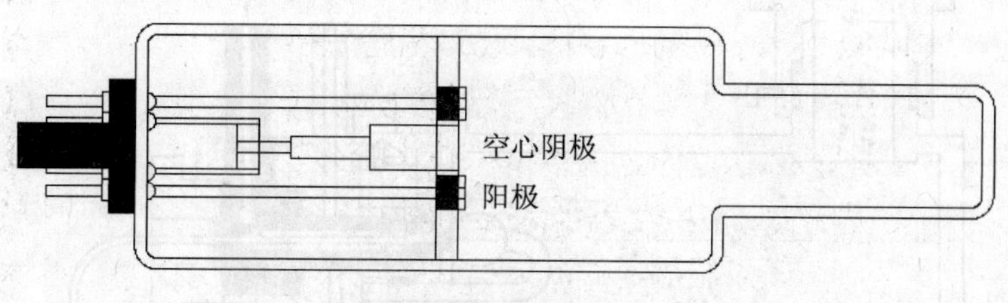

图 4-5　空心阴极灯

阴极为空心圆筒形，由待测元素的高纯金属和合金直接制成，贵重金属以其箔衬在阴极内壁。阳极为钨棒。灯的光窗材料一般为石英玻璃或硬质玻璃。制作时先抽成真空，然后再充入少量氖或氩等惰性气体，用来载带电流、使阴极产生溅射及激发原子发射特征的锐线光谱。

空心阴极灯发射的光谱，主要是阴极元素的光谱。若阴极物质只含一种元素，可制成单元素灯。若阴极物质含多种元素，则可制成多元素灯。当正负极间加上 300～500 V 电压后，电子从阴极表面逸出向阳极作加速运动，在运动过程中与惰性气体发生碰撞并使之电离，电离产生的正离子在电场作用下向阴极运动并轰击阴极表面，使阴极表面的电子被击出，而且还使阴极表面的原子被逸出而进入空间，这就是阴极溅射。溅射出来的阴极元素原子，再与电子、惰性气体原子、离子等相互碰撞，获得能量被激发发射阴极物质的光谱。

空心阴极灯的发光强度与工作电流有关，工作电流也是空心阴极灯唯一的一个操作参数。增大灯的工作电流，可以增加发射强度。但灯电流过大会使阴极溅射作用增强，原子蒸气密度增大，谱线变宽，严重时会使灯本身发生自蚀现象，导致测定灵敏度降低，灯寿命缩短。使用灯电流过小，放电不稳定，信噪比下降。在实际工作中应根据实际情况确定合适的工作电流。

三、原子化系统

原子化系统的作用就是将待测元素转变成原子蒸气。常用的原子化系统有两类：火焰原子化系统和无火焰原子化系统。

1. 火焰原子化系统

火焰原子化系统中，常用的是预混合型原子化器，如图 4-6 所示。

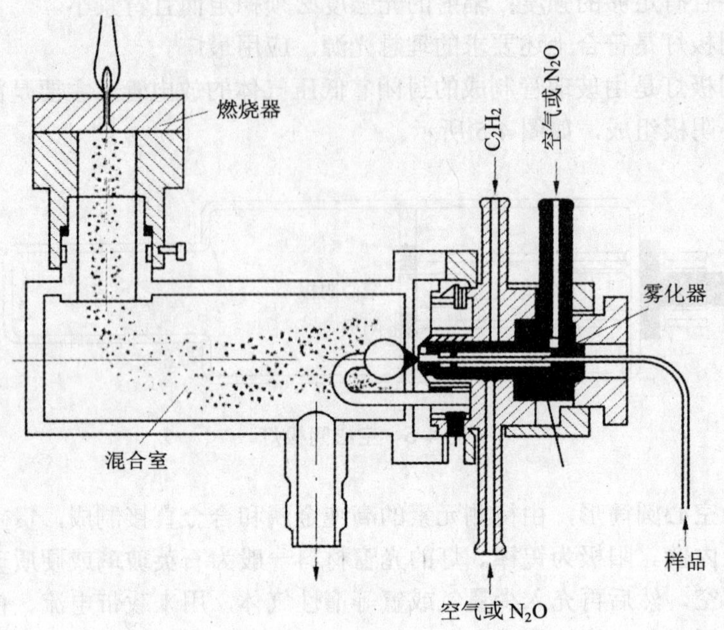

图 4-6 预混合型火焰原子化器

它是由雾化器、混合室和燃烧器三部分组成。它是将液体试样经雾化器形成雾滴，这些雾滴在雾化室中与燃气和助燃气均匀混合，除去大液滴后，再进入燃烧器，形成火焰。

（1）雾化器。其作用是将待测试液变成细雾。雾滴越小、越多，在火焰中生成的基态自由原子就越多。雾化器一般为同轴型雾化器，多采用不锈钢、聚四氟乙烯或玻璃等制成。根据伯努利原理，在毛细管外壁与喷嘴口构成的环形间隙中，由于高压助燃气空气或氧化亚氮以高速通过，先达成负压区，从而将试液沿毛细管吸入，并被高速气流分散成雾滴。

（2）混合室。也称为雾化室，它的作用主要是使雾滴与燃气充分混合，去除大雾滴，并使燃气和助燃气充分混合，以便在燃烧时得到稳定的火焰。

（3）燃烧器。试液的雾滴进入燃烧器，在火焰中经过干燥、熔化、蒸发和离解等过程后，产生大量的基态自由原子及少量的激发态原子、离子和分子。燃烧器一般为长缝型，吸收光程较长，原子化程度高、火焰稳定，而且噪声小。一般燃烧器的高度能上下调节，以便选取适宜的火焰部位测量。为了改变吸收光程，扩大测量浓度范围，燃烧器可旋转一定角度。

（4）火焰。其作用是把待测元素离解成游离基态原子。火焰的选择要考虑到燃烧的速度和火焰的温度。

燃烧速度要保证火焰稳定，可燃混合气体的供应速度应大于燃烧速度。但供气速度过大，会使火焰离开燃烧器，变得不稳定，甚至吹灭火焰；供气速度过小，将会引起回火。

火焰温度的高低主要取决于燃料气体和助燃气体的种类、燃料气与助燃气的流量。按火焰燃气和助燃气比例的不同，可将火焰分为三类：化学计量火焰、富燃火焰和贫燃火焰。

化学计量火焰是指燃气与助燃气之比与化学反应计量关系相近，又称为中性火焰，火焰温度高、稳定、干扰小、背景低。富燃火焰也称还原性火焰，是指燃气量大于化学计量的火焰，火焰呈黄色，层次模糊，温度稍低，火焰的还原性较强，适合于易形成难离解氧化物元素的测定。贫燃火焰，又称氧化性火焰，即助燃气量大于化学计量的火焰，氧化性较强，火焰呈蓝色，温度较低，适于易离解、易电离元素的原子化，如碱金属等。

实际应用过程中可根据试样的具体情况，通过实验或查阅有关的文献选择适宜的火焰条件。一般地，选择火焰的温度应使待测元素恰能分解成基态自由原子为宜。若温度过高，会增加原子电离或激发，而使基态自由原子减少，导致分析灵敏度降低。火焰温度过低，原子化程度低，也会影响测定。

选择火焰时，还要考虑火焰本身对光的吸收。

乙炔—空气火焰是原子吸收测定中最常用的火焰，该火焰燃烧稳定，重现性好，噪声低，温度高，对大多数元素有足够高的灵敏度，但它在短波紫外区有较大的吸收。

氢—空气火焰是氧化性火焰，燃烧速度较乙炔—空气火焰高，但温度较低，优点是背景发射较弱，透射性能好。

乙炔—一氧化二氮火焰的优点是火焰温度高，燃烧速度不快，适用于难原子化元素的测定，用它可测定 70 多种元素。

2．无火焰原子化系统

无火焰原子化系统最常用的是石墨炉原子化器，其结构如图 4-7 所示。

将被测元素样品注入石墨炉内，经过不同温度的加温使样品在高温下原子化。通过分光光度计把原子化时吸收某一锐线光谱的能量记录下来，经过运算求得待测元素的含量。

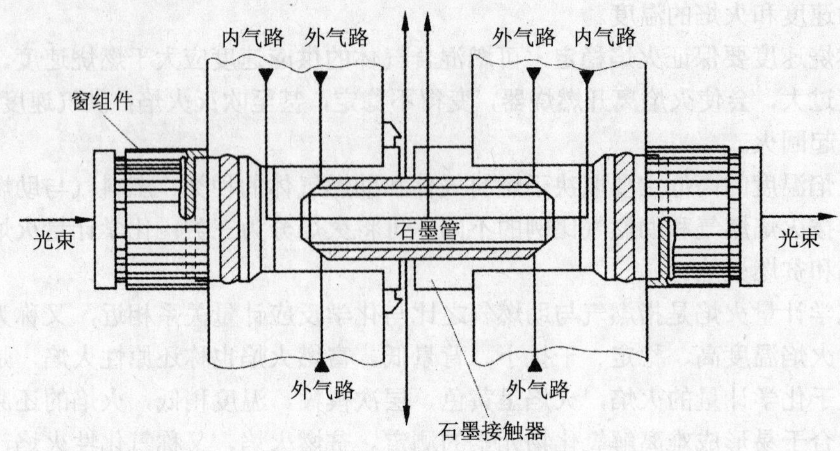

图 4-7　管式石墨炉原子化器

无火焰原子化系统主要通过干燥、灰化、原子化和净化四步完成，如图 4-8 所示。

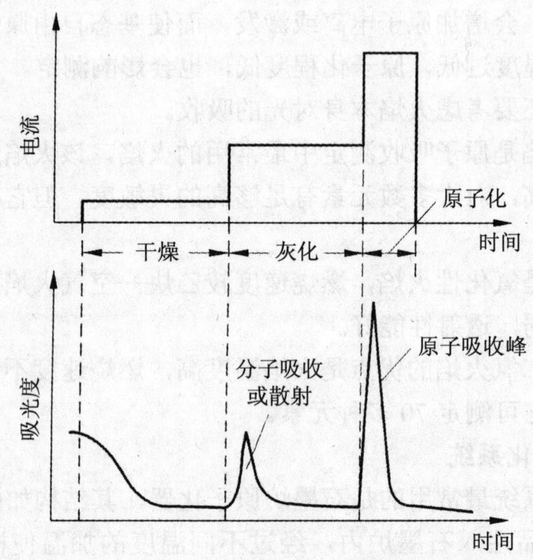

图 4-8　无火焰原子化系统程序升温过程

石墨炉原子化系统主要由石墨管、炉体、电源等部分组成。

（1）石墨管。分为普通石墨管、热解石墨管和涂层石墨管。

普通石墨管易氧化，使用温度必须低于 2 700℃。

热解石墨管是在普通石墨管中通入甲烷蒸气（10%甲烷与 90%氩气混合），

在低压下热解，使热解石墨沉积在石墨管上，沉积不断进行，结果在石墨管壁上沉积一层致密坚硬的热解石墨。

热解石墨具有很好的耐氧化性能，致密性能好，不渗透试液，具有良好的惰性，因而不易与高温元素（如 V、Ti、Mo 等）形成碳化物而影响原子化。热解石墨具有较好的机械强度，使用寿命明显优于普通石墨管。

（2）炉体。其结构对石墨炉原子吸收分析法的性能有重要的影响，一般要求石墨管与炉座间接触良好，而且要有弹性伸缩，以适应石墨管热胀伸缩的位置。同时，为防止石墨的高温氧化作用，减少记忆效应，保护已热解的原子蒸气不再被氧化，可及时排泄分析过程中的烟雾，因此在石墨炉加热过程中（除原子化阶段内内气路停气之外）需要有足量的惰性气体作保护。通常使用的惰性气体主要是氩气和氮气。

石墨炉的气路分为外气路和内气路。外气路用于保护整个炉体内腔的石墨部件，是连续进气的。内气路从石墨管两端进气，由加样孔出气，并设置可控制气体流量和停气等程序。

石墨炉在加温过程中要有水冷保护。这是由于石墨炉在 2～4 s 内，可使温度上升到 3 000℃，但炉体表面温度不能超过 60～80℃。因此，整个炉体有水冷却保护装置。

水冷却和气体保护都设有“报警”装置。如果水或气体流量不足，或突然断水、断气，即发出“报警”信号，自动切断电源。

（3）石墨炉电源。是一种低压（8～12 V）大电流（300～600 A）而稳定的交流电源。一般设有能自动完成干燥、灰化、原子化、净化阶段的操作程序。

石墨管温度取决于流过的电流强度。在使用过程中，石墨管本身的电阻和接触电阻会发生改变，从而导致石墨管温度的变化，因此电路结构应有“稳流”装置。

与火焰原子化法相比，石墨炉原子化法因为试样直接注入石墨管内，样品几乎全部蒸发并参与吸收，灵敏度高、检测限低。同时，石墨炉原子化法是将试样直接注入原子化器，从而减少溶液一些物理性质对测定的影响，还可直接分析固体样品，排除了火焰原子化法中存在的火焰组分与被测组分之间的相互作用，减少了由此引起的化学干扰。由于注入原子化器的样品几乎全部被原子化，试样用量少，通常固体样品为 0.1～10 mg，液体试样为 5～50 μL，但这同时也是该法的一个缺点，由于取样量少，相对灵敏度低，方法精密度比火焰原子化法差，通常为 2%～5%。

3．低温原子化法

低温原子化法又称化学原子化法，其原子化温度为室温至摄氏数百度。常用的有汞低温原子化法及氢化物原子化法。

（1）汞低温原子化法。室温下汞有一定的蒸气压，沸点为 357℃。对试样进行化学预处理得到汞原子，由载气（Ar 或 N_2）将汞蒸气送入吸收池内测定。

（2）氢化物原子化法。在一定的酸度下，将被测元素还原成极易挥发与分解的氢化物，如 AsH_3、SnH_4、BiH_3 等。这些氢化物经载气送入石英管后，进行原子化与测定。该法适用于 Ge、Sn、Pb、As、Sb、Bi、Se 和 Te 等元素。

四、分光系统

分光系统也称为单色器，其作用是将待测元素的共振线与邻近线分开。由入射狭缝、出射狭缝、反射镜和色散元件组成，色散元件一般为光栅。

原子吸收所用的吸收线是锐线光源发出的共振线，它的谱线比较简单，因此对仪器并不要求很高的色散能力。若光源强度一定，就需要选用适当的光栅色散率与狭缝宽度配合，构成适于测定的通带来满足要求。通带是由色散元件的色散率与入射狭缝宽度决定的，其表示式：

$$W = D \cdot S \times 10^{-3}\ \text{Å} \qquad (4.10)$$

式中，W 为单色器的通带宽度（Å）；D 为光栅线色散率的倒数（Å/mm）；S 为狭缝宽度（μm）。

五、检测系统

检测系统的作用是将分光系统分出的光信号进行光电转换，并将其以一定的信号显示出来。它通常由光电转换装置、放大装置、对数转换装置和显示装置组成。

原子吸收光谱法中常用的检测系统为光电倍增管。

六、仪器使用简介

以 AA320N 型原子吸收分光光度计为例进行说明。

1. 概述

AA320N 型是上海精密仪器仪表有限公司生产的原子吸收分光光度计，可用于测定各种样品中的常量和痕量金属元素，具有火焰法、石墨炉法、氢化物法原子吸收分析和火焰发射分析的功能。

仪器使用的环境条件：

① 环境温度 10～30℃；

② 室内的相对湿度不超过 85%；

③ 没有震动和电磁场干扰；

④ 室内无腐蚀性气体；

⑤ 电源电压 220±22V，电流 3A，频率 50±1Hz。

2．仪器的主要参数

① 波长范围：190.0～900.0 nm；

② 波长准确度：±0.5 nm；

③ 波长重复性：≤0.3 nm；

④ 波长扫描速度：1.2 nm/min；300 nm/min；

⑤ 分辨率：＜40%；

⑥ 特征浓度：≤0.04 μg/mL/1%（铜）；

⑦ 检出极限：≤0.008 μg/mL（铜）。

3．仪器的基本操作

（1）元素灯的调整。

① 打开仪器左上方门，把空心阴极灯插入灯电源电缆座，放到灯架上用弹簧压住，并使灯阴极与灯架上的标记大致相平。

② 打开灯架旁的灯电源乒乓开关，在 F2 页面将光标移到 I（灯电流），设定合适的灯电流（一般用 10 mA）。

③ 拉开燃烧器右壁上的两块挡光板，使光束通过燃烧室。

④ 选择合适的波长，使 F2 页面中的能量指示 *S* 约为 80（空心阴极灯预热后，能量可能增大）。

⑤ 用波长手动轮调节波长使能量指示达到最大值，如果能量大于 80，可调节 HV（负高压）使之回到 80 左右。

⑥ 缓缓转动空心阴极灯调节轮，使能量指示最大。如果能量大于 80，可调节 HV（负高压）使之回到 80 左右。

（2）燃烧器对光。空心阴极灯的光束在火焰中的路径和位置对系统的灵敏度有极大影响。燃烧器的缝隙应平行于仪器光轴而略偏低，具体操作如下：

① 降低燃烧头高度至光束下面。

② 将对光板放在燃烧头的缝隙上沿缝隙移动，调节燃烧头的旋转柄使缝隙与光束平行，并使缝隙处于光束的正下方。

③旋动燃烧器上下调节钮，使燃烧器慢慢上升直至能量刚有变化。

④ 再将旋钮逆时针方向转动半圈，使燃烧器进一步降低，这是许多元素分析的最佳高度，即光斑的中心在对光板上高 5 mm 左右。

⑤ 吸喷一份标准溶液，慢慢旋动燃烧器前后调节钮，直到获得最大吸光度值。

（3）空气—乙炔火焰操作。

① 检查燃烧头和废液排放管是否安装妥当，然后将“空气/笑气”切换开关推至“空气”位置。

② 将乙炔钢瓶的减压阀开至输出压力为 0.07 MPa。

③ 接通空气压缩机电源，输出压力调至 0.3 MPa。

④ 接通气路电源总开关和“助燃气”开关，调节助燃气稳压阀，使压力表指示为 0.2 MPa。

⑤ 顺时针旋转辅助气钮，关闭辅助气。此时流量计指示仅为雾化气流量，约 5.5 L/min。如有必要可启用辅助气，但增大辅助气会降低吸收灵敏度。

⑥ 调节乙炔钢瓶减压阀使乙炔表指示为 0.05 MPa，打开乙炔开关，调节乙炔气钮使乙炔气流量至约 1.5 L/min。

⑦ 按下点火钮（约 4 s），使点火喷口喷火焰将燃烧头点燃。

⑧ 调节乙炔气流量选择合适的分析火焰。

⑨ 当测量完成后，应吸喷几分钟蒸馏水，然后关闭乙炔气开关或直接关闭乙炔钢瓶阀使火焰熄灭，最后关闭助燃气和气路电源总开关、关断空气压缩机电源并释放剩余气体。

4. 最佳条件的选择

（1）灯电流选择。灯电流的大小影响分析的灵敏度和精密度，较小的电流可获得较高的灵敏度，但会有较大的噪声。所以应仔细选择合适的灯电流。

（2）火焰选择。适当的火焰能提高分析的灵敏度和稳定性。火焰点着后，可调节乙炔气的流量来改变助燃气与燃气的比例，得到不同的火焰，直到获得最大吸收。使用空气—乙炔火焰时，乙炔气流量小提供蓝色火焰，流量大提供黄色火焰。使用笑气—乙炔火焰时应有一个高为 10～20 mm 的玫瑰红焰心。

（3）燃烧器位置选择。燃烧器的位置，尤其是高度，对分析的灵敏度和稳定性有很大影响。完成燃烧器对光后，应着重进行燃烧器高度的选择，以寻找具有最大吸收或稳定的火焰区域。燃烧器位置的调节应在火焰条件下边吸样边进行。

（4）样品提取速率。样品提取速率的大小对分析的灵敏度影响极大，在一定的程度上喷入火焰的试液量越多越好，但喷入过多，吸收反而下降。

（5）分散球的使用。使用分散球可以提高样品雾化效率。一般来说分散球的位置靠近喷嘴，且球心稍低于雾化器的轴心效果较好。

（6）光谱带宽选择。光谱带宽即狭缝。在能分开非共振线的前提下，应尽量采用宽的狭缝，以便提高信号的信噪比和分析稳定性。

（7）波长选择。大部分元素有两个工作波长，第一个波长一般是最灵敏线或灵敏度较高，稳定性较好的分析线，可用于常规分析；第二个波长一般是次灵敏线或灵敏度较低的分析线，可用于高浓度试样的分析。

5. 仪器维护

（1）燃烧器缝隙的清洗。点火后，燃烧器的整个缝隙上应是一片燃烧均匀的火焰。火焰若出现锯齿状，表明缝隙需要清洗了。清洗时应先熄灭火焰，用滤纸插入缝隙仔细揩洗。如无效可取下燃烧头在水中用细软毛刷洗。如已形成溶珠，可用细金相砂纸或单面刀片仔细磨刮清洗，严禁用酸浸泡。

（2）燃烧器清洗。可以吸喷有机样品进行清洗。

（3）雾化器和进样毛细管清洗。清洗过燃烧器及燃烧头缝隙后，吸光度读数仍低，可能是由于在雾化器或进样毛细管局部堵塞而引起。喷吸纯净的溶剂直至随后测量的标样有较满意的吸光度读数。

（4）气路检查。气路如经修理或装拆，应进行泄漏检查，特别是乙炔气路。

6．可能故障分析

（1）分析结果偏高。没有用空白试剂调零；存在电离干扰；标准溶液已污染或配制不当；存在背景吸收。

（2）分析结果偏低。存在化学干扰或基质干扰；标准溶液配制不当；空白溶液已被污染。

（3）不能达到规定的检测极限。使用不适当的标尺扩展和积分时间；由于火焰条件不当或波长选择不当导致灵敏度太低；灯电流太小影响其稳定性。

（4）不能达到预定灵敏度。在错误的谱线上进行分析操作，许多元素有非常邻近的谱线；各有不同的灵敏度；不同雾化器的灵敏度有所不同；金属雾化器的灵敏度要比玻璃雾化器低一些；使用的火焰不当，许多元素对不同类型火焰有很大的灵敏性；检查火焰条件，许多元素对燃气与助燃气的比例有很大的灵敏性。

（5）静态噪声过大。弄清楚仪器内确已装灯；测量条件选择时标尺扩展过大；电源电压过高或过低；灯发射强度弱或放电不正常或灯电流太小。

（6）动态噪声过大。由于火焰的高度吸收造成，可以采用背景校正。

灯能量不足伴随从火焰或溶液组分来的强发射，引起光电倍增管的高度噪声。可以采取以下解决方法：允许的最大电流值内，增大空心阴极灯的工作电流；换用能量足的新灯；试用一个其他吸收线进行分析；用化学方法去除溶液中能通过火焰产生强发射的主要组分。

吸喷有机样品试剂沾染了燃烧器，可以清洗燃烧器消除干扰。

仪器故障，试用铜、镁元素灯，看有否改善。

灯电流、狭缝、乙炔气和助燃气流量的设置不适当。

废液管状态不当，排液异常。

雾化器的端口被污染。

雾化器调节不当，雾滴过大。

乙炔钢瓶的输出压力不足 0.06 MPa。

空气压缩机输出压力不足 0.3 MPa。

（7）动态漂移。在实际测量状态下的零点漂移可能是由于以下原因：燃烧器没有预热；吸样毛细管可能被堵塞；空心阴极灯在灯架上的位置不当；过大的标尺扩展使零点漂移扩展。

（8）读数漂移或重现性差。燃烧器预热时间不够；燃烧器缝隙或雾化器毛细管有堵塞；雾化器毛细管有漏洞；雾化器毛细管有污染；废液排泄口不畅通，浸在废液中，造成燃烧室内积水、气体工作压力变化、被测样品温度改变等。

（9）点火困难。可能是由于乙炔气压力或流量过小、辅助气流量过大。

（10）燃烧器回火。可能是由于废液排放管的水封安装不当。

七、仪器测定条件

1. 测量条件的选择

（1）分析线。通常选择元素的共振线作为分析线，可使测定具有较高的灵敏度。在分析被测元素浓度较高试样时，可选用灵敏度较低的非共振线作为分析线。

（2）空心阴极灯电流。一般商品的空心阴极灯都标有允许使用的电流范围，实际工作中，合适的电流应通过实验确定。选择灯电流时，应在保持稳定和有合适的光强输出的情况下，尽量选用较低的工作电流。

（3）狭缝。原子吸收分析中，谱线重叠的概率较小，因此，可以使用较宽的狭缝，以增加光强与降低检出限。狭缝宽度的选择要能使吸收线与邻近干扰线分开。适合的狭缝宽度要从实验得到。

（4）原子化条件。

① 火焰原子化法。测定不同的元素选择不同类型的火焰。对于低温、中温火焰，适合的元素可使用乙炔—空气火焰；在火焰中易生成难离解的化合物及难溶氧化物的元素，宜用乙炔—氧化亚氮高温火焰；分析线在 220 nm 以下的元素，可选用氢气—空气火焰。

燃气和助燃气的比例不同，火焰的特点也不同。易生成难离解氧化物的元素，用富燃火焰；氧化物不稳定的元素，宜用化学计量火焰或贫燃火焰。合适的燃助比应通过实验确定。

同时，燃烧器高度也是影响火焰原子化效率的因素。调节燃烧器的高度，使测量光束从自由原子浓度大的区域内通过，可以得到较高的灵敏度。

② 石墨炉原子化法。影响石墨炉原子化效率的因素较多，主要包括干燥、灰化、原子化及净化等阶段的温度和时间。

干燥的主要作用是去除溶剂成分的干扰，一般在 105～125℃的条件下进行，干燥时间一般 10～30 s。

灰化阶段温度和时间的选择要以尽可能除去试样中基体与其他组分而被测元素不损失为前提。

原子化阶段是要使待测元素尽可能多地被原子化，应选择能使待测元素原子化的最低温度，原子化时间 5～10 s。

净化阶段，也称清除阶段、清洗阶段，温度应高于原子化温度，以便消除试样的残留物产生的记忆效应，一般时间为 5～10 s。

2．测定干扰

原子吸收光谱法测定存在的主要干扰有物理干扰、化学干扰、电离干扰、光谱干扰和背景干扰等。

（1）光谱干扰。一方面与光源有关，包括与分析线相邻的是待测元素和非待测元素的谱线。另一方面是光谱线的重叠干扰，主要是共存元素吸收线与被测元素分析线波长很接近时，两谱线重叠或部分重叠，会使结果偏高。还有就是与原子化器有关的干扰，包括原子化器的发射和背景吸收的一种光谱干扰，背景吸收是由气态分子对光的吸收以及高浓度盐的固体微粒对光的散射所引起。

（2）背景干扰。也是一种光谱干扰。分子吸收与光散射是形成光谱背景的主要因素。

分子吸收是指在原子化过程中生成的分子对辐射的吸收。分子吸收是带状光谱，会在一定的波长范围内形成干扰。例如，不同的无机酸会产生不同的影响，在波长小于 250 nm 时，H_2SO_4 和 H_3PO_4 有很强的吸收带，而 HNO_3 和 HCl 的吸收很小。因此，原子吸收光谱分析中多用 HNO_3 和 HCl 配制溶液。

光散射是指原子化过程中产生的微小的固体颗粒使光发生散射，造成透过光减小，吸收值增加。

一般采用仪器校正背景方法，有邻近非共振线、连续光源、塞曼效应等校正方法。

①邻近非共振线校正法。背景吸收是宽带吸收。分析线测量是原子吸收与背景吸收的总吸光度 A_T，A_T 在分析线邻近选一条非共振线，非共振线不会产生共振吸收，此时测出的吸收为背景吸收 A_B。两次测量吸光度相减，所得吸光度值即为扣除背景后的原子吸收吸光度值 A。

$$A_T = A + A_B$$

$$A = A_T - A_B = kc \tag{4.11}$$

邻近非共振线校正法适用于分析线附近背景吸收变化不大的情况，否则准确度较差。

② 连续光源背景校正法。目前原子吸收分光光度计上一般都配有连续光源

自动扣除背景装备，连续光源在紫外区用氘灯扣除背景，在可见区用碘钨灯、氙灯扣除背景。

氘灯产生的连续光谱进入单色器狭缝，通常比原子吸收线宽度大一百倍左右。氘灯对原子吸收的信号为空心阴极灯原子信号的 0.5%以下。由此，可以认为氘灯测出的主要是背景吸收信号，空心阴极灯测的是原子吸收和背景信号，二者相减得原子吸收值。

③ 塞曼效应背景校正法。指在磁场作用下简并的谱线发生分裂的现象。利用塞曼效应校正背景的方法可分为光源调制法和吸收线调制法两大类。光源调制法是将磁场加在光源上，使共振发射线发生塞曼分裂。吸收线调制法是在原子化器上施加磁场，使吸收线发生塞曼效应。

（3）物理干扰。指试液与标准溶液物理性质有差异而产生的干扰。如黏度、表面张力或溶液密度等的变化，影响样品的雾化和气溶胶到达火焰传送等引起原子吸收强度变化而引起的干扰。

配制与被测试样组成相近的标准溶液或采用标准加入法可以消除物理干扰。

（4）化学干扰。由于被测元素原子与共存组分发生化学反应生成稳定的化合物，影响被测元素的原子化而引起的干扰。

消除化学干扰的方法：

① 选择合适的原子化方法。提高原子化温度，减小化学干扰。使用高温火焰或提高石墨炉原子化温度，可使难离解的化合物分解。

采用还原性强的火焰与石墨炉原子化法，可使难离解的氧化物还原、分解。

② 加入释放剂。释放剂的作用是与干扰物质能生成比被测元素更稳定的化合物，使被测元素释放出来。例如，磷酸根干扰钙的测定，可在试液中加入镧、锶盐，镧、锶与磷酸根首先生成比钙更稳定的磷酸盐，就相当于把钙释放出来。

③ 加入保护剂。保护剂作用是可与被测元素生成易分解的或更稳定的配合物，防止被测元素与干扰组分生成难离解的化合物。保护剂一般是有机配合剂，例如，EDTA、8-羟基喹啉。

④ 加入基体改进剂。对于石墨炉原子化法，在试样中加入基体改进剂，使其在干燥或灰化阶段与试样发生化学变化，其结果可以增加基体的挥发性或改变被测元素的挥发性，以消除干扰。

（5）电离干扰。在高温条件下，原子会电离，使基态原子数减少，吸光度下降，这种干扰称为电离干扰。

消除电离干扰的方法是加入过量的消电离剂。消电离剂是比被测元素电离电位低的元素，相同条件下消电离剂首先电离，产生大量的电子，抑制被测元素的电离。例如，测钙时可加入过量的 KCl 溶液消除电离干扰。钙的电离电位为 6.1 eV，钾的电离电位为4.3 eV。由于K电离产生大量电子，使钙离子得到电子而生成原子。

3．定量分析方法

（1）标准曲线法。配制一组含有不同浓度被测元素的标准溶液，在与试样测定完全相同的条件下，测定吸光度值。绘制吸光度对浓度的标准曲线。测定试样的吸光度，利用标准曲线求出被测元素的含量。

（2）标准加入法。分取几份相同量的被测试液，分别加入不同量的被测元素的标准溶液，其中一份不加被测元素的标准溶液，最后稀释至相同体积，使加入的标准溶液浓度为 0、c_S、$2c_S$、$3c_S$，然后分别测定它们的吸光度，绘制吸光度对浓度的校准曲线，再将该曲线外推至与浓度轴相交，交点至坐标原点的距离 c_X 即是被测元素经稀释后的浓度。

4．灵敏度

（1）特征浓度。指能产生 1%吸收（即吸光度值为 0.004 4）信号时所对应的被测元素的浓度。

$$c_0 = \frac{c_X \times 0.0044}{A} \mu g/mL \tag{4.12}$$

式中，c_X 为待测元素的浓度；A 为多次测量的吸光度值。

（2）特征质量。石墨炉原子吸收法常用绝对量表示，特征质量的计算公式为：

$$m_0 = \frac{c_X \times 0.0044 \times V}{A} \tag{4.13}$$

式中，m_0 为分析物质量（μg 或 ng）。

特征浓度或特征质量越小越好。

第四节　实验内容

实验一　火焰原子吸收分光光度法测定自来水中镁

一、实验目的

（1）学习原子吸收分光光度法的基本原理。

（2）了解原子吸收分光光度计的主要结构及其主要部件的特性，熟悉原子吸收分光光度计的操作规程和注意事项。

（3）掌握火焰原子吸收分光光度法测定自来水中镁含量的方法。

（4）掌握原子吸收分光光度计工作站的使用方法。

二、实验原理

1. 原子吸收分光光度计工作原理

原子吸收分光光度计是利用基态原子对特征波长光吸收这个原理的一种测量方法。通常，可采用空心阴极灯作为光源发射出某一元素特征波长的谱线，当此光束通过包含基态原子的样品时，光强度将被部分吸收，吸收的程度取决于原子的浓度，这样便可根据光的吸收程度来计算出样品的原子浓度。

当光强度为 I_0 的光束通过被测元素原子浓度为 c 的介质时，光强度减弱至 I，服从朗伯-比尔定律：

$$A=\lg(I_0/I)=Kc \tag{4.14}$$

2. 原子吸收分光光度计工作流程图

光源系统→火焰原子化系统→分光系统→检测系统

（1）光源系统。光源的作用是辐射被测元素的特征光谱，必须使用锐线光源，应满足下述要求：

能辐射锐线，即发射线的半宽度要明显小于吸收线的半宽度；能辐射待测元素的共振线，并且具有足够的强度；辐射的光强度必须稳定且背景小。

（2）火焰原子化系统。原子化系统的作用是将试样溶液中金属离子转变成基态原子蒸气。

将被测溶液用一定手段雾化后进入火焰，借助于火焰的热量和气氛使其原子化，这样的系统属于火焰原子化系统。一个好的火焰原子化系统，要求雾化效率高，原子化效率高，稳定性好，原子化系统的噪声小。

火焰原子化装置包括雾化器和燃烧器：

雾化器是将溶液转变成尽可能细而均匀的雾滴，进入雾室。当助燃气高速通过时，在毛细管外壁与喷嘴口构成的环形间隙中，形成负压区，将试样溶液吸入，并被高速气流分散成气溶胶，在出口与撞击球碰撞，进一步分散成细雾。

燃烧器是供气体燃烧的部件，试液雾化后进入混合室，与燃气（乙炔）充分混合，大雾滴凝结在壁上，经废液器排出，小雾滴进入火焰中。

试样雾滴在火焰中，经蒸发、干燥、离解（还原）等过程产生大量基态原子。

保证待测元素充分离解为基态原子的前提下，尽量采用低温火焰；火焰温度越高，产生的热激发态原子越多，不利于原子吸收；火焰温度取决于燃气与助燃气类型，常用的是乙炔—空气火焰，最高温度可达 2 600 K；火焰类型包括化学计量火焰、富燃火焰和贫燃火焰，不同元素应用的火焰类型不一样。

（3）分光系统（单色器）。

单色器的作用：将待测元素的共振线与邻近线分开。

单色器的构成元件：棱镜、光栅，凹凸镜、狭缝等。

单色器的性能参数：线色散率（*D*）、分辨率、通带宽度（*W*）。

（4）检测系统。主要包括检测器、放大器、对数变换器和数显装置等。

3．标准曲线法

配一系列基体相同的不同浓度的标准溶液，以空白溶液为参比，在选定的条件下测标准溶液的吸光度。以 A 为纵坐标，c 为横坐标，绘制 $A—c$ 标准曲线，在相同条件下，测样品的 A_x，从标准曲线求出未知样品中待测元素的含量。

为保证测定结果的准确性，应注意以下几点：

标准溶液与样品的基体组成应尽可能一致，基体元素不同可能带来影响；标准溶液浓度应使 $A—c$ 在直线的范围内，c 不能太大，一般控制 A 在 0.1～0.8；测定过程中应保持测定条件不变。

三、实验仪器

AA320N 原子吸收分光光度计可用于测定各种样品中的常量和痕量金属元素。

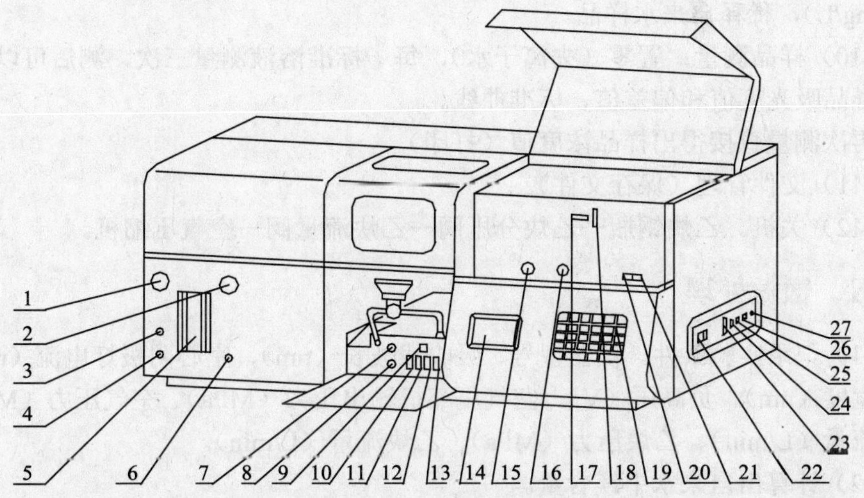

1—空气或笑气压力表；2—乙炔压力表；3—辅助气流量阀；4—助燃气稳压阀；5—流量计；6—乙炔流量阀；7—燃烧器上下调节钮；8—燃烧器前后调节钮；9—点火按钮；10—气路总开关；11～13—分项开关；14—显示屏；15—狭缝选择开关；16—波长扫描变速杆；17—波长显示；18—波长手动轮；19—键盘；20—波长增加按钮；21—波长减少按钮；22—电源开关；23—打印机；24—RS232 接口；25—USB 接口；26—控制信号；27—显示屏亮度调节钮

图 4-9　操作控制开关

四、实验步骤

（1）总电源。

（2）光源：镁空心阴极灯、打开开关、灯电流（10 mA，F2 页面设置）。

（3）按“功能”“1”，进入 F1 页面，选择 Mg 元素。

（4）打开工作站，调节仪器最佳工作条件（F2 页面）。

① 将“D2”改为“R”。② 调节“波长、灯位、灯电流、HV（负高压）”，使样品光、参比光能量值为 80 左右。③ 选择测量条件：测量时间，测量次数，延迟时间，浓度单位，标准溶液浓度等。

（5）打开通风装置。

（6）打开空气压缩机（压力 0.3 MPa，助燃气稳压压力 0.2 MPa，辅助气流量约 6.0 L/min）。

（7）打开乙炔钢瓶，调节乙炔分压阀使乙炔压力为 0.05～0.07 MPa，调节乙炔流量为 0.50～1.0 L/min。

（8）点火。

（9）配制标准系列溶液（0.20 mg/L、0.40 mg/L、0.60 mg/L、0.80 mg/L、1.00 mg/L），稀释自来水样品。

（10）样品测量：置零（去离子水），每一标准溶液测量三次，测后可以直接打印样品吸光度值和偏差值、标准曲线。

再次测量直接得出样品浓度值（打印）。

（11）文件管理（保存文件）。

（12）关机。乙炔钢瓶—乙炔分压阀—乙炔流量阀—空气压缩机。

五、数据处理

（1）记录实验条件。仪器型号、吸收线波长（nm）、空心阴极灯电流（mA）、狭缝宽度（nm）、负高压（V）、空气压缩机输出压力（MPa）、空气压力（MPa）、空气流量（L/min）、乙炔压力（MPa）、乙炔流量（L/min）。

（2）计算出自来水中镁含量。

六、结果讨论

对实验过程中出现的问题进行分析讨论。

七、附录：样品测量页说明

F1：Elements（元素）。

F2：setup（设置）。

S：样品光束能量；D2 或 R：氘灯能量或参考光束能量；HV：负高压；I：灯电流；WL：波长；SW：狭缝；PT：火焰法是测量前的延迟时间，石墨炉法是测量前的调零时间；IT：积分时间，即测量时间；RSP：响应时间；N：平均次数；X：时间坐标范围；Y：吸光度坐标范围。

F3：condition（条件）。

Mode：测量方法，AA 火焰吸收，AE 火焰发射，PH 峰高，PA 峰面积，PH-A 和 PA-A 为石墨炉自动进样器连用时的峰高峰面积测量；Curve：工作曲线选择，L1 过原点线性方程，L2 不过原点线性方程，NL 非线性方程，SADD 标准加入法；D2：氘灯，on 表示开，off 表示关；Unit：单位；FLA：火焰方式，A-C 表示空气—乙炔，N-C 表示笑气—乙炔；H：火焰高度；Air：空气流量和压力；C_2H_2：乙炔流量和压力；N_2O：笑气流量和压力。

F4：working curve（工作曲线）。

S 表示标准，C 表示浓度，mg/L 表示浓度单位，A 表示吸光度，k 表示斜率，b 表示截距，r 表示相关系数。

F5：analyse testing（分析测定）。

A 表示吸光度，s 表示秒（时间单位），std0 表示标准空白，#0000 表示样品空白。

F6：report（报告）。

No：标样及样品编号；C：标样及样品浓度值；AA-BG：扣除背景后的样品吸光度；BG：背景的吸光度；SD：标准偏差；RSD：相对标准偏差。

F7：files manager（文件管理）。

Files：文件名；Load：调出文件；Save：存入文件；New：新建文件。

F8：Data print（数据打印）。

File Head：F6 报告中的文件头，Yes/No：打印/不打印；

Standard Samples：F6 报告中的标准样品，Yes/No：打印/不打印；

Paramcters：F6 报告中的参数，Yes/No：打印/不打印；

Item：F6 报告中的项目，Yes/No：打印/不打印；

Online：F5 中的实时打印，Yes/No：实时打印/不实时打印。

八、思考题

1．简述原子吸收分光光度计工作原理。

2．原子吸收分光光度计由哪几部分组成？

3．简述原子吸收分光光度计光源的作用和对光源的要求。

4．火焰原子化器包括哪几部分？简述各部分的作用。

实验二　石墨炉原子吸收分光光度法测定废水样品中铜

一、实验目的

（1）学习原子吸收分光光度法的基本原理。

（2）学习石墨炉原子化系统的作用原理。

（3）掌握石墨炉原子吸收分光光度法测定废水样品中铜含量的方法。

二、实验原理

1．原子吸收分光光度计工作原理

原子吸收分光光度计是利用基态原子对特征波长光吸收这个原理的一种测量方法。通常，可采用空心阴极灯作为光源发射出某一元素特征波长的谱线，当此光束通过包含基态原子的样品时，光强度将被部分吸收，吸收的程度取决于原子的浓度，这样便可根据光的吸收程度来计算出样品的原子浓度。

当光强度为 I_0 的光束通过被测元素原子浓度为 c 的介质时，光强度减弱至 I，服从朗伯-比尔定律：

$$A=\lg(I_0/I)=kc \tag{4.15}$$

2．原子吸收分光光度计工作流程图

光源系统→原子化系统→分光系统→检测系统

3．石墨炉原子化系统的作用

原子化系统的作用是将试样溶液中金属离子转变成基态原子蒸气。

将被测元素样品注入石墨炉内，经过不同温度的加温使样品在高温下原子化。通过分光光度计把原子化时吸收某一锐线光谱的能量记录下来，经过运算求得待测元素的含量。

石墨炉系统主要作用是在惰性气体保护下，用程序加温的方法使试样在分离水分和其他杂质时，在不损失原试样中元素含量的情况下，充分原子化，以求得较高的特征量。

4．升温程序

石墨炉的升温过程是分档进行的，大致分为四步：干燥、灰化、原子化、高温清洗（除残）四阶段。

先在 100℃左右将溶液烘干；然后升温灰化，使基体中其他成分尽可能在灰化温度下除去，而被测元素并不原子化；第三阶段是升高到原子化温度，同时进行记录；第四阶段将温度升高到最高值，除去管中的残留物质，以免除由此而产生的记忆效应。这种阶梯式的升温程序可使分子吸收和其他干扰在被测元素原子化前减少到最低限度。

三、实验仪器与试剂

（1）AA320N 原子吸收分光光度计；

（2）GA3202 型石墨炉系统是原子吸收分光光度计的大型附件，用于无火焰原子吸收分析。仪器由两部分组成，一是石墨炉电源控制器，二是石墨炉体装置，它安放在原子吸收分光光度计燃烧室（即石墨炉原子化器）中。

四、实验步骤

（1）配制标准系列溶液（0.10 mg/L、0.20 mg/L、0.30 mg/L、0.40 mg/L、0.50 mg/L），稀释样品溶液。

（2）仪器调节和测定。

①打开总电源。

②光源：换铜空心阴极灯、打开开关。

③按“功能”“1”，进入 F1 界面，选择 Cu 元素。

④按“功能”“2”，进入 F2 界面，调节仪器最佳工作条件：波长、灯位、灯电流、HV（负高压），使样品光、参比光能量值为 80 左右。

⑤进入 F3：condition（条件）。Mode，PH 峰高；Curve：L2 不过原点线性方程；Unit，mg/L。

⑥进入 F4：working curve（工作曲线）。输入浓度 0.10 mg/L、0.20 mg/L、0.30 mg/L、0.40 mg/L、0.50 mg/L。

⑦进入 F5：analyse testing（分析测定）。

⑧调节气路和冷却水：氩气入口压力 0.3 MPa；打开自来水龙头，使冷却水流过石墨炉原子化器左右电极。

⑨打开石墨炉系统电源，液晶屏会显示自检功能，然后将光标移至“Replace Tube”，按回车键，将石墨炉压紧。

⑩程序升温设置。

⑪设置完毕后用 20 μL 微量进样器注入样品，按主机“开始/停止”键，便可进行测定。

⑫完成一次程序测定后，石墨管需要冷却 30 s，才允许再一次程序加温测定。

⑬依次测量完标准溶液和样品溶液吸光度，打印测定结果。

⑭关机：氩气瓶—冷凝水—石墨炉电源—光度计主机。

表 4-2 升温程序

	Temp（温度）/℃	Ramp（斜坡时间）/s	Hold（保持时间）/s	IG（内气）	EG（外气）	read（读）
干燥	100	10	15	+	+	无
灰化	400	15	15	+	+	无
原子化	1 900	3	3	无	无	+
高温清洗	1 950	3	3	+	+	无

五、数据处理

（1）记录实验条件。仪器型号、setup 参数（HV、I、WL、SW、PT、IT、RSP、N 等）、condition（mode、curve、unit 等）、升温程序、氩气入口压力等。

（2）计算出废水中铜含量。

六、结果讨论

对实验过程中出现的问题进行分析讨论。

七、思考题

1．简述 GFAAS 的升温程序。

2．GFAAS 升温过程中，通何种载气最佳？

3．简述石墨炉原子化法的原理。

第五章 电位分析法

第一节 电位测定法

电位分析法是电化学分析法的重要分支。电化学分析法是利用物质的电学和电化学性质进行分析的方法。它通常是使待分析的试样溶液构成一化学电池（电解池或原电池），然后根据所组成电池的某些物理量与其化学量之间的内在联系来进行测定。电化学分析法可分电导分析法、电位分析法、库仑分析法、伏安分析法、电位滴定、电流滴定、电导滴定和电解分析法等。

电位分析法的实质是通过在零电流条件下测定两电极间的电位差（电池的电动势）进行分析测定。它包括电位测定法和电位滴定法。

一、基本原理

电位分析法是以测量电池的电动势为基础的定量分析法。它是以待测试液作为化学电池的电解质溶液，浸入两根电极，一个是电极电位与待测组分活度（在一定的条件下可用浓度代替活度）有定量函数关系的指示电极；另一个是电极电位稳定不变的参比电极。用电极电位仪（pH 计或离子计等）在零电流条件下测定所组成原电池的电动势，如图 5-1 所示。

电池的电动势 $E_{池}$与指示电极电位 $E_{指}$、参比电极电位 $E_{参}$及液接电位的关系为：

$$E_{池}=E_{指}-E_{参}+E_{接} \tag{5.1}$$

指示电极与溶液中有关离子的活度的关系可用 Nernst 方程表示：

$$E_{指}=E^{\ominus}_{O_X/Red}+\frac{RT}{nF}\ln\frac{\alpha_{O_X}}{\alpha_{Red}} \tag{5.2}$$

式中，$E^{\ominus}$为标准电极电位；R 为摩尔气体常数[8.314 41 J/（mol·K）]；T 为绝对温度（K）；n 为参与电极反应的电子数；F 为法拉第常数（96 486.7C/mol）；α_{O_X}和α_{Red}为氧化态 O_X 和还原态 Red 的活度。

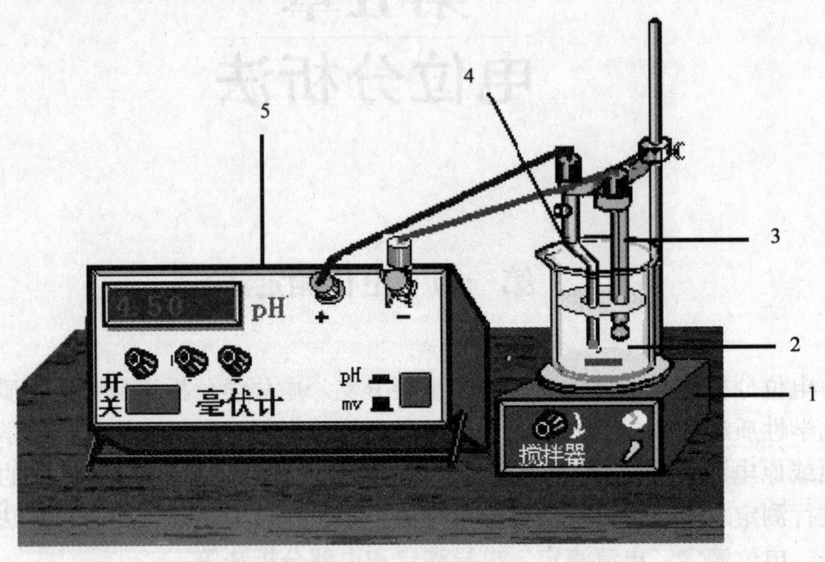

1—磁力搅拌器；2—待测溶液；3—指示电极；4—参比电极；5—离子计

图 5-1　电位分析的基本装置

对于金属电极，还原态为纯金属，其活度是常数，规定为 1，则上式可以写作：

$$E = E^{\ominus}_{M^{n+}/M} + \frac{RT}{nF}\ln\alpha_{M^{n+}} \tag{5.3}$$

式中，$\alpha_{M^{n+}}$为金属粒子 M^{n+}的活度。则：

$$E_{池} = E^{\ominus} + \frac{RT}{nF}\ln\alpha_{M^{n+}} - E_{参} + E_{接} \tag{5.4}$$

$E^{\ominus}$是与被测离子无关的常数；液接电位在一般的情况下可用盐桥减至最小而忽略，或在实验条件保持恒定的条件下，液接电位可视为常数。式（5.4）中的$E^{\ominus}$、$E_{参}$、$E_{接}$三项合并为一常数，则：

$$E_{池} = 常数 + \frac{RT}{nF}\ln\alpha_{M^{n+}} \tag{5.5}$$

由式（5.5）可见，测定了电池电位就可以测定离子的活度（在一定的条件下，测定其浓度），这就是电位测定法的依据。

二、测试仪器

离子选择电极测定系统包括一对电极（指示电极和参比电极），试样容器，搅拌装置及测量电动势的仪器。对测试仪器的要求，主要是要有足够高的输入阻抗和必要的测量精度与稳定性。

（一）测量电动势的仪器

直接电位法仪器有利用 pH 玻璃电极为指示电极测定酸度的酸度计和利用离子选择电极为指示电极测定各种离子浓度的离子计（或活度计）。由于许多电极具有很高的阻抗，因此，酸度计和离子计均需要很高的输入阻抗，输入阻抗越高，通过电池回路的电流越小。而且带有温度自动测定与补偿功能。

（二）电极

参比电极

在测量过程中具有恒定电位的电极称为参比电极。参比电极是决定指示电极电位的重要因素。作为一个理想的参比电极应具备以下条件：① 能迅速建立热力学平衡电位，这就要求电极反应是可逆的。② 电极电位是稳定的，能允许仪器进行测量。常用的参比电极有甘汞电极和银—氯化银电极。

（1）甘汞电极。

① 结构原理。Hg 和甘汞糊（Hg_2Cl_2）及一定浓度 KCl 溶液组成的电极，结构如图 5-2 所示。

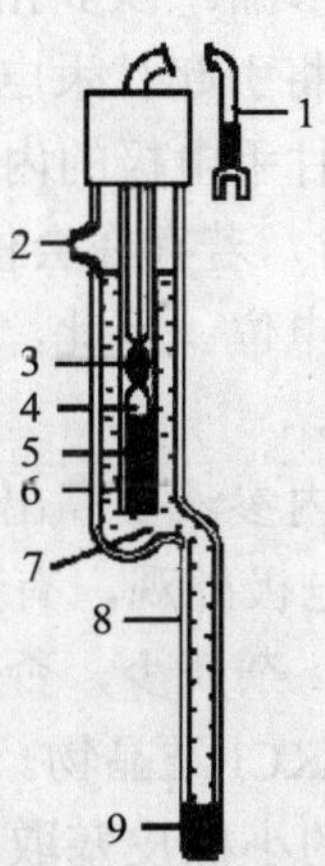

1—电极引线；2—侧管；3—汞；4—甘汞糊；5—石棉或纸浆；6—玻璃管；

7—KCl 溶液；8—电极玻壳；9—素烧瓷片

图 5-2　饱和甘汞电极结构示意图

电极表示式为：Hg｜Hg_2Cl_2（s）｜KCl（x mol/L）

电极反应为：$2Hg+2Cl^- \rightleftharpoons Hg_2Cl_2+2e$

电极电位为：

$$E = E_{Hg_2Cl_2/Hg} - \frac{2.303RT}{2F}\lg\alpha_{Cl^-} \quad (5.6)$$

可见，甘汞电极的电极电位随温度和氯化钾的浓度变化而变化，表 5-1 中列出了不同温度和不同氯化钾浓度下甘汞电极的电极电位。其中，在 25℃下 KCl 为饱和溶液时的电位值（0.244 4V）是最常用的电位值。

表 5-1　不同温度和不同 KCl 浓度下的参比电极电位　　单位：V

	0.1 mol/L KCl 甘汞	3.5 mol/L KCl 甘汞	饱和 KCl 甘汞	3.5 mol/L KCl Ag-AgCl	饱和 KCl Ag-AgCl
10℃		0.256		0.215	0.214
25℃	0.335 6	0.250	0.244 4	0.205	0.199
40℃		0.244		0.193	0.184

注：以上电位值是相对于标准氢电极的数值。

甘汞电极通过其尾端的烧结陶瓷塞或多孔玻璃与指示电极相连，这种接口具有较高的阻抗和一定的电流负载能力，因此，甘汞电极是一种很好的参比电极。

② 甘汞电极使用及注意事项。

a）在甘汞电极使用过程中，为了形成良好的恒定液接电势，要求氯化钾溶液以一定的速度通过液接部位进行渗漏。以多孔陶瓷为液接部的甘汞电极，其渗漏速度每 6 h 约为 1 滴。渗漏过快将引起甘汞电极电位漂移，过慢不能保证在液接部有良好的离子接触，甚至增大甘汞电极的内阻。

b）当甘汞电极与待测液接触时，若存在会侵蚀汞、甘汞或能与 KCl 溶液起反应的物质，都将影响甘汞电极的电位。因此，要防止待测液成分的回扩散，回扩散现象将使测定电位值漂移偏差。

防止回扩散方法：甘汞电极的内参液要高出待测液面 2 cm 以上。

c）使用前，应注意观察参比电极外观，有无裂痕？接线是否良好？有无气泡？管内为饱和 KCl 溶液（GR 级，杂质少，否则引起漂移）的量，使 KCl 溶液液面高于管内汞球体，管内有少量 KCl 结晶物。

d）使用前，应将电极注入孔的小橡皮塞取下，以维持一定的流速，并保持 KCl 液面与待测液面的高度差。

e）用后立即清洗干净液接部位，以防止堵塞。不用时在加液口和液接部套上橡胶帽。长期不用，应充满内参液。在电极盒中或氯化钾溶液中静置保存。

（2）银-氯化银电极。

银也是一种广泛应用的参比电极，它是浸在氯化钾中的涂有氯化银的银电极，其电极反应为：

$$Ag+Cl^- \rightleftharpoons AgCl+e$$

$$E = E^{\ominus} - 0.0591\lg \alpha_{Cl^-} \tag{5.7}$$

由式（5.7）可见，银-氯化银电极也是随温度和氯化钾的浓度变化（表 5-1），商品银-氯化银电极的外形类似于图 5-2 中甘汞电极的外形。在有些实验中，银-氯化银电极丝（涂有 AgCl 的银丝）可以作为参比电极直接插入反应体系，具有体积小、灵活等优点。另外，银-氯化银电极可以在高于 60℃的体系中使用，甘汞电极不具备这些优点。

（三）指示电极

指示电极的作用是指示与被测物质的浓度相关的电极电位。指示电极对被测物质的指示是有选择性的，一种指示电极往往只能指示一种物质的浓度，因此，用于电位分析法的指示电极种类很多。

1. pH 玻璃膜电极

pH 玻璃膜电极是对氢离子活度有选择性响应的电极，其结构如图 5-3 所示。

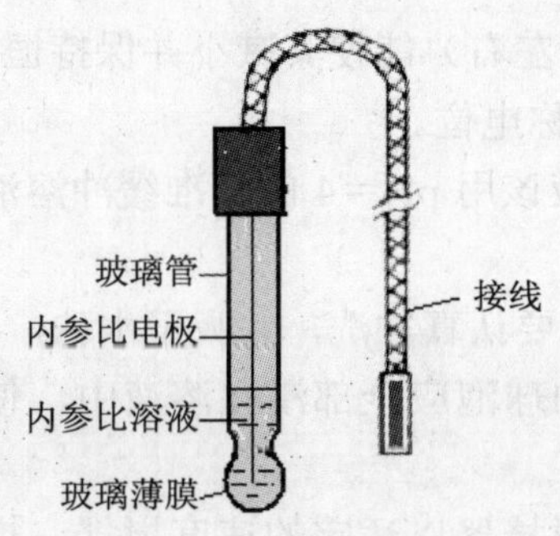

图 5-3　pH 玻璃膜电极

pH 玻璃电极的玻璃球泡一端是由特殊成分玻璃，Na_2O、CaO 和 SiO_2 构成的球状薄膜（薄膜厚约 0.1 mm），电极内部充有 0.1 mol/L HCl 作内参比溶液，以银-氯化银丝作内参比电极。

当玻璃膜浸泡在水中时，玻璃的内、外膜表面中的钠离子被氢离子所交换，

因为硅酸结构与 H^+结合的键的强度远大于 M^+的强度（约为 10^{14} 倍），因此膜内表面和外表面形成一层很薄的溶胀的硅酸层（即水化层）。浸泡后的电极放在试液中，试液中的 H^+会在水化胶层表面与溶液的界面上进行扩散，于是破坏了界面附近原来正负电荷分布的均匀性，在两项界面形成了双电层结构，从而产生电位差。另外在内、外水化层与干玻璃层之间，还存在扩散电位。玻璃电极的电位与试液 pH 的关系为：

$$E_{玻}=K+RT/F\ln\alpha_{H^+} \tag{5.8}$$

注意事项：

①玻璃电极的使用范围与玻璃膜的结构有关，一般为：pH＝1～13，有的为 1～10。酸度过高或过低都会产生误差。

碱差：用玻璃电极测定 pH＞13 的溶液或 Na^+浓度较高的溶液时，测得的 pH 比实际数值偏低。

酸差：用玻璃电极测定 pH＜1 的强酸性溶液时，测得的 pH 比实际数值偏高。

②不对称电位（25℃）

$$E_{膜}=E_{外}-E_{内}=0.059\ 1\lg(\alpha_{试}/\alpha_{内}) \tag{5.9}$$

如果：$\alpha_{试}=\alpha_{内}$，则理论上 $E_{膜}=0$，但实际上 $E_{膜}\neq 0$，这个电位差称为不对称电位。产生的原因是玻璃膜内、外表面含钠量、表面张力以及机械和化学损伤的细微差异所引起。

长时间浸泡后（24 h 左右）能使其减小并保持恒定（1～30 mV），间隔中用蒸馏水浸泡，以稳定不对称电位。

另外，pH 复合电极应该用 pH＝4 的标准缓冲溶液和 KCl 饱和溶液的混合溶液浸泡。

③ 测定某溶液之后，要认真冲洗，并吸干水珠，再测定下一个样品。

④ 测定时玻璃电极的球泡应全部浸在溶液中，使它稍高于甘汞电极的陶瓷芯端。

⑤ 测定时应用磁力搅拌器以适宜的速度搅拌，搅拌的速度不宜过快，否则易产生气泡附在电极上，造成读数不稳。

⑥ 测定有油污的样品，特别是有浮油的样品，用后要用 CCl_4 或丙酮清洗干净，之后需用 1.2 mol/L 盐酸冲洗，再用蒸馏水冲洗，在蒸馏水中浸泡平衡一昼夜再使用。

⑦ 测定浑浊液之后要及时用蒸馏水冲洗干净。

⑧ 测定乳化状物的溶液后，要及时用洗涤剂和蒸馏水清洗电极，然后浸泡

在蒸馏水中。

⑨ 玻璃电极的内电极与球泡之间不能存在气泡，若有气泡可轻甩即让气泡逸出。

测定溶液的 pH 值除了用上述 pH 玻璃电极外，pH 复合电极应用也比较多。

2. pH 复合电极

（1）pH 复合电极的分类与结构。pH 玻璃电极与参比电极组合在一起的电极就是 pH 复合电极。pH 复合电极分为可充式复合电极和非可充式复合电极。可充式 pH 复合电极即在电极外壳上有一加液孔，当电极的外参比溶液流失后，可将加液孔打开，重新补充 KCl 溶液。而非可充式 pH 复合电极内装凝胶状 KCl，不易流失也无加液孔。

可充式 pH 复合电极的特点是参比溶液有较高的渗透速率，液接界电位稳定重现，测量精度较高。而且当参比电极内 KCl 溶液减少或受污染后可以补充或更换 KCl 溶液，但缺点是使用较麻烦。可充式 pH 复合电极使用时应将加液孔打开，以增加液体压力，加速电极响应，当参比液液面低于加液孔 2 cm 时，应及时补充新的参比液。

非可充式 pH 复合电极的特点是维护简单、使用方便，因此也得到了广泛的应用。但作为实验室 pH 电极使用时，在长期和连续的使用条件下，液接界处的 KCl 浓度会减少，影响测试精度。因此非可充式 pH 复合电极不用时，应浸在电极浸泡液中，这样下次测试时电极性能会很好。大部分实验室 pH 电极都不是长期和连续的测试，因此这种结构对精度的影响是比较小的。工业 pH 复合电极由于对测试精度的要求比较低，所以使用方便就成为主要的选择。图 5-4、图 5-5 分别为不可充与可充式复合电极的结构示意图。

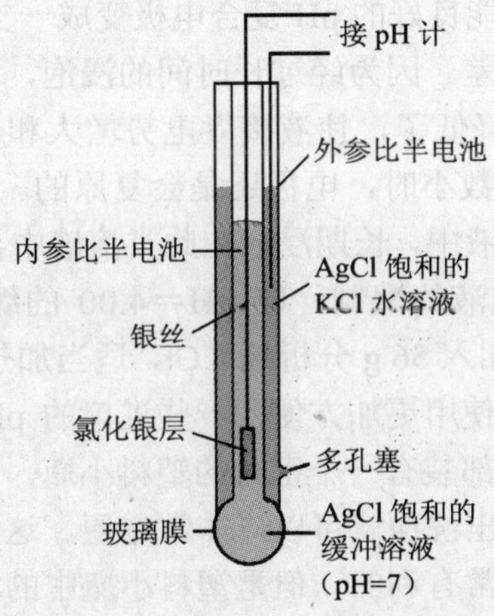

图 5-4 不可充式 pH 复合电极

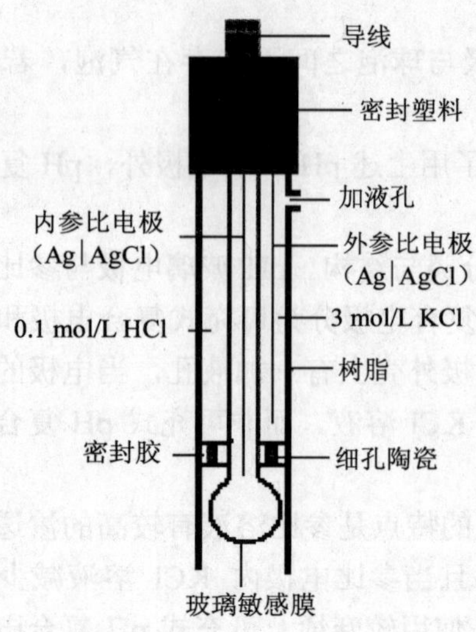

图 5-5 可充式 pH 复合电极

pH 复合电极主要由电极球泡（玻璃敏感膜）、玻璃支持杆、内参比电极（Ag|AgCl 电极）、内参比溶液（AgCl 饱和的 0.1 mol/L HCl 溶液或含有 NaCl 的缓冲溶液）、外壳、外参比电极（Ag|AgCl 电极）、外参比溶液（氯化钾溶液或 KCl 凝胶电解质）、液接界、电极帽、电极导线、插口等组成。

（2）pH 复合电极的使用注意事项。对 pH 复合电极而言，在使用前或使用间隙必须浸泡在含 KCl 的 pH＝4 缓冲液中，才能对玻璃球泡和液接界同时起作用。如果浸泡 pH 复合电极像使用单支的 pH 玻璃电极那样用去离子水或 pH＝4 缓冲液浸泡，会使一支性能良好的 pH 复合电极变成一支响应慢、精度差的电极，而且浸泡时间越长性能越差。因为经过长时间的浸泡，液接界内部（例如砂芯内部）的 KCl 浓度已大大降低了，使液接界电势增大和不稳定。当然，只要在正确的浸泡溶液中重新浸泡数小时，电极还是会复原的。另外，pH 电极也不能浸泡在中性或碱性的缓冲溶液中，长期浸泡在此类溶液中会使 pH 玻璃膜响应迟钝。

正确的 pH 电极浸泡液的配制：取 pH＝4.00 的缓冲剂（250 mL）一包，溶于 250 mL 纯水中，再加入 56 g 分析纯 KCl，适当加热，搅拌至完全溶解即成。

为了使 pH 复合电极使用更加方便，一些进口的 pH 复合电极和部分国产电极，都在 pH 复合电极头部装有一个密封的塑料小瓶，内装电极浸泡液，电极头长期浸泡其中，使用时拔出洗净就可以，非常方便。这种保存方法不仅方便，而且对延长电极寿命也是非常有利的，但是塑料小瓶中的浸泡液不要受污染，要注意更换。

电极从浸泡瓶中取出后，应在去离子水中晃动并甩干，不要用纸巾擦拭球泡，否则由于静电感应电荷转移到玻璃膜上，会延长电势稳定的时间，更好的方法是使用被测溶液冲洗电极。

pH 复合电极插入被测溶液后，要充分搅拌，这样会加快电极的响应。同时排除球泡和塑壳之间一个小小的空腔的气泡，否则使球泡或液接界与溶液接触不良。在黏稠性试样中测试之后，电极必须用去离子水反复冲洗多次，以除去黏附在玻璃膜上的试样。有时还需先用其他溶剂洗去试样，再用水洗去溶剂，浸入浸泡液中活化。

避免接触强酸强碱或腐蚀性溶液，如果测试此类溶液，应尽量减少浸入时间，用后仔细清洗干净。

避免在无水乙醇、浓硫酸等脱水性介质中使用，它们会损坏球泡表面的水合凝胶层。

塑壳，pH 复合电极的外壳材料是聚碳酸酯塑料（PC），PC 塑料在有些溶剂中会溶解，如四氯化碳、三氯乙烯、四氢呋喃等，如果测试中含有以上溶剂，就会损坏电极外壳，此时应改用玻璃外壳的 pH 复合电极。

3．氟离子选择电极

（1）结构及响应机制。

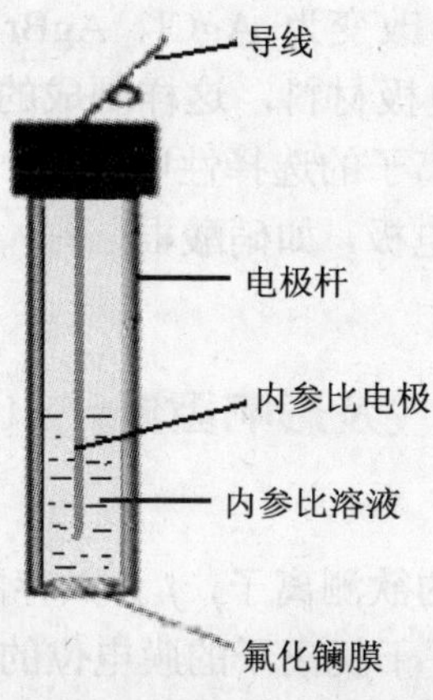

图 5-6　氟离子选择电极

氟离子选择电极属于晶体膜电极。它的敏感膜是掺 EuF_2 的氟化镧单晶膜，单晶膜封在聚四氟乙烯管中，管中充入 0.1 mol/L NaF—0.1 mol/L NaCl 作为内参考溶液，插入银-氯化银电极作为内参比电极。其响应机制是由于掺 EuF_2 的氟化镧晶体中存在晶格缺陷（空穴），而该空穴的大小、形状、电荷分布，只能允许 F^- 进入，其他离子不能进入，从而氟离子可在氟化镧单晶膜中移动。若将电极插入待测离子溶液中，F^-可吸附在膜表面，它与膜上相同的离子进行交换，并通过扩散进入膜相，膜相中存在的晶格缺陷产生的离子也可扩散进入溶液相。这样，在晶体膜与溶液界面上建立了双电层结构，产生相界电位 $E_{膜}$：

$$E_{膜}=K-0.0591\lg\alpha_{F^-}=K+0.0591\ \mathrm{pF}\ (25℃) \tag{5.10}$$

由式（5.10）可知，电位 E 与氟离子活度有关。

（2）使用条件。

a）测定氟离子活度时，氟离子电极需要在 pH＝5～6 使用；这是因为 pH 高时，溶液中的 OH^-与氟化镧晶体膜中的 F^-交换；pH 较低时，溶液中的 F^-生成 HF 或 HF_2。

b）氟电极对氟的线性响应范围为：5×10^{-6}～1×10^{-1} mol/L。

c）干扰物质。待测液中含有某些成分会与 LaF_3 晶体中 La^{3+}形成络合物或某种结合物，影响电位测定。如前面所述的 OH^-，使测得结果偏高。OH^-对电极的响应将严重影响测定结果，使分析结果偏高。有研究表明，OH^-对氟电极的干扰还由于 OH^-与膜表面发生化学反应，而引入试液额外的 F^-。其反应式为：$LaF_3+3OH^- \rightleftharpoons La(OH)_3+3F^-$。另外待测液中存在与 F^-络合的离子，如 Fe^{3+}、Al^{3+}、Be^{2+}、Th^{4+}等，使测得结果偏低。

若上述晶体膜电极把 LaF_3 改变为 AgCl、AgBr、AgI、CuS、PbS 等难溶盐和 Ag_2S，压片制成薄膜作为电极材料，这样制成的电极可以作为卤素离子、银离子、铜离子、铅离子等各种离子的选择性电极。

其他离子选择电极有液膜电极，如硝酸根、钙、钾离子选择电极，气敏电极，还有各种酶电极等。

三、离子选择电极的特性及影响因素

1．膜电位及其选择性

设 i 为某离子选择性电极的欲测离子，j 为共存的干扰离子，n_j 及 n_i 分别为 i 离子及 j 离子的电荷，则考虑了干扰离子的膜电位的通式为：

$$\Delta E_{\mathrm{M}}=K\pm\frac{2.303RT}{nF}\lg[\alpha_i+K_{i,j}(\alpha_j)^{n_i/n_j}] \tag{5.11}$$

式中，第二项阳离子为正号，阴离子为负号。$K_{i,j}$ 为干扰离子 j 对预测离子 i 的选择性系数。它可以理解为在其他条件相同时提供相同电位的预测离子活度α_i 与干扰离子活度α_j的比值：

$$K_{i,j}=\alpha_i/(\alpha_j)^{n_i/n_j} \tag{5.12}$$

$K_{i,j}$越小，说明 j 离子对 i 离子的干扰越小，亦即此电极对预测离子的选择性越好。电位选择性系数常用来估计共存离子的干扰程度。

2. 影响测定的因素

（1）温度。已知工作电池的电动势在一定条件下与离子活度的对数呈线性关系。温度不但影响直线的斜率（$2.303RT/nF$），也影响直线的截距（K）。因为截距 K 包括参比电极电位、液接电位等，这些数值都与温度有关。因此在整个测量过程中应该保持温度恒定，以提高测定的准确度。

（2）电动势的测量。电池电动势测量的准确度直接影响测定的准确度，电池电动势的测量误差ΔE 与相对误差$\Delta c/c$ 的关系可根据能斯特公式导出为：

$$\text{相对误差\%} = \Delta c/c \times 100\% = n\Delta E/0.256\,8 \approx 4n\Delta E \qquad (5.13)$$

式中，n 为电极反应转移的电子数，E 的电位为 mV。

对于一价离子，当$\Delta E = \pm 1$ mV 时，将产生±4%的相对误差，二价离子相应的电极误差为 8%，三价离子则为 12%。这说明用直接电位法测定，误差较大，对价高的离子尤为严重。

由此可见，对于直接电位测定法，要求测定电位的仪器必须具有高的灵敏度和相当的准确度。

（3）干扰离子。共存离子之所以发生干扰作用有的是由于能直接与电极膜发生作用；有的在电极膜上反应生成一种新的、不溶的化合物；还有可能在不同程度上影响溶液的离子强度，从而影响测定离子活度；亦能与预测离子形成络合物或发生氧化反应而影响测定，这是较为常见的情况。

为了消除干扰离子的作用，较方便的办法是加入掩蔽剂，只有必要时，才预先分离干扰离子。例如，测定 F^-时加入 TISAB 溶液的目的之一是掩蔽铁、铝离子。

（4）溶液的 pH。因为 H^+或 OH^-能影响某些测定，必要时应使用缓冲溶液以维持一个恒定的 pH 范围。例如，测定一价阳离子的玻璃电极（如钠离子电极），一般对 H^+敏感，所以试液的 pH 不能太小。

（5）被测离子的浓度。使用离子选择电极可以检测的线性范围一般为 10^{-1}～10^{-6} mol/L，检测下限主要决定于组成电极膜的活性物质的性质。例如，沉淀膜电极所能测定的离子活度不能低于沉淀本身溶解而产生的离子活度。测定的线性范围还与共存离子的干扰和 pH 等因素有关。

（6）响应时间。1976 年 IUPAC 建议响应时间定义为：从离子选择电极和参比电极仪器接触试液的瞬间算起，至达到电位稳定在 1 mV 以内所经过的时间。

电极响应时间的长短主要取决于敏感膜的性质。还与待测离子浓度、共存干扰离子浓度、待测离子的扩散速率、试液的温度等因素有关。很明显，扩散速度快，则响应时间短；响应离子浓度低，达到平衡的时间就慢；试液温度高，响应速度也就加快。响应快者以毫秒为单位，慢者甚至需要 10 min。在实际工作中，通常采用搅拌试液的方法来加快扩散速度，缩短响应时间。

四、测定离子浓度（或活度）的方法

1. 测定原理

（1）基本公式。将离子选择性电极（指示电极）和参比电极插入试液可以组成测定各种离子活度的电池，若组成如下电池：

参比电极（SEC）‖离子选择电极

其中电极电位：$E_{离子} = K \pm \frac{2.303RT}{nF}\lg\alpha_i$（阳离子取“+”；阴离子取“−”），

那么电池电动势 $E_{电池}=E_{右}-E_{左}$，

$$E_{电池} = K \pm \frac{2.303RT}{nF}\lg\alpha_i \quad (5.14)$$

即离子选择性电极作正极时，电池电位对阳离子响应取正号；对阴离子取负号。

若参比电极与离子选择电极组成的电池符号如下：

离子选择电极‖参比电极（SEC）

电池电动势　$E_{电池} = K' \pm \frac{2.303RT}{nF}\lg\alpha_i$　　(5.15)

即离子选择性电极作负极时，电池电位对阳离子响应取负号；对阴离子取正号。

（2）活度和浓度。电位分析法的定量基础是 Nernst 公式：

$$E_{ISE} = K \pm \frac{RT}{nF}\ln\alpha_i = K \pm \frac{RT}{nF}\ln f_i c_i \quad (5.16)$$

若控制试液和标准溶液的总离子强度一致，离子活度系数 f_i 保持不变，则 $\frac{RT}{nF}\ln f_i$ 视为恒定，与常数项 K 合并后上式可写为：

$$E = K' \pm \frac{RT}{nF}\ln c_i \quad (5.17)$$

为了保证活度系数 f_i 一定，从而直接测定离子浓度，所以在测量过程中常加入总离子强度调节缓冲溶液（TISAB）。

TISAB 的组成和各组成的作用如下：

① 强电解质。其作用是使标准溶液和待测溶液中的总离子强度相等，从而使它们的活度系数相等。

② 缓冲溶液，调节溶液的 pH。

③ 掩蔽剂，掩蔽溶液中的干扰离子。

2. 测量方法

（1）直接比较法。对浓度为 c_X 的某一离子未知液进行定量时，配制一浓度为 c_S 的标准溶液与之比较，两者都加入同量的总离子强度调节缓冲溶液。设测得的未知溶液和标准溶液的电池电动势分别为 E_X 和 E_S。

若电池组成为：离子选择电极 ‖ 待测溶液 ‖ 参比电极

$$E_X = K'' \mp \frac{2.303RT}{nF} \cdot \lg c_X \tag{5.18}$$

$$E_S = K'' \mp \frac{2.303RT}{nF} \cdot \lg c_S \tag{5.19}$$

$$\Rightarrow \Delta E = \mp \frac{2.303RT}{nF} \cdot \lg \frac{c_X}{c_S} \tag{5.20}$$

整理得　$c_X = c_S 10^{(E_X - E_S)/s}$，$S = 2.303RT/nF$　（5.21）

此法适用于个别试样的分析。

例：测定溶液的酸度即 pH 时，用到两根电极：pH 玻璃电极和饱和甘汞电极，组成的电池符号为：

Ag，AgCl│HCl│玻璃膜│试液溶液 ‖ KCl（饱和溶液）│Hg_2Cl_2（s），Hg

$$E_{电池} = E_{Hg_2Cl_2/Hg} - [E_{AgCl/Ag} + 膜] + E_{不对称} + E_{液接}$$

$$= (Hg_2Cl_2/Hg) - (K + 0.059\,1\lg\alpha_{H^+,试}) + E_{不对称} + E_{液接}$$

$$= K' - 2.303RT/F \lg\alpha_{H^+}$$

$$E = K' + (2.303RT/F)\text{pH}$$

25℃时：$E = K' + 0.059\,1\ \text{pH}$　（5.22）

pH 的测定方法：分别取已知 pH 的标准缓冲溶液 S 和待测 pH 的试液 X。测定各自的电动势分别为 E_S 和 E_X：

$$E_S = K'_S + \frac{2.303RT}{F}\text{pH}_S;\ E_X = K'_X + \frac{2.303RT}{F}\text{pH}_X \tag{5.23}$$

若测定条件完全一致，则 $K_S' = K_X'$，两式相减得

$$\text{pH}_X = \text{pH}_S + \frac{E_X - E_S}{2.303RT/F} \tag{5.24}$$

此式即为按实际操作对水溶液 pH 的实用定义，亦称为 pH 标度。

（2）标准曲线法。具体步骤如下：

① 以 TISAB 溶液稀释，配制一系列含不同浓度被测物的标准溶液。

② 分别与选定的指示电极和参比电极组成化学电池，测定其电动势。

③ 绘制 E—$\lg c_i$ 曲线。

④ 在相同条件下测定由试样溶液和电极组成电池的电动势，并从标准曲线上求出待测离子浓度。

标准曲线适用范围：可测范围广，适合批量样品分析。

优点：即使电极响应不完全服从 Nernst 方程的也可得到满意结果。

要求：标液组成与试液组成相近，溶液温度相同，标液与试液离子强度一致，活度系数相同（等量加入 TISAB）。

（3）标准加入法。

① 一次标准加入法。设某一试液体积为 V_0，其待测离子的浓度为 c_X，测定的工作电池电动势为 E_1，则：

$$E_1 = K + \frac{2.303RT}{nF}\lg c_X \tag{5.25}$$

往试液中准确加入一小体积 V_S（约为 V_0 的 1/100）的用待测离子的纯物质配制的标准溶液，浓度为 c_S（约为 c_X 的 100 倍）。由于 $V_0 > V_S$，可认为溶液体积基本不变。浓度增量为：$\Delta c = c_S V_S / V_0$，再次测得电池的电动势为 E_2。

$$E_2 = K + \frac{2.303RT}{nF}\lg\left(\frac{c_X V_0 + c_S V_S}{V_0 + V_S}\right) \approx K + \frac{2.303RT}{nF}\lg\left(\frac{c_X V_0 + c_S v_S}{V_0}\right)$$

$$\approx K + \frac{2.303RT}{nF}\lg\left(c_X + \frac{c_S V_S}{V_0}\right) \tag{5.26}$$

令：$S = \dfrac{2.303RT}{nF}$，则：$\Delta E = S\lg\left(1 + \dfrac{\Delta c}{c_X}\right)$ （5.27）

$$\therefore\ c_X = \Delta c\left(10^{\Delta E/S} - 1\right)^{-1} \tag{5.28}$$

适用范围：试样基质组成复杂、变动大的样品。

优点：无需绘制标准曲线（仅需一种浓度标液），无需配制或添加 TISAB，操作步骤简单、快速。

② 连续标准加入法。在一定体积试液中（c_X，V_X），连续多次加入一定体积的被测离子的标液（c_S，V_S），每加入一次标液测相应的 E，用图解法求得

$$E = K + S\lg\frac{c_X V_X + c_S V_S}{V_X + V_S} \tag{5.29}$$

改写为：

$$(V_X+V_S)10^{E/S}=10^{K/S}(c_XV_X+c_SV_S) \tag{5.30}$$

令 $10^{K/S}=K'$，得：

$$(V_X+V_S)10^{E/S}=K'(c_XV_X+c_SV_S) \tag{5.31}$$

计算一系列（V_X+V_S）$10^{E/S}$ 值作为纵坐标，以加入标准溶液的体积 V_S 为横坐标，作图可得一直线。

延长直线使其与横坐标相交于 V_0，此时：

$$(V_X+V_S)10^{E/S}=0 \tag{5.32}$$

$$K'(c_XV_X+c_SV_0)=0 \tag{5.33}$$

$$c_X=-\frac{c_SV_0}{V_X} \tag{5.34}$$

从 V_0 可计算出 c_X。

为了避免计算$(V_X+V_S)10^{E/S}$ 的麻烦，可用一种专门的半对数作图纸，称为格氏作图纸。

第二节　电位滴定法

电位滴定法是根据电池电动势在滴定过程中的变化来确定滴定终点的一种方法。它并不是利用电位的数值直接计算离子的活度，因此与直接电位法相比，受电极的性质、液接电位和不对称的影响要小得多，它的准确度与一般容量分析法相当。

电位滴定法的优点是，它可以应用于不能使用滴定剂的场合，如待测试液浑浊、有色或者缺乏合适的指示剂等，并且便于实现自动化。电位滴定的基本装置如图 5-7 所示。

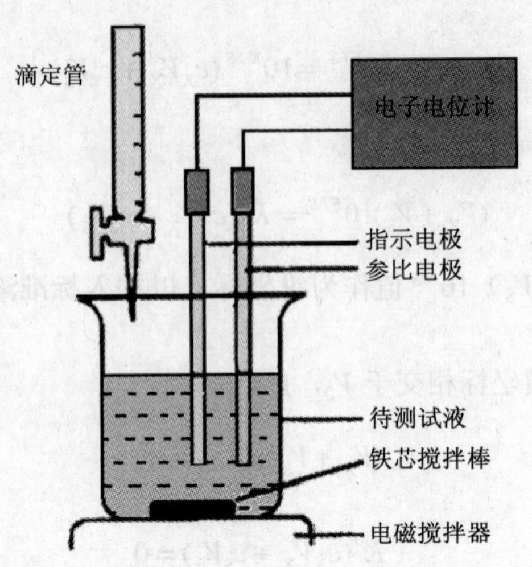

图 5-7 电位滴定法装置

进行电位滴定时，每加一次滴定剂，测定一次电动势，直到超过计量点为止。这样就得到一系列的滴定剂用量（V）和相应的电动势（E 或 pH）数据。滴定终点可以用作图法或二阶微商内插法计算求得。

一、滴定终点的确定

1. E-V 曲线法

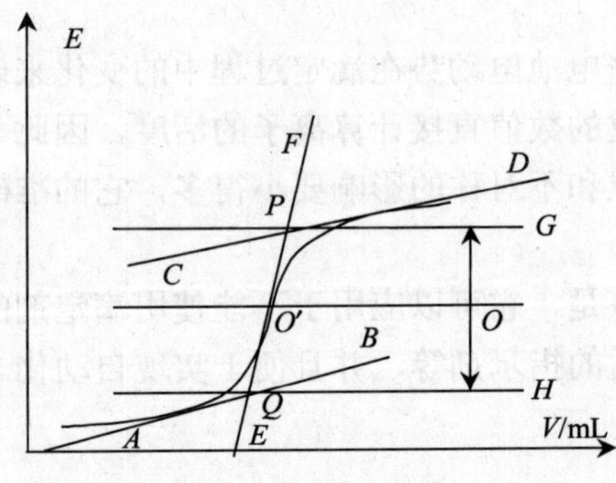

图 5-8 E-V 曲线

用加入滴定剂的体积（V）作横坐标，电动势读数（E）作纵坐标，绘制 E-V 曲线，曲线上的转折点即为化学计量点。

在滴定曲线两端平坦处作 *AB* 和 *CD* 两条切线，在曲线“突越”部分作 *EF* 切线与 *AB* 及 *CD* 二切线相交于 *P*、*Q* 两点，通过 *P*、*Q* 两点作 *PG*、*QH* 两条线平行于横坐标，然后在此两条线之间作垂直直线，在垂线之半“*O*”点处，作“*OO′*”线平行于横坐标；此“*O′*”点成为拐点，即为化学计量点。此“*O′*”点的横坐标和纵坐标分别为化学计量点的滴定剂的体积（mL）和 *E* 值。

2．绘（Δ*E*/Δ*V*）–*V* 曲线法

Δ*E*/Δ*V* 值对 *V* 作图，可得一呈现尖峰状极大的曲线，尖峰所对应的 *V* 值即为滴定终点。

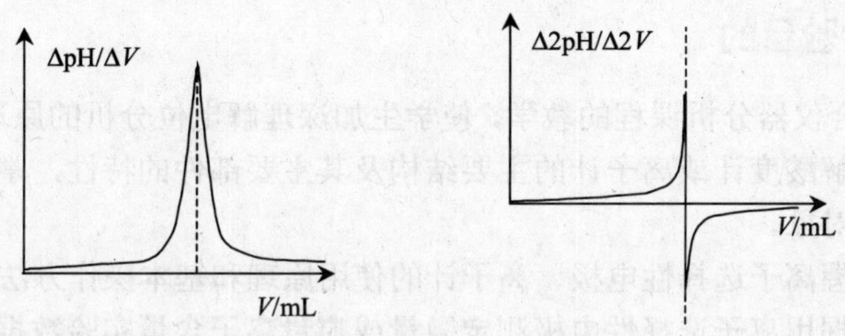

图 5-9 （Δ*E*/Δ*V*）—*V* 曲线

3．二级微商计算法

从二级微商曲线可见，当$\Delta^2E/\Delta V^2$ 的两个相邻值出现相反符号时，两个滴定体积 V_1、V_2 之间，必有$\Delta^2E(\phi)/\Delta V^2=0$ 的一点，该点对应的体积为 V_{ep}。用线性内插法求得 pH_{ep}、V_{ep}：

$$\frac{\Delta^2E}{\Delta V^2}=\frac{\left(\dfrac{\Delta E}{\Delta V}\right)_2-\left(\dfrac{\Delta E}{\Delta V}\right)_1}{\Delta V} \tag{5.35}$$

$$V_{ep}=V_1-(V_2-V_1)\times\frac{\Delta^2E_1/\Delta V_1^2}{(\Delta^2E_1/\Delta V_1^2)\quad(\Delta^2E_2/\Delta V_2^2)} \tag{5.36}$$

$$E_{ep}=E_1-(E_2-E_1)\times\frac{\Delta^2E_1/\Delta V_1^2}{(\Delta^2E_1/\Delta V_1^2)-(\Delta^2E_2/\Delta V_2^2)} \tag{5.37}$$

二、指示电极的选择

容量分析的各类滴定反应都可以采用电位滴定法。但是对不同类型的滴定反应，应该选用合适的滴定电极。一般来说，酸碱滴定可选用 pH 玻璃电极，络合滴定和沉淀滴定可选用各种相应的离子选择电极；氧化还原滴定可选用惰性电极。

第三节 实验部分

实验一 用氟离子选择性电极测定自来水中微量氟离子——标准曲线法

一、实验目的

（1）配合仪器分析课程的教学，使学生加深理解电位分析的原理和有关概念。

（2）了解酸度计或离子计的主要结构及其主要部件的特性，掌握其应用范围和主要分析对象。

（3）掌握离子选择性电极、离子计的使用原理和基本操作方法。

（4）掌握用离子选择性电极测定微量或痕量离子含量实验数据的处理和正确表达实验结果的方法。

（5）学习氟离子选择性电极测定微量 F^-离子的原理和测定方法。

（6）培养学生严谨的实验态度、实事求是的科学作风和良好的实验素养。

二、实验原理

1．电极工作原理

本实验以氟电极为指示电极，饱和甘汞电极为参比电极，当两电极浸入试液时，组成工作电池如下：

$Hg\text{-}Hg_2Cl_2$ | KCl（饱和）|| F^-试液| LaF_3 | NaF，NaCl（均为 0.1 mol/L）| AgCl-Ag

其工作电池电动势 $E = K' - 0.059\,1\,\lg\alpha_{F^-}$（25℃）

测量中，在试液中加入大量的总离子强度调节缓冲液 TISAB，测定氟离子时，TISAB 的组成有 1 mol/L 的 NaCl 溶液，其作用是使溶液保持较大稳定的离子强度，使标准溶液和待测溶液中的总离子强度相等，从而它们的活度系数相等。其次是 HAc-NaAc 缓冲溶液，保持溶液 pH 在 5～6；还有 0.001 mol/L 的柠檬酸钠，掩蔽 Fe^{3+}、Al^{3+}等干扰离子。所以，加入 TISAB 后工作电池电动势与 F^-离子浓度的对数成线形关系：

$E = K' - 0.059\,1\,\lg\alpha_{F^-}$（25℃），其中 $pF = -\lg c_{F^-}$　　（5.38）

$E = K + 0.059\,1\,pF$（25℃）　　（5.39）

这是定量测定 F^-的依据。

2．定量分析方法

本实验采用标准曲线法对 F^-离子浓度进行定量分析，即配制 F^-离子系列标准溶液，测定其对应工作电池的电动势，作出 E—$\lg c_{F^-}$曲线，然后在相同条件下测得试液的 E_X，再由 E—$\lg c_{F^-}$曲线查得未知试液的 F^-离子浓度。

3．最小二乘法

在绘制标准曲线过程中，各实验点与回归直线间都存在正或负的偏差，但偏差的平方和均为正值，所以如果各点对某一直线的偏差平方和最小，则这条直线就是最佳的回归直线。根据这一原理可推导出方程：

$$y = ax + b \tag{5.40}$$

常数 a、b 分别为：

$$a = \frac{\sum xy - \frac{1}{n}\sum x \cdot \sum y}{\sum x^2 - \frac{1}{n}(\sum x)^2}$$

$$b = \overline{y} - a\overline{x}$$

将 a、b 代入式（5.40）即可得到一元线性回归方程。

相关系数 r 用来衡量线性关系的好坏

$$r = \pm b\sqrt{\frac{\sum_{i=1}^{n}(x_i - \overline{x})^2}{\sum_{i=1}^{n}(y_i - \overline{y})^2}} = \pm\frac{\sum_{i=1}^{n}(x_i - \overline{x})(y_i - \overline{y})}{\sqrt{\sum_{i=1}^{n}(x_i - \overline{x})^2\sum_{i=1}^{n}(y_i - \overline{y})^2}} \tag{5.41}$$

r 值在$-1.000\,0$ 与$+1.000\,0$ 之间。相关系数的物理意义是：

①$|r|=1$ 时，y 与 x 之间存在严格的线性关系，所有的 y_i 值都在回归线上。

②$|r|=0$ 时，y 与 x 之间完全不存在线性关系。

③$0<|r|<1$ 时，y 与 x 之间存在一定的线性关系。$|r|$值愈接近 1，线性关系就愈好。

三、实验仪器与试剂

（1）实验方法。本实验采用电位分析法，以氟离子选择性电极为工作电极，饱和甘汞电极为参比电极，用 PXD—2 型离子计测试液的工作电池电动势。

（2）仪器。PXD—2 型离子计、10 mL 吸量管三支、磁力搅拌器、氟离子选择性电极、饱和甘汞电极、100 mL 容量瓶（6 个）。

（3）试剂。0.100 0 mol/L F^-标准溶液、总离子强度缓冲溶液（TISAB）、未知水样（含 F^-）。

四、实验步骤

（1）观察 PXD—2 型离子计指针是否为零，若未指零用螺丝刀调节表盘下方旋钮，使指针指零。

（2）打开 PXD—2 型离子计电源，按下 mV 按钮，摘去甘汞电极橡皮帽并检查内电极是否浸在饱和 HCl 溶液中，若未浸入，应补充饱和 KCl 溶液，安装电极，调温度为 22℃。

（3）配制 F^-离子系列标准溶液。用 10 mL 的吸量管准确吸取 0.100 0 mol/L 的 F^-标准溶液 10.00 mL 于 100 mL 容量瓶中，加入 10.00 mL TISAB，用水稀释至刻度，摇匀，即配成 pF＝2.00 溶液。用吸量管吸取 pF＝2.00 的溶液 10.00 mL 于 100 mL 容量瓶中，加入 9.0 mL TISAB，用水稀释至刻度摇匀，即配得 pF＝3.00 的溶液。然后用逐级稀释法配制成浓度为 pF＝4、pF＝5、pF＝6 的氟化钠系列标准溶液。逐级稀释时，只需加入 9 mL TISAB 溶液。

（4）配制水样溶液。用 10 mL 吸量管准确吸取水样（含 F^-）10.00 mL 于 100 mL 容量瓶中，加入 10.00 mL TISAB，定容，摇匀，待测。

（5）开启电源 20 min 后，仪器达稳态，将转换开关置于调零位置，调节面板上调零旋钮至指针为零为止。再将转换开关拨至校准，观察表针是否处于满度位置，否则用螺丝刀调节仪器面板后面的满度调节至满度。

（6）测量。将电极用 pF＝6.00 的溶液润洗好后，将电极插入 pF＝6.00 的溶液，打开磁力搅拌器对其进行搅拌，将转换开关调至粗测，按下测量按钮，读取 *E* 的百位数值（为 1）。然后，选择合适的量程挡（1），将转换开关调至细测，关闭磁力搅拌器，待溶液稳定后（约 1 min），读取读数。

（7）按步骤 6 依次测量 pF＝5.00、pF＝4.00、pF＝3.00、pF＝2.00 和水样溶液的电位值。

（8）测量完毕，关闭仪器，拆下电极，整理实验台，将数据输入电脑中已经用最小二乘法设计好的程序，处理好实验结果并打印。

五、数据处理

例：

	pF 值	*E*/mV		
1	2.00	33.9		
2	3.00	91.1		
3	4.00	142.0	未知溶液 *E*/mV	108.0

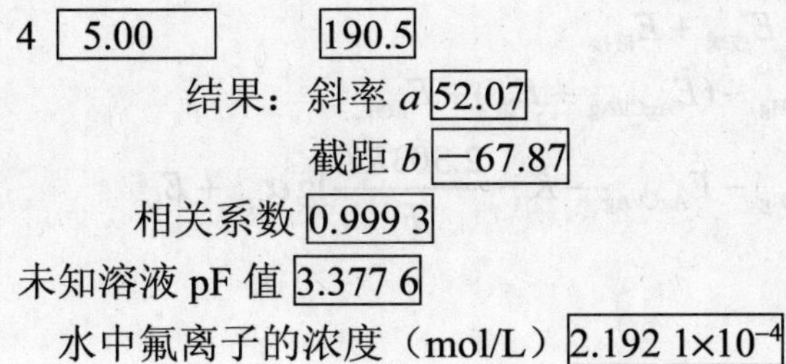
4　5.00　190.5

结果：斜率 a 52.07

截距 b −67.87

相关系数 0.999 3

未知溶液 pF 值 3.377 6

水中氟离子的浓度（mol/L）$2.192\ 1\times10^{-4}$

六、思考题

1．氟离子选择性电极使用时应注意哪些问题？

2．TISAB 的组成是什么？它在测量中起的作用是什么？

3．溶液的酸度对测定的影响如何？

实验二　磷酸溶液的电位滴定

一、实验目的

（1）掌握电位滴定的基本原理。

（2）学习电位滴定的基本操作技术。

（3）运用 pH—V 曲线和“三切线”方法确定滴定终点。

（4）学习电位滴定方法测定磷酸的浓度。

（5）学习电位滴定方法测定磷酸的各级离解常数。

二、实验原理

1．电位滴定的基本原理

电位滴定法是在滴定过程中通过测量电位变化以确定滴定终点的方法，和直接电位法相比，电位滴定法不需要准确地测量电极电位值，因此，温度、液体接界电位的影响并不重要，其准确度优于直接电位法。普通滴定法是依靠指示剂颜色变化来指示滴定终点，如果待测溶液有颜色或浑浊时，终点的指示就比较困难，或者根本找不到合适的指示剂。电位滴定法是靠电极电位的突跃来指示滴定终点。在滴定到达终点前后，滴液中的待测离子浓度往往连续变化 n 个数量级，引起电位的突跃，被测成分的含量仍然通过消耗滴定剂的量来计算。

本实验以玻璃电极（指示电极）与饱和甘汞电极（参比电极）插入试液组成工作电池，其电池组成式如下：

Ag，AgCl | HCl| 玻璃膜|试液溶液 ‖ KCl（饱和溶液）| Hg_2Cl_2（s），Hg

电池的电动势为：

$$\begin{aligned} E &= E_{甘汞} - E_{玻璃} + E_{液接} \\ &= E_{Hg_2Cl_2/Hg} - (E_{AgCl/Ag} + E_{膜}) + E_{液接} \\ &= E_{Hg_2Cl_2/Hg} - E_{AgCl/Ag} - K - \frac{2.303RT}{F}\lg \alpha_{H^+} + E_L \end{aligned}$$

$$\therefore\ E = K' + \frac{2.303RT}{F}\text{pH}$$

25℃时：$E = K' + 0.0591\,\text{pH}$

滴定过程中，随着滴定剂的加入，发生化学反应，待测离子（H^+）活度（浓度）发生变化，指示电极的电极电位（或电池电动势）也随着发生变化，由上述方程得知，也等同于溶液 pH 值的变化，在化学计量点附近，溶液的 pH 值（电位或电动势）发生突跃，由此确定滴定的终点。因此电位滴定法与一般滴定分析法的根本不同是确定终点的方法不同。

2．磷酸的电位滴定及解离常数的计算

（1）H_3PO_4 浓度的测定。由 NaOH 滴定多元弱酸 H_3PO_4 时，滴定分步进行。由于 H_3PO_4 的 $pK_{a_2}-pK_{a_1}>5$，H_3PO_4 被滴定到 $H_2PO_4^-$ 时，出现第一个突跃；$pK_{a_3}-pK_{a_2}>5$，$H_2PO_4^-$ 进一步滴定到 HPO_4^{2-} 时，出现第二个突跃。但因 $cK_{a_3}<10^{-8}$，HPO_4^{2-} 不能被继续准确滴定。NaOH 滴定 H_3PO_4 的滴定曲线见图 5-10，并利用滴定曲线求出 H_3PO_4 浓度。

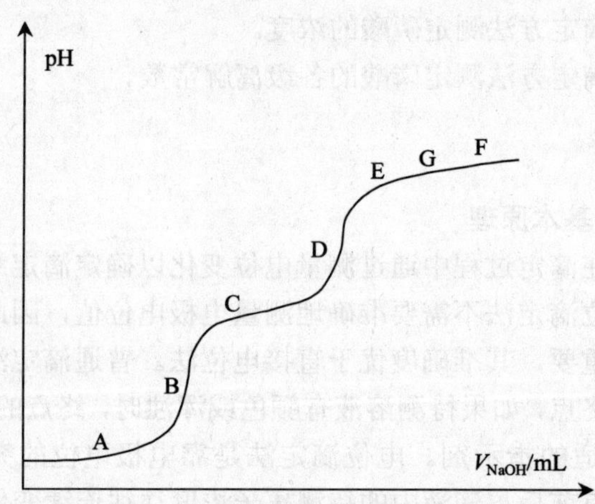

图 5-10　NaOH 滴定 H_3PO_4 的滴定曲线

（2）H_3PO_4 的离解常数测定。

① K_{a_1} 的测定。

H_3PO_4 的第一级离解为

$$H_3PO_4 \longrightarrow H_2PO_4^- + H^+ \qquad K_{a_1}=[H_2PO_4^-][H^+]/[H_3PO_4]$$

在未滴加 NaOH 时，H_3PO_4 离解生成 $H_2PO_4^-$和 H^+，$[H^+]=[H_2PO_4^-]$，$[H^+]$可由 pH 测定求得；H_3PO_4 的总浓度$[H_3PO_4]_T$ 由滴定至第一化学计量点时 NaOH 消耗的量计算；$[H_3PO_4]$则可由$[H_3PO_4]_T$ 减去$[H^+]$得到，从这些$[H^+]$、$[H_2PO_4^-]$、$[H_3PO_4]$可求得 K_{a_1}。

② K_{a_2}的测定。

$$由\ H_2PO_4^- \longrightarrow HPO_4^{2-}+H^+ \qquad K_{a_2}=[HPO_4^{2-}][H^+]/[H_2PO_4^-]$$

在滴定曲线上 C 点是 $H_2PO_4^-$的化学计量点一半处，即在 C 点，

$$H_2PO_4^-=[HPO_4^{2-}] \qquad K_{a_2}=[H^+]_C$$

因为 H_3PO_4 的 K_{a_1} 比较大，而 K_{a_3} 较小，因此在 C 点由 $H_2PO_4^-$与 H^+结合成 H_3PO_4 以使$[HPO_4^{2-}]$减小，以及由$[HPO_4^{2-}]$离解生成 PO_4^{3-}以使$[HPO_4^{2-}]$减少引起的误差都不大，因此可用上式计算 K_{a_2}。

③ K_{a_3} 的测定。

$$由\ HPO_4^{2-} \longrightarrow PO_4^{3-}+H^+ \qquad K_{a_3}=[PO_4^{3-}][H^+]/[HPO_4^{2-}]$$

K_{a_3} 极小，只能用间接法测定。首先由从第二终点 D 至任意点 G 滴入的 NaOH 体积$(V_{NaOH})_{DG}$，可从下式求得$[OH^-]_{DG}$：

$$[OH^-]_{DG}=M_{NaOH}(V_{NaOH})_{DG}/[V_{H_3PO_4}+(V_{NaOH})_G]$$

$V_{H_3PO_4}+(V_{NaOH})_G$ 为 G 点处测量的杯中溶液总体积，其中 $V_{H_3PO_4}$ 为最初加入 H_3PO_4 体积，$(V_{NaOH})_G$ 为滴定至 G 点加入 NaOH 溶液的总体积。M_{NaOH} 为标准 NaOH 溶液的浓度。G 点处实际$[OH^-]_G$ 可由 G 点初 pH 测定值计算。这样，$[OH^-]_{DG}-[OH^-]_G$ 就是 HPO_4^{2-}转变为 PO_4^{3-}所消耗的$[OH^-]$。因此$[PO_4^{3-}]=[OH^-]_{DG}-[OH^-]_G$。而 G 点的$[HPO_4^{2-}]_G$ 为 H_3PO_4 总浓度减去$[PO_4^{3-}]_G$ 所得的 pH 值求得。将$[H^+]_G$、$[HPO_4^{2-}]_G$、$[PO_4^{3-}]_G$ 代入 K_{a_3} 的表达式中可求得其 K_{a_3} 值。

三、实验仪器与试剂

1. 试剂

pH 标准缓冲溶液：pH＝4.01（0.05 mol/L 邻苯二甲酸氢钾溶液），pH＝6.86（0.025 mol/L KH_2PO_4 和 0.025 mol/L Na_2HPO_4 标准缓冲溶液），pH＝9.18（0.01 mol/L $Na_2B_4O_7 \cdot 10H_2O$ 溶液）；0.1 mol/L NaOH 标准溶液（待标定）；约 0.1 mol/L H_3PO_4

试样溶液；酚酞指示剂 0.2%乙醇溶液；甲基橙指示剂。

2．仪器

ZD-2 型自动电位滴定计（图 5-11）、复合电极。

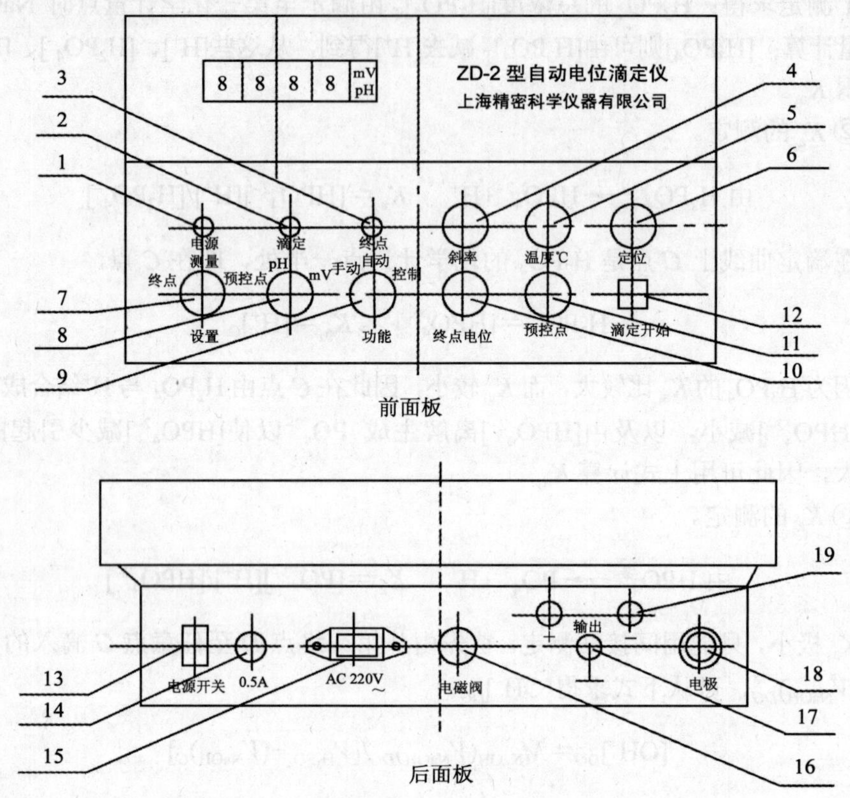

1—电源指示灯；2—测定指示灯；3—终点指示灯；4—斜率补偿调节旋钮；5—温度补偿调节旋钮；6—定位调节旋钮；7—设置开关；8—“pH/mV”选择开关；9—功能开关；10—“终点电位”调节旋钮；11—“预控点”调节旋钮；12—“滴定开始”按钮；13—电源开关；14—保险丝座；15—电源插座；16—电磁阀接口；17—接地接线柱，可接参比电极；18—电极插口；19—记录仪输出

图 5-11　ZD-2 型自动电位滴定计

其中：

（1）电源指示灯。打开电源，此指示灯应亮。

（2）滴定指示灯。开始滴定后，此指示灯闪亮。

（3）终点指示灯。用于指示滴定是否结束。打开电源，此指示灯亮，开始滴定后，此指示灯熄灭。滴定结束后，此指示灯亮。

（4）斜率补偿调节旋钮。pH 标定时使用。

（5）温度补偿调节旋钮。pH 标定及测量时使用。

（6）定位调节旋钮。pH 标定时使用。

（7）“设置”选择开关。此开关置“终点”时，可进行终点 mV 值或 pH 值设定（pH/mV 开关置“pH”，进行 pH 终点设定；置“mV”，进行 mV 终点设定）。此开关置“测量”时，进行 mV 或 pH 测量（mV 还是 pH 测量同样取决于 pH/mV 开关的位置）。此开关置于预控点时，可进行 pH 或 mV 的预控点设置。如，设置预控点为 100 mV，仪器将在离终点 100 mV 时自动从快滴转为慢滴。

（8）“pH/mV”选择开关。此开关置于“pH”时，可进行 pH 测量，pH 终点值设置或 pH 预控点设置。此开关置于“mV”时，可进行 mV 测量，mV 终点设置或 mV 预控点设置。

（9）“功能”选择开关。此开关置于“手动”时，可进行手动滴定；置“自动”时，进行预设终点滴定，到终点后，滴定终止，滴定灯亮。此开关置于“控制”时，进行 pH 或 mV 控制滴定，到达终点 pH 或 mV 值后，仪器仍处于准备滴定状态，滴定灯始终不亮。

（10）“终点电位”调节旋钮。用于设置终点电位或 pH 值。

（11）“预控点”调节旋钮。用于设置预控点 mV 和 pH 值，其大小取决于化学反应的性质，即滴定突跃的大小。一般氧化还原滴定、强酸强碱中和滴定和沉淀滴定可选择预控点值小一些；弱酸强碱、强酸弱碱可选择中间预控点值；而弱酸弱碱滴定需选择大预控点值。

（12）“滴定开始”按钮。“功能”开关置于“自动”或“控制”时，按一下此按钮，滴定开始。“功能”开关置于“手动”时，按下此按钮，滴定进行，放开此按钮，滴定停止。

（13）电源开关。

（14）保险丝座。

（15）电源插座。

（16）电磁阀接口。

（17）接地接线柱。可接参比电极。

（18）电极插口。

（19）记录仪输出。供（0～1）V 记录仪使用。输出电压如下：

mV 挡	仪器显示值（mV）	−500	0	500
	记录仪输出（mV）	0	500	1 000
pH 挡	仪器显示值（pH）	0		14
	记录仪输出（mV）	0		1 000

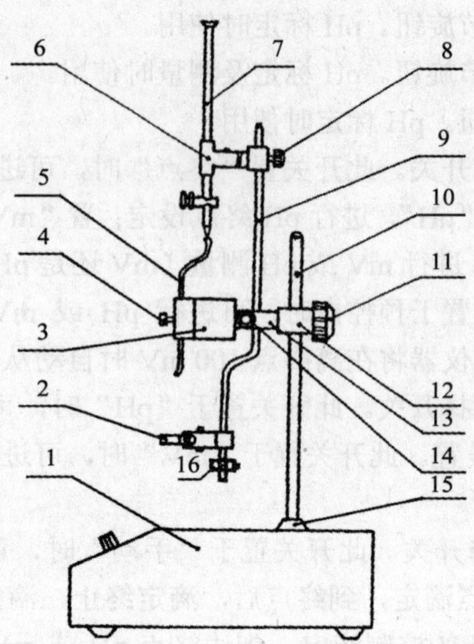

1—搅拌器；2—电极夹；3—电磁阀；4—电磁阀螺丝；5—橡皮管；6—滴管夹；7—滴定管；8—滴定夹固定螺丝；9—弯式滴管架（二）；10—管状滴管架（一）；11—螺帽；12—夹套；13—夹芯；14—支头螺钉；15—安装螺纹；16—紧圈

图 5-12 滴定装置

工作电池的电动势在 ZD-2 型自动电位滴定计上反映出来，并表示为滴定过程中的 pH 值。

加入 NaOH 的体积由滴定管的刻度读出。

四、实验步骤

（1）接通电源，仪器预热 15 min，仪器上各旋钮和开关恢复原位。

（2）清洗并安装电极。

（3）将“设置”开关置“测量”，“pH/mV”开关置“pH”。

（4）调节“温度”旋钮，使旋钮白线指向对应的溶液温度值。

（5）将“斜率”旋钮顺时针旋到底（100%）。

（6）将清洗过的电极插入 pH 值为 6.86 的缓冲溶液中。

（7）调节“定位”旋钮，使仪器显示读数与该缓冲溶液当时温度下的 pH 值一致（见附录）。

（8）用蒸馏水清洗电极，再插入 pH 值为 4.00（或 pH 值为 9.18）的标准缓冲溶液中，调节斜率旋钮使仪器显示读数与该缓冲溶液当时的 pH 值相一致（见附录）。

（9）重复步骤（7）和（8）直至不用调节"定位"和"斜率"调节旋钮为止，至此，仪器完成标定。标定结束后，"定位"和"斜率"旋钮不应再动，直至下一次标定。

（10）将滴定管夹在滴管架上，将电磁阀上方的橡皮管套入滴定管末端，将电磁阀下方的橡皮管套入毛细管；先用去离子水润洗滴定管路，再用标准的 NaOH 溶液润洗管路；加入标准 NaOH 溶液，将"功能"开关置"手动"，"设置"开关置"测量"，利用"开始滴定"按钮使 NaOH 溶液至滴定管的"0"刻度。

（11）H_3PO_4 溶液的测量。

①粗测。准确吸取 H_3PO_4 溶液 5.00 mL，置于 100 mL 烧杯中，加水至 30 mL，放入搅拌子，将电极和滴定毛细管安装在电极夹上，毛细管下端高出液面，清洗过的复合电极的下端浸入液面下，但保证搅拌子不要碰到电极头；在搅拌下由 NaOH 标准溶液滴定。加入 1～2 滴酚酞和甲基橙试液，进行粗测，测量时每次加入 NaOH 溶液 0.5 mL，并记录各点的 pH 值，直至溶液呈红色（pH＝11.50），初步判断发生 pH 值两次突跃时所需的 NaOH 体积范围（ΔV_{ex}）。

②细测。准确吸取 H_3PO_4 溶液 5.00 mL，置于 100 mL 烧杯中，加水至 30 mL，放入搅拌子，将电极和滴定毛细管安装在电极夹上，毛细管下端高出液面，复合电极的下端浸入液面下，但保证搅拌子不要碰到电极头；在搅拌下由 NaOH 标准溶液滴定。加入 1～2 滴酚酞和甲基橙试液，进行细测，开始时，每加入 0.5 mL NaOH 溶液记录一次 pH 值，接近突跃点时，每加入 0.05 mL 记录一次 pH 值。

五、数据处理

H_3PO_4 溶液浓度的标定

（1）实验数据及计算。

表 5-2　粗测结果

V/mL	0.00	0.50	1.00	1.50	2.00	2.50	3.00	3.50	… …
pH 值									… …

表 5-3　细测结果

V/mL	0.00	0.50	1.00	1.50	2.00	2.50	3.00	3.50	… …
pH 值									… …
$\Delta pH/\Delta V$									… …
$\Delta^2 pH/\Delta V^2$									… …

（2）计算 H_3PO_4 溶液浓度（利用二级微商计算法确定滴定终点）。

（3）计算 H_3PO_4 的酸解离常数 K_{a_1}、K_{a_2}、K_{a_3}（测定酸离解常数需在恒温条件下进行；在 25℃时，离子强度 1 mol/L，H_3PO_4 的 K_{a_1}、K_{a_2}、K_{a_3} 分别为 2.12、7.21、12.36）。

表 5-4　我国建立的七种 pH 基准缓冲溶液的 pH 值

温度/℃	0.05 mol/kg 四草酸氢钾	25℃饱和酒石酸氢钾	0.05 mol/kg 邻苯二甲酸氢钾	0.025 mol/kg 混合磷酸盐	0.008 695 mol/kg 磷酸二氢钾 0.030 43 mol/kg 磷酸二氢钠	0.01 mol/kg 硼砂	25℃饱和氢氧化钙
0	1.668		4.006	6.981	7.515	9.458	13.416
5	1.669		3.999	6.949	7.490	9.391	13.210
10	1.671		3.996	6.921	7.467	9.330	13.011
15	1.673		3.996	6.898	7.445	9.276	12.820
20	1.676		3.998	6.879	7.426	9.226	12.637
25	1.680	3.559	4.003	6.864	7.409	9.182	12.460
30	1.684	3.551	4.010	6.852	7.395	9.142	12.292
35	1.688	3.547	4.019	6.844	7.386	9.105	12.130
37				6.839	7.383		
40	1.694	3.547	4.029	6.838	7.380	9.072	11.975
45	1.700	3.550	4.042	6.834	7.379	9.042	11.828
50	1.706	3.555	4.055	6.833	7.383	9.015	11.697

第六章

极谱分析法

第一节　经典极谱法

伏安分析法：以测定电解过程中的电流—电压曲线为基础的电化学分析方法。伏安分析法是一种特殊的电解方法。以小面积、易极化的电极做工作电极，以大面积、不易极化的电极为参比电极组成电解池，电解被分析物质的稀溶液，由所测得的电流—电压特性曲线来进行定性和定量分析的方法。

极谱分析法：采用滴汞电极的伏安分析法。

一、极谱分析的基本装置

1. 极谱仪的基本结构

极谱仪有各式各样，尽管它们分线路极为复杂，但它们的基本装置如图 6-1 所示，可分为三部分。

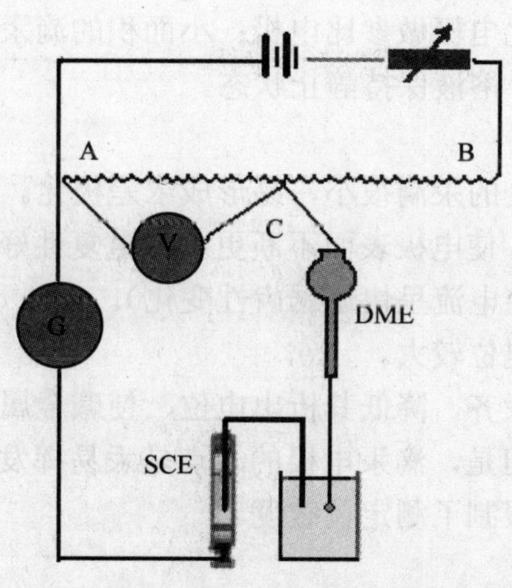

图 6-1　极谱分析仪原理

（1）外加电压，包括直流电源、分压滑线和伏特计。

（2）记录电流，包括电流计和分流器（未画出），用以测量通过电极池的电流。

（3）电解池，包括一个很大面积的参比电极和一个很小面积的滴汞电极，其结构见图 6-2。

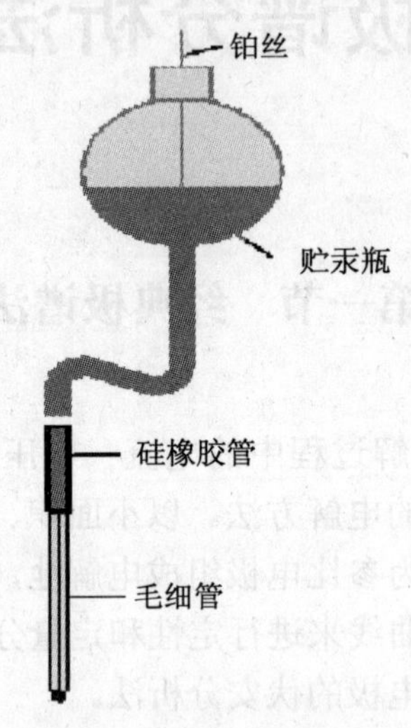

图 6-2　滴汞电极

2．极谱仪的特殊之处

极谱分析是在特殊条件下进行的电解分析，它与一般的电解分析相比，其特殊之处表现在：①使用了特殊的两种电极，大面积的饱和甘汞电极和小面积的滴汞电极，大面积的去极化电极做参比电极；小面积的滴汞电极为极化电极；②在电解过程中不进行搅拌，溶液保持静止状态。

3．滴汞电极的特点

（1）电极毛细管口处的汞滴很小，易形成浓差极化。

（2）汞滴不断滴落，使电极表面不断更新，重复性好（受汞滴周期性滴落的影响，汞滴面积的变化使电流呈快速锯齿性变化）。

（3）氢在汞上的超电位较大。

（4）金属与汞生成汞齐，降低其析出电位，使碱金属和碱土金属也可分析。

（5）汞容易提纯。但是，滴汞电极的缺点是汞易挥发且有毒，能被氧化，汞滴电极上残余电流大，限制了测定灵敏度。

二、极谱波形成过程

例如电解 $CdCl_2$ 溶液，其浓度为 5×10^{-4} mol/L，加入大量的 KCl，并通过大量的 N_2 以除去其中的氧气。然后调节储汞瓶的高度，使汞滴以每 10 s 2～3 滴的速度滴下，移动接触点 C，使两电极上的外加电压自零逐渐增加，得到下面的极谱图（图 6-3）。

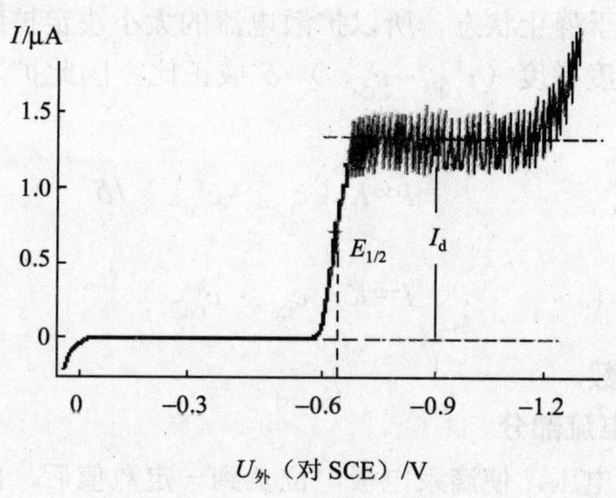

图 6-3 Cd^{2+}的极谱图

1．残余电流部分

当外加电压尚未达到 Cd^{2+}的分解电压时，滴汞电极的电位较镉离子的输出电位正，电极上没有镉离子被还原，此时只有微小的电流通过，这种电流称作残余电流。

2．电流上升部分

当外加电压到达到 Cd^{2+}的析出电位时，Cd^{2+}开始在滴汞电极上迅速反应，电流迅速增加：

滴汞电极反应：$Cd^{2+} + 2e + Hg = Cd(Hg)$

甘汞电极反应：$2Hg + 2e = Hg_2Cl_2$

此时的电极电位：$$E_{DME} = E^{\ominus} + \frac{0.0591}{2}\lg\frac{c^s_{Cd^{2+}}}{c_{Cd(Hg)}} \quad (6.1)$$

式中，$c^s_{Cd^{2+}}$ 为 Cd^{2+}在滴汞表面的浓度，$c_{Cd(Hg)}$ 为金属 Cd 形成汞齐的活度。

继续增加电压，使 E_{DME} 更负。由于滴汞电极面积很小，电流密度很大，到达电极附近的 Cd^{2+}离子迅速被还原，使电极表面的金属离子的浓度 $c^s_{Cd^{2+}}$ 减小，即滴汞电极表面的 Cd^{2+}迅速获得电子而还原，电解电流急剧增加。由于此时溶液本体的Cd^{2+}来不及到达滴汞表面，因此，滴汞表面浓度$c^{s}_{Cd^{2+}}$低于溶液本体浓度$c_{Cd^{2+}}$，即$c^{s}_{Cd^{2+}} < c_{Cd^{2+}}$，产生浓度差。扩散到电极表面的$Cd^{2+}$立即在电极表面还原，产生持续不断的电解电流，这种由于扩散引起的电极反应产生的电流称为扩散电流。由于Cd^{2+}在电极上的还原，在电极表面附近存在离子浓度变化的液层，称为扩散层，扩散层的厚度约为 0.05 nm，在扩散层内，Cd^{2+}浓度从外向内逐渐减小，在扩散层外，Cd^{2+}的浓度等于主体溶液中浓度，由于电极反应速率很快，而扩散速率较慢，溶液又处于静止状态，所以扩散电流的大小决定扩散速率，而扩散速率又与扩散层中的浓度梯度（$c_{Cd^{2+}} - c^{s}_{Cd^{2+}}$）/$\delta$ 成正比，因此扩散电流的大小与浓度梯度成正比。

即 $$I \propto K(c_{Cd^{2+}} - c^{s}_{Cd^{2+}})/\delta \tag{6.2}$$

或 $$I = K(c_{Cd^{2+}} - c^{s}_{Cd^{2+}}) \tag{6.3}$$

式中，K 为比例常数。

3．极限扩散电流部分

继续增加外加电压，使滴汞电极电位负到一定数值后，由于滴汞表面Cd^{2+}迅速还原，$c^{s}_{Cd^{2+}}$趋于零，此时溶液的主体浓度和电极表面之间的浓度差达到极限情况，即达到完全浓差极化。此时电流不随外加电压的增加而增加，曲线呈一平台，此时产生的扩散电流称为极限扩散电流（I_d），在这种情况下，上式可以改写成：

$$I_d = Kc_{Cd^{2+}} \tag{6.4}$$

或 $$I_d = Kc \tag{6.5}$$

由式（6.4）、式（6.5）可见，极限扩散电流正比于溶液中的待测物质的浓度，这是极谱定量分析的依据。

三、极谱定量定性分析的依据

1．定量分析的依据——扩散电流方程

（1）扩散电流方程。1934 年，捷克极谱工作者尤考维奇（Ilkovic D）从理论上推导出在滴汞电极上的极限扩散电流的近似公式，称为尤考维奇方程式，可写为：

$$I_{d\,平均} = 607nD^{1/2}m^{2/3}t^{1/6}c \tag{6.6}$$

式中，$I_{d\,平均}$为每滴汞上的平均电流（μA）；n 为电极反应中转移的电子数；D 为电极上起反应的物质在溶液中的扩散系数；m 为汞流速度（mg/s）；t 为在测量 I_d 电压时的滴汞周期（s）；c 为电极上起反应的物质的浓度（mmol/L）。

（2）影响扩散电流的因素。

① 毛细管特性。m 与 t 称为毛细管特性，$m^{2/3}t^{1/6}$ 这个数为毛细管常数。该常数除了与毛细管的内径等因素有关外，还与汞柱压力有关。所以，在一定实验条件下，扩散电流也与汞柱高度的平方根成正比。因此在实验过程中应保持汞柱高度一致，同时由于毛细管的内径难以测量，在测定试样与标准溶液时要用同一根毛细管。

② 滴汞电极电位。实验证明，滴汞电极的电位对汞流的速度影响较小，但对汞滴落下的周期影响较显著。汞滴周期 t 随电极电位不同而改变。在−1～0 V 时，$m^{2/3}t^{1/6}$ 值的变化可以忽略不计，但在更负的电位下，$m^{2/3}t^{1/6}$ 的降低较为显著，必须考虑。

③ 温度。实验证明，温度每升高一摄氏度，将使扩散电流增加约 1.3%，所以，在极谱法中要求温度固定。

④ 溶液组分。扩散系数与溶液的黏度有关，黏度越大，物质的扩散系数越小，扩散电流也随之减小。溶液组分不同其黏度也不同，对扩散电流的影响也随之不同。所以在极谱分析时必须使标准溶液与被测试液的组分基本保持一致。

2. 极谱定性分析的依据——极谱波方程式

极谱波方程就是描述极谱电流与滴汞电极电位之间关系的数学表达式。

下面是简单金属离子可逆极谱波方程。

经推导可得出：电极反应为 $M^{n+}+ne+Hg=M(Hg)$（汞齐）的简单金属离子的极谱波方程可逆；受扩散控制；生成汞齐。

$$E = E^{\ominus\prime} - \frac{RT}{nF}\ln\frac{\gamma_a K_M}{\gamma_M K_a} - \frac{RT}{nF}\ln\frac{I}{I_d - I} \tag{6.7}$$

式中，γ_a，γ_M 分别为 M^{n+} 和 M 的活度系数；K_M 和 K_a 为常数。

在极谱波的中点，即：$I=I_d/2$ 时，代入式（6.7），得：

$$E_{1/2} = E^{\ominus\prime} - \frac{RT}{nF}\ln\frac{\gamma_a K_M}{\gamma_M K_a} = 常数 \tag{6.8}$$

式（6.8）I 等于 $I_d/2$ 时的电位 $E_{1/2}$ 称之为半波电位。由此可见，对于某一还原物质，在一定的底液及实验条件下，$E_{1/2}$ 为一常数，所以半波电位可以作为极谱定性的依据。

四、干扰电流及其消除

因为极限扩散电流与待测物质的浓度成正比，因而可以作为极谱定量分析的依据。但是，在极谱分析中，除了扩散电流外，还有其他因素引起的电流，如残余电流、迁移电流、极谱极大、氧波。这些电流与被测物质的浓度无关，因此称为干扰电流，必须除去。

1．残余电流

进行极谱分析时，外加电压虽未达到被测物质的分解电压，但仍有微小的电流通过电解池，这种电流称为残余电流。残余电流包括电解电流和电容电流两部分：电解电流，指溶液中存在微量的易在滴汞电极还原的杂质（如氧气，铜、铁离子）在滴汞电极上还原产生的。电容电流，又为充电电流，是残余电流的主要部分，是由于滴汞的不断生长和落下引起的。滴汞面积变化→双电层变化→电容变化→充电电流。充电电流为 10^{-7}A，相当于 10^{-5} mol/mL 物质所产生的电位，因此充电电流影响测定灵敏度和检测限。

消除方法：将残余电流从极限扩散电流中扣除，前者可通过试剂提纯、预电解、除氧等；后者可通过作图法和空白试验。

2．迁移电流

由于电极对待测离子的静电引力导致更多离子移向电极表面，并在电极上还原而产生的电流，称为迁移电流。它不是由于浓度变化引起的扩散，故与待测物浓度无定量关系，应设法消除。

消除方法：通常是加入支持电解质（或称惰性电解质），常用的支持电解质有：KCl、NH_4Cl、Na_2SO_4、HCl、H_2SO_4 和 KOH 等。支持电解质的浓度通常要比预测离子大 100 倍以上，一般为 0.1～1 mol/L。

3．极谱极大

当外加电压达到待测物分解电压后，在极谱曲线上出现的比极限扩散电流大得多的、不正常的电流峰，称为极谱极大。与待测物浓度没有直接关系，主要影响扩散电流和半波电位的准确测定。

消除方法：加入可使表面张力均匀化的极大抑制剂，通常是一些表面活性物质，如明胶、PVA、Triton X-100 等。

4．氧波

在电解的过程中产生两个氧极谱波：

$$O_2+2H^++2e \rightleftharpoons H_2O_2 \qquad -0.2\text{V（半波电位）}$$

$$(O_2+H_2O+2e \rightleftharpoons H_2O_2+2OH^-)$$

$$H_2O_2+2H^++2e \rightleftharpoons 2H_2O \qquad -0.8\text{ V（半波电位）}$$

$$(H_2O_2+2e \rightleftharpoons 2OH^-)$$

其半波电位正好位于极谱分析中最有用的电位区间（–1.2～0 V），因而重叠在被测物的极谱波上，故应加以消除。

消除方法：

①通入惰性气体，如 H_2、N_2、CO_2（CO_2 仅适于酸性溶液）。

②在中性或碱性条件下加入 Na_2SO_3，还原 O_2。

③在强酸性溶液中加入 Na_2CO_3，放出大量二氧化碳以除去 O_2；或加入还原剂（如铁粉），使与酸作用生成 H_2，从而除去 O_2。

④在弱酸性或碱性溶液中加入抗坏血酸。

⑤分析过程中通 N_2 保护（不是往溶液中通 N_2）。

5．叠波、前波和氢波

（1）叠波。两种物质的半波电位如果相差不大（小于 0.2 V），那么这两种物质的极谱波就会重叠起来，这种情况称为叠波。

消除方法：加入适当的络合剂或采用适当的化学方法除去干扰。

（2）前波。当溶液中存在着一种较待测物质的半波电位为正且浓度很大（其量大于被测物质的 10 倍）的物质时，由于该种物质的扩散电流很大，故掩盖了待测物质的波，这种干扰称为前波干扰。

（3）氢波。H^+在−1.4～−1.2 V 处开始被还原，所以半波电位小于−1.2 V 的物质不能在酸性溶液中测定。

消除方法：在中性或碱性溶液中测量。

五、底液及其选择

1．底液的组成

（1）支持电解质（以消除迁移电流）。

（2）极大抑制剂（以消除极大）。

（3）除氧剂（以消除氧波）。

（4）其他有关试剂，如用以控制溶液酸度，改善波形的缓冲剂、络合剂等。

2．选择底液的原则

（1）使极谱波的波形较好，也就是使极谱波的波形较陡，波的上下都有良好的平台，最好是可逆的极谱波。

（2）干扰少。

（3）成本低，操作简便。

（4）最好能同时测定几种元素。

六、极谱定量分析方法

极谱定量分析的依据：$I_d = Kc$。　　(6.9)

扩散电流 I_d 由极谱图上量出，可用波高表示，而不必测量波高的绝对值。

即 $h=K/c$。 (6.10)

1．波高的测量

波高的测量方法有很多，最常用的是峰高测量采用三切线法，即分别通过残余电流、极限电流和扩散电流作三直线，然后测量所形成的两个交点间的垂直距离，如图 6-4 所示。

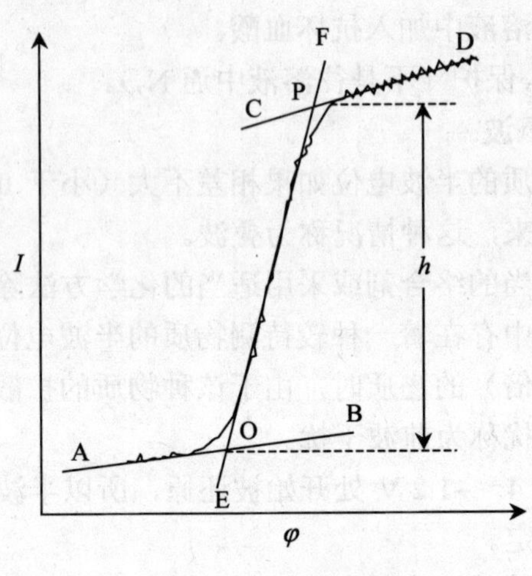

图 6-4 三切线法

2．谱定量的方法

（1）工作曲线法。先配制一系列不同浓度的标准溶液，在相同的实验条件下（相同的底液、同一毛细管），分别测定各溶液的波高（或扩散电流），绘制波高—浓度曲线，然后在同样的实验条件下测定试样溶液的波高，从标准曲线上查得相应的浓度。

此法适用于大批量同一试样的分析，但是实验条件必须保持一致。

（2）标准加入法。取浓度为 c_X、体积为 V_X 的待测液，作极谱图，测得波高为 h；然后加入浓度为 c_S，体积为 V_X 的标准溶液，在同一条件下，作极谱图，测得波高为 H。由极谱电流公式得：

$$h=Kc_X \tag{6.11}$$

$$H=K\left(\frac{c_X V_X + c_S V_S}{V_X + V_S}\right) \tag{6.12}$$

两式相除可得到：

$$c_X=\frac{c_S V_S h}{H(V_X+V_S)-hV_X} \tag{6.13}$$

采用标准加入法应该注意：

避免底液不同引起的误差；加入的量要适当；只有波高和浓度成正比时才能用标准加入法。

第二节　单扫描示波极谱法

单扫描示波极谱法也叫示波极谱波，是在一滴汞生成的后期，将一快速线性变化的电压施加在滴汞电极上进行电解，并用示波器记录电解过程的 *I*—*E* 曲线进行分析的极谱分析法。

一、基本线路和装置

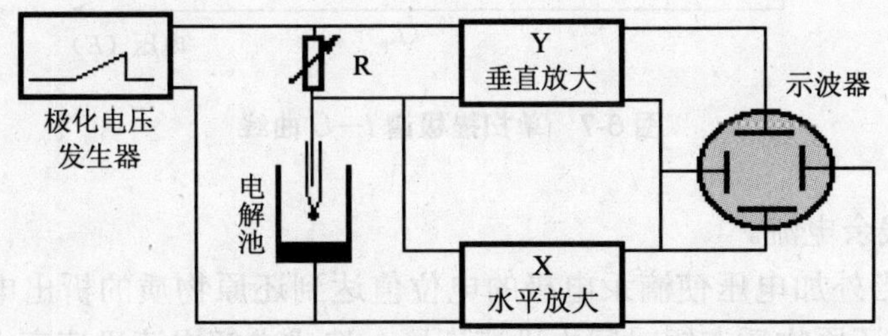

图 6-5　单扫描极谱工作原理示意

1. 扫描条件

扫描方式：经典极谱所加电压是在整个汞滴生长周期（约 7 s）内加一线性增加电压；而单扫描是在汞滴生长后期（2 s）加一锯齿波脉冲电压，如图 6-6 所示。

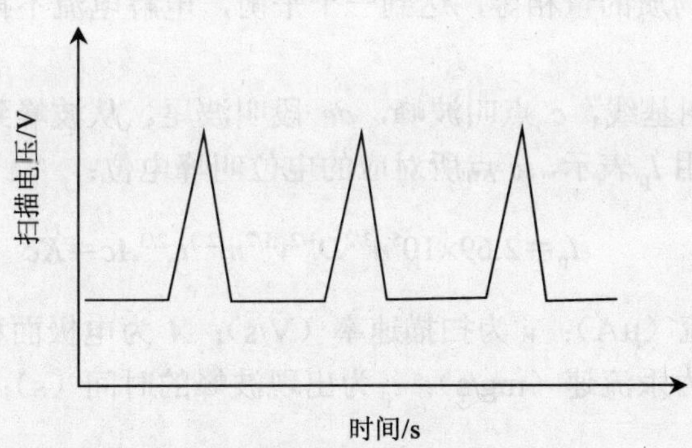

图 6-6　单扫描极谱施加电压示意

扫描速率：经典极谱扫描电压速率为 200 mV/min；单扫描为 250 mV/s（于汞滴生长末期开始施加扫描电压）；后者为前者的 50～80 倍。单扫描极谱出现峰电流，因而分辨率比经典极谱高。

2．直流示波极谱波形成过程

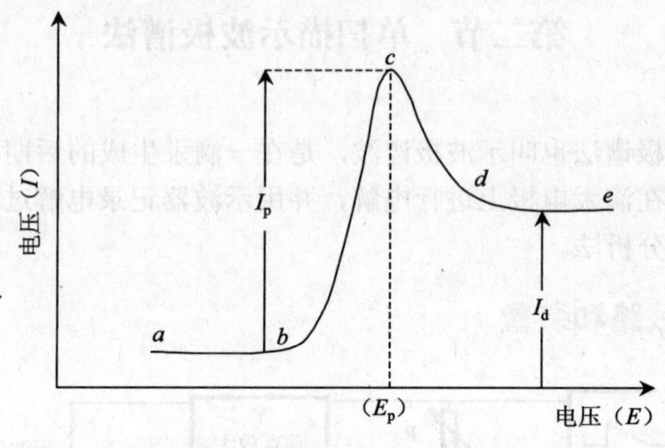

图 6-7　单扫描极谱 I－U 曲线

ab 段：残余电流。

bc 段：当外加电压使滴汞电极的电位值达到还原物质的析出电位时，滴汞表面附近的可还原物质在短时间内迅速还原，造成电解电流迅速变大，曲线急剧上升，达到一个最高点（*c* 点）。

cd 段：当电解电流达到 *c* 点后，再增加电压时，由于电极表面的可还原物质已被还原，浓度变小，而本体溶液中的可还原物质又来不及扩散到电极表面，所以电解电流不但不增大，反而略有减小。

de 段：当电解电流降低到 *d* 点后，扩散到电极表面的可还原物质与电极反应消耗的可还原物质的量相等，达到一个平衡，电解电流不再变化，此时的电流为极限扩散电流。

其中 *ab* 段叫基线，*c* 点叫波峰，*de* 段叫波尾。从波峰到基线的垂直距离叫峰电流（波高）用 I_p 表示，*c* 点所对应的电位叫峰电位：

$$I_p = 2.69\times10^5 n^{3/2} D^{1/2} v^{1/2} m^{2/3} t_p^{\ 2/3} Ac = Kc \tag{6.14}$$

式中，I_p 为峰电流（μA）；v 为扫描速率（V/s）；A 为电极面积；n 为电极反应的电子转移数；m 为汞流速（mg/s）；t_p 为出现波峰的时间（s）；K 为常数；D 为扩散系数（cm^2/s）。

I_p 的大小在一定条件下与可还原物质的浓度具有线性关系，据此可进行定量分析：

$$I_p = Kc \quad (6.15)$$

二、单扫描示波极谱法的特点

1．灵敏度高

经典极谱法的测定下限一般为 1×10^{-5} mol/L。而单扫描示波极谱法的测定下限达 1×10^{-7} mol/L。灵敏度高的原因，主要是由于消除了部分充电电流，以及极化速度快，等浓度去极剂的峰电流要比经典极谱的扩散电流值大。

2．分辨率强

经典极谱法可分辨半波电位相差 200 mV 的两种物质；而单扫描示波极谱法在同样的情况下，可分辨峰电位相差 50 mV 的两种物质。

3．抗先还原能力强

经典极谱法的电流—电压曲线是呈锯齿状的阶梯波，当溶液中前面有较高浓度的先还原物质时，后还原低浓度物质的波形就有很大的振荡。先还原物质浓度大于被测物质的浓度 5～10 倍时测定就困难了。单扫描示波极谱法，一般情况下它的抗先还原能力可允许先还原物质的浓度为待测物质浓度的 100～1 000 倍。JP 型仪器的抗先还原能力指标为 5 000 倍。

4．分析速度快

经典极谱法完成一个波形的绘制需要数分钟（一般 2～5 min）的时间，而单扫描示波极谱法只需数秒（一般为 7 s）时间就绘制一次曲线。

第三节　实验部分

实验一　极谱催化波测定样品中微量钼

一、实验目的

（1）掌握极谱催化波原理。

（2）通过钼的极谱催化波的测定，掌握其分析方法。

二、实验原理

极谱催化波是在电化学和化学动力学的理论基础上发展起来的提高极谱分析

灵敏度和选择性的一种方法。它最低可检测至 10^{-11}～10^{-8} mol/L，共存元素干扰小，有较好的选择性，所用的仪器是一般的极谱仪或示波极谱仪。

本实验钼（Ⅵ）在氯酸盐-苯羟乙酸-硫酸体系中，能产生一个灵敏度较高、跨度较大的单峰极谱催化波，具体过程如下：

Mo（Ⅵ）离子在硫酸和苯羟乙酸（苦杏仁酸 $C_8H_8O_3$）溶液中，在一定的电位下，先在滴汞电极上还原成 Mo（Ⅴ），

$$\text{Mo（Ⅵ）} + e \rightleftharpoons \text{Mo（Ⅴ）}$$

然后钼（Ⅴ）被 $NaClO_3$ 氧化至 Mo（Ⅵ）

$$6\,\text{Mo（Ⅴ）} + ClO_3^- + 6H^+ + 6e \rightleftharpoons 6\,\text{Mo（Ⅵ）} + Cl^- + 3H_2O$$

生成的 Mo（Ⅵ）又会在电极上发生反应，这样形成了电极反应—化学反应—电极反应的往复循环，使极谱电流增加。在这一反应过程中，Mo（Ⅵ）的浓度基本没用变化，实际消耗的是氯酸钠，Mo（Ⅵ）可以看作是催化剂。所以在这个反应中 Mo（Ⅵ）催化了 $NaClO_3$ 还原。由催化反应而增加的电流称为催化电流，在一定的催化剂浓度范围内，催化电流与催化剂的浓度成正比：

$$I_1 = 0.51nFD^{1/2}m^{2/3}t^{2/3}k^{1/2}c_X^{\ 1/2}c_A$$

式中，I_1 为催化电流，c_X 及 c_A 分别为氧化剂 X 及参加电极反应的物质 A 在溶液中的浓度，D 为物质 A 的扩散系数，k 为化学反应的速度常数。当氧化剂 X 的浓度一定时，催化电流与物质 A 的浓度成正比：

$$I_1 = Kc_A$$

这是定量测定物质 A，本实验中的 Mo（Ⅵ）的根据。催化电流在数值上比单纯只是扩散电流时大很多倍，有时甚至大 3～4 个数量级。

三、实验仪器与试剂

883 笔录式极谱仪。

2.5 mol/L H_2SO_4；1 mol/L 苯羟乙酸（苦杏仁酸 $C_8H_8O_3$）；0.5 mol/L $NaClO_3$；钼标准储备液溶液（1.00 mg/mL）。称取 MoO_3 0.150 0 g 溶于少量的 1 mol/L NaOH 溶液中，然后转移入 100 mL 容量瓶中，用二次蒸馏水定容到刻度；钼标准工作液（0.02 μg/mL）。用钼标准储备液溶液和二次蒸馏水来配制。

四、实验步骤

（1）调节极谱仪并预热，电压范围选–3～0 V。

（2）标准曲线的制作。

在 5 个 25 mL 小容量瓶中分别加入 0.2 mL、0.40 mL、0.80 mL、1.20 mL、2.50 mL 钼标准溶液，再分别加入 2.50 mL 2.5 mol/L H_2SO_4，2.50 mL 1 mol/L 苯羟乙酸，12 mL 0.5 mol/L $NaClO_3$ 溶液。用二次去离子水定容至 25 mL。然后将 1～5 号溶液倒入电解杯中，通入氮气 5 min 后，插入电极，于–0.7～–0.1 V 作电压扫描，记录极谱图，测量峰高。

（3）样品的测定。向 25 mL 容量瓶中加入 8 mL 水样，以下步骤同步骤（2），测绘极谱图。

五、数据处理

以钼浓度为横坐标，峰电流为纵坐标，绘制标准曲线。通过测量未知液的峰高，从标准曲线上查出钼的浓度。

六、思考题

1．产生极谱催化波的条件是什么？

2．如何区分极谱催化波与扩散电流产生的极谱波？

实验二　示波极谱法测定样品中铅含量

一、实验目的

（1）了解单扫示波极谱的原理及其特点。

（2）初步掌握 JP-2 型示波极谱仪的使用方法。

（3）用络合吸附波测定铅。

二、实验原理

单扫描示波极谱的原理，与普通极谱基本相似，是在含有被测离子的电解池的两个电极上，施加一随时间作直线变化的电压（称扫描电压），在示波器的荧光屏上显示电流—电压曲线。所不同的是单扫描示波极谱是一个汞滴的生长后期以 0.25 V/s 的速度扫描，由于扫描的速度非常快（普通极谱则一般为 0.2 V/min），达到可还原物质的分解电压时，该物质在电极上被迅速地还原，产生很大的电流。由于可还原物质在电极附近的浓度急剧下降，而溶液本体中的可还原物质又来不及扩散到电极，因此，电流迅速下降，直到电极反应速度与扩散速度达到平衡。这样示波极谱的极谱曲线呈现尖峰形状。对于可逆电极反应，峰电流 I_p 与可还原物质的关系，可用下式表示：

$$I_p = Kc$$

本实验是在酒石酸、KI 底液中用单扫示波法测定 Pb^{2+}。在 KI 存在下，Pb^{2+} 与 I^- 形成络离子，在电极上被吸附后可逆还原，形成灵敏的络合物吸附波，其峰电位为–0.59 V（对 SCE）附近。此法适于人发、矿样和一些化学试剂等试样中铅的测定。

三、仪器与试剂

JP-2 型示波极谱仪。

1%抗坏血酸溶液；10%酒石酸溶液；10%碘化钾溶液；铅标准溶液。称取 0.159 9 g $Pb(NO_3)_2$，加几滴 1∶3 HNO_3，加水溶解，转移至 100 mL 容量瓶中，用水冲至刻度，即得含铅 1 mg/mL 的标液。使用时稀释到含铅 50 μg/mL。

四、实验步骤

调好示波极谱仪。

在 7 个 10 mL 容量瓶中，分别加入 1.0 mL 10%酒石酸，0.3 mL 1%抗坏血酸，0.5 mL 10% KI 溶液，再分别加入 0、0.1 mL、0.2 mL、0.4 mL、0.6 mL、0.8 mL、50 μg/mL 铅溶液，用水冲稀至刻度，摇匀。由低浓度到高浓度作示波图，记下峰电流高度。

取 5.0 mL 水样，如上述加入酒石酸等试剂，最后用水冲稀至刻度，摇匀。在与上相同条件下作示波图，记下峰高。

五、数据处理

以铅浓度为横坐标，峰高为纵坐标作图得工作曲线。由工作曲线查出水样的含铅量。并换算成原水样中铅的浓度，以 mg/L 表示。

六、思考题

1．示波极谱的主要特点是什么？它与经典极谱相比为什么能提高灵敏度和分辨能力？

2．底液中酒石酸、碘化钾和抗坏血酸各起什么作用？

实验三　单扫描示波极谱法测定样品中铅和镉

一、实验目的

（1）掌握单扫描示波极谱法测定铅和镉的基本原理。

（2）熟悉该方法的特点。

二、实验原理

单扫描极谱法是在一个汞滴成长的后期，当汞滴的面积基本保持恒定时，把滴汞电极的电位从一个数值线性改变到另一个数值，同时用示波器观察电流随电位的变化，电流随电位变化的 *I-E* 曲线直接从示波管荧屏上显示出来。在一定的实验条件下，峰电流 I_p 与被测物质的浓度 c 成正比：

$$I_p = Kc$$

即峰电流与被测物质的浓度成正比，这是定量分析的依据。

峰电流所对应的电位称为峰电位 E_p，是定性的依据。

本实验中在 0.5% KI—3.8%磺基水杨酸—0.5%抗坏血酸底液中，Pb^{2+}、Cd^{2+} 与 I^-形成络离子。该络合离子能在电极上被吸附并进行可逆的还原电极反应，产生灵敏度较高的络合吸附波（尤其是在单扫描示波极谱上）。其峰电位分别为 −0.59 V 和−0.72 V（对 SCE）。

三、实验仪器与试剂

示波极谱仪。

1.00×10^{-3} mol/L Cd^{2+}标准溶液；1.00×10^{-3} mol/L Pb^{2+}标准溶液；4 mol/L 盐酸；5 g/L 明胶溶液。

四、实验步骤

（1）准确吸取用滤纸过滤的含水样 Cd^{2+}、Pb^{2+}水样 25 mL 于 50 mL 容量瓶中，加入 15 mL 4 mol/L 盐酸溶液，1.00 mL 5 g/L 明胶溶液。用蒸馏水稀释至刻度，备用。

（2）吸取上述溶液 10.00 mL 于 10 mL 小烧杯中，以−0.30 V 为起始电位于示波极谱仪上测量镉和铅的阴极导数极谱波，读取其波高值。

（3）在上述测量溶液中，分别加入 1.00×10^{-3} mol/L 的镉和铅的标准溶液各 0.30 mL，搅匀后同操作（2），测量镉、铅的阴极导数波。

五、数据处理

根据标准加入法公式计算。

六、思考题

1. 实验中，除被测离子外，所加各试剂起什么作用？
2. 为什么电解池所取试液体积不需要很准确？

第七章
气相色谱法

第一节　概　述

一、气相色谱的简要介绍

气相色谱法是 20 世纪 50 年代出现的一项重大科学技术成就。这是一种新的分离、分析技术，它在工业、农业、国防、建设、科学研究中都得到了广泛应用。凡是以气相作为流动相的色谱技术，通称为气相色谱。一般可按以下几方面分类。

1．按固定相聚集态分类

（1）气固色谱：固定相是固体吸附剂，例如活性炭、硅胶等。

（2）气液色谱：固定相是涂在载体表面的液体，例如在惰性材料硅藻土涂上一层角鲨烷，可以分离、测定纯乙烯中的微量甲烷、乙炔、丙烯、丙烷等杂质。

2．按过程物理化学原理分类

（1）吸附色谱：利用固体吸附表面对不同组分物理吸附性能的差异达到分离的色谱。

（2）分配色谱：利用不同的组分在两相中有不同的分配系数达到分离的色谱。

（3）其他：利用离子交换原理的离子交换色谱：利用胶体的电动效应建立的电色谱；利用温度变化发展而来的热色谱等。

3．按固定相类型分类

（1）柱色谱：固定相装于色谱柱内，填充柱、空心柱、毛细管柱均属此类。

（2）纸色谱：以滤纸为载体。

（3）薄膜色谱：固定相为粉末压成的薄膜。

4．按动力学过程原理分类：可分为冲洗法、取代法及迎头法三种。

二、气相色谱法的特点

气相色谱是色谱中的一种，就是用气体作为流动相的色谱法。由于样品在气相中传递速度快，因此样品组分在流动相和固定相之间可以瞬间地达到平衡。另外加上可选作固定相的物质很多，因此气相色谱法是一个分析速度快和分离效率高的分离分析方法。在分离分析方面，具有如下一些特点：

（1）高灵敏度。可检出 10^{-13}～10^{-11} g 的物质，可作超纯气体、高分子单体的痕迹量杂质分析和空气中微量毒物的分析。

（2）高选择性。可有效地分离性质极为相近的各种同分异构体和各种同位素。

（3）高效能。可把组分复杂的样品分离成单组分。

（4）速度快。一般分析只需几分钟即可完成，有利于指导和控制生产。

（5）应用范围广。既可分析低含量的气体、液体，亦可分析高含量的气体、液体，可不受组分含量的限制。

（6）所需试样量少。一般气体样用几毫升，液体样用几微升或几十微升。

（7）设备和操作比较简单，仪器价格便宜。

三、气相色谱法的应用

在石油化学工业中大部分的原料和产品都可采用气相色谱法来分析；在电力部门中可用来检查变压器的潜伏性故障；在环境保护工作中可用来监测城市大气和水的质量；在农业上可用来监测农作物中残留的农药；在商业部门可用来检验及鉴定食品质量的好坏；在医学上可用来研究人体新陈代谢、生理功能；在临床上用于鉴别药物中毒或疾病类型；在宇宙舴中可用来自动监测飞船密封舱内的气体等。

第二节　气相色谱原理

用气体作为流动相的色谱法称为气相色谱法。根据固定相的状态不同，又可将其分为气固色谱和气液色谱。气固色谱是用多孔性固体为固定相，分离的主要对象是一些永久性的气体和低沸点的化合物。但由于气固色谱可供选择的固定相种类甚少，分离的对象不多，且色谱峰容易产生拖尾，因此实际应用较少。气相色谱多用高沸点的有机化合物涂渍在惰性载体上作为固定相，一般只要在 450℃以下有 1.5～10 kPa 的蒸汽压且热稳定性好的有机及无机化合物都可用气液色谱分离。由于在气液色谱中可供选择的固定液种类很多，容易得到好的选择性，所以气液色谱有广泛的实用价值。气相色谱是一种物理的分离方法。利用被测物质各组分在不同两相间分配系数（溶解度）的微小差异，当两相作相对运动时，这些物质在两相间进行反复多次的分配，使原来只有微小的性质差异产生很大的效果，而使不同组分得到分离。

一、气相色谱流程

气相色谱法用于分离分析样品的基本过程如图 7-1、图 7-2 所示。

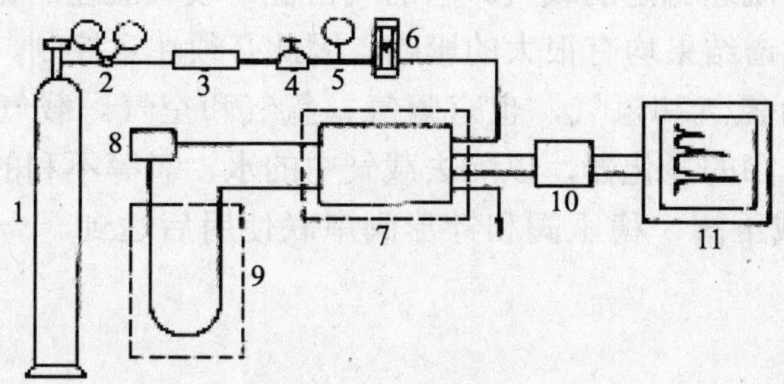

1—高压钢瓶；2—减压阀；3—净化器；4—流量调节器；5—压力表；6—转子流速计；7—检测器；8—气化室；9—色谱柱；10—测量电桥；11—记录器

图 7-1　热导池检测器色谱流程

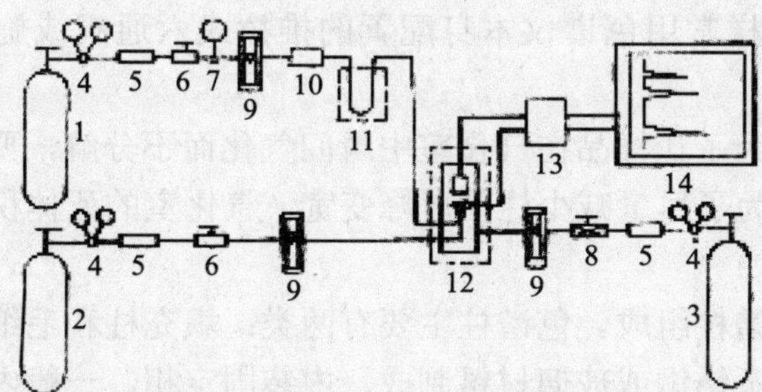

1、2、3—高压钢瓶；4—减压阀；5—净化器；6—流量调节器；7—压力表；8—流量调节器；9—转子流速计；10—气化室；11—色谱柱；12—检测器；13—测量电桥；14—记录器

图 7-2　氢火焰检测器色谱流程

载气由高压钢瓶中流出，经减压阀降压到所需压力后，通过净化干燥管使载气净化，再经稳压阀和转子流量计后，以稳定的压力、恒定的速度流经气化室与气化的样品混合，将样品气体带入色谱柱中进行分离。分离后的各组分随着载气先后流入检测器，然后载气放空。检测器将物质的浓度或质量的变化转变为一定

的电信号，经放大后在记录仪上记录下来，就得到色谱流出曲线。

二、气相色谱仪的结构

气相色谱仪由五大系统组成：气路系统、进样系统、分离系统、控温系统以及检测和记录系统。

1. 气路系统

气相色谱仪具有一个让载气连续运行、管路密闭的气路系统。通过该系统，可以获得纯净的、流速稳定的载气。它的气密性、载气流速的稳定性以及测量流量的准确性，对色谱结果均有很大的影响，因此必须注意控制。

常用的载气有氮气和氢气，也有氦气、氩气和空气。载气的净化，需经过装有活性炭或分子筛的净化器，以除去载气中的水、氧等不利的杂质。流速的调节和稳定是通过减压阀、稳压阀和针形阀串联使用后达到。一般载气的变化程度＜1%。

2. 进样系统

进样系统包括进样器和气化室两部分。进样系统的作用是将液体或固体试样，在进入色谱柱之前瞬间气化，然后快速定量地转入到色谱柱中。进样的大小、进样时间的长短、试样的气化速度等都会影响色谱的分离效果和分析结果的准确性和重现性。

（1）进样器。液体样品的进样一般采用微量注射器。

气体样品的进样常用色谱仪本身配置的推拉式六通阀或旋转式六通阀定量进样。

（2）气化室。为了让样品在气化室中瞬间气化而不分解，要求气化室热容量大，无催化效应。为了尽量减少柱前谱峰变宽，气化室的死体积应尽可能小。

3. 分离系统

分离系统由色谱柱组成。色谱柱主要有两类：填充柱和毛细管柱。

（1）填充柱由不锈钢或玻璃材料制成，内装固定相，一般内径为 2～4 mm，长 1～3 m。填充柱的形状有 U 形和螺旋形两种。

（2）毛细管柱又叫空心柱，分为涂壁、多孔层和涂载体空心柱。空心毛细管柱材质为玻璃或石英。内径一般为 0.2～0.5 mm，长度 30～300 m，呈螺旋形。色谱柱的分离效果除与柱长、柱径和柱形有关外，还与所选用的固定相和柱填料的制备技术以及操作条件等许多因素有关。

4. 控制温度系统

温度直接影响色谱柱的选择分离、检测器的灵敏度和稳定性。控制温度主要是对色谱柱炉、气化室、检测室的温度控制。色谱柱的温度控制方式有恒温和程序升温两种。

对于沸点范围很宽的混合物，一般采用程序升温法进行。程序升温指在一个分析周期内柱温随时间由低温向高温作线性或非线性变化，以达到用最短时间获得最佳分离的目的。

5．检测和放大记录系统

（1）检测系统。根据检测原理的差别，气相色谱检测器可分为浓度型和质量型两类。

浓度型检测器测量的是载气中组分浓度的瞬间变化，即检测器的响应值正比于组分的浓度。如热导检测器（TCD）、电子捕获检测器（ECD）。质量型检测器测量的是载气中所携带样品进入检测器的速度变化，即检测器的响应信号正比于单位时间内组分进入检测器的质量。如氢焰离子化检测器（FID）和火焰光度检测器（FPD）。

（2）记录系统。记录系统是一种能自动记录由检测器输出的电信号的装置。

三、气相色谱固定相

气相色谱固定相可分为液体固定相和固体固定相两类。

1．液体固定相

液体固定相是将固定液均匀涂渍在载体而成。

（1）固定液。

①对固定液的要求。一般是一种高沸点的有机物，通过对不同组分的不同分子间的作用，使组分在色谱柱中得到分离。对气相色谱用的固定液，一般有如下几点要求：

a）在操作温度下蒸汽压低，热稳定性好，与被分析物理或载气不产生不可逆反应。

b）在操作温度下呈液态，而且黏度愈低愈好。物质在高黏度的固定液中传质速度慢，柱效率因而降低。这决定固定液的最低使用温度。

c）能牢固地附着在载体上，并形成均匀和结构稳定的薄层。

d）被分离的物质必须在其中有一定的溶解度，不然就会很快地被载气带走而不能在两相之间进行分配。

e）对沸点相近而类型不同的物质有分离能力，即保留一种类型化合物的能力大于另一种类型。这种分离能力即是固定液的选择性。

②固定液和组分分子间的作用力。固定液为什么能牢固地附着在载体表面上，而不为流动相带走？为什么样品中各组分通过色谱柱的时间不同？这些问题都涉及分子间的作用力。前者，取决于载体分子与固体分子间作用力的大小；后

者，则与组分、固定液分子相互作用力的不同有关。分子间的作用力是一种极弱的吸引力，主要包括静电力、诱导力、色散力和氢键力等。

如在极性固定液柱上分离极性样品时，分子间的作用力主要是静电力。被分离组分的极性越大，与固定液间的相互作用力就越强，因而该组分在柱内滞留时间就越长。又如存在于极性分子与非极性分子之间的诱导力。由于在极性分子永久偶极矩电场的作用下，非极性分子也会极化产生诱导偶极矩。它们之间的作用力叫诱导力。极性分子的极性越大，非极性分子越容易被极化，则诱导力就越大。当样品具有非极性分子和可极化的组分时，可用极性固定液的诱导效应分离。例如，苯（b.p. 80.1℃）和环己烷（b.p. 80.8℃）沸点接近，偶极矩为零，均为非极性分子，若用非极性固定液很难使其分离。但苯比环己烷容易极化，故采用极性固定液，就能使苯产生诱导偶极矩，而在环己烷之后流出。固定液的极性越强，两者分离得越远。

③固定液的分类。目前用于气相色谱的固定液有数百种，一般按其化学结构类型和极性进行分类，以便总结出一些规律供选用固定液时参考。

a）按固定液的化学结构分类。把具有相同官能团的固定液排在一起，然后按官能团的类型不同分类，这样就便于按组分与固定液“结构相似”原则选择固定液时参考。

b）按固定液的相对极性分类。极性是固定液重要的分离特性，按相对极性分类是一种简便而常用的方法。

④固定液的选择。根据被分离组分和固定液分子间的相互作用关系，固定液的选择一般根据所谓的“相似性原则”，即固定液的性质与被分离组分之间的某些相似性，如官能团、化学键、极性、某些化学性质等，性质相似时，两种分子间的作用力就强，被分离组分在固定液中的溶解度就大，分配系数大，因而保留时间就长；反之溶解度小，分配系数小，因而能很快流出色谱柱。

下面就不同情况进行讨论：

a）分离极性化合物，采用极性固定液。这时样品各组分与固定液分子间作用力主要是定向力和诱导力，各组分出峰次序按极性顺序，极性小的先出峰，极性越大，出峰越慢。

b）分离非极性化合物，应用非极性固定液，样品各组分与固定液分子间作用力是色散力，没有特殊选择性，这时各组分按沸点顺序出峰，沸点低的先出峰。对于沸点相近的异构物的分离，效率很低。

c）分离非极性和极性化合物的混合物时，可用极性固定液，这时非极性组分先馏出，固定液极性越强，非极性组分越易流出。

d）对于能形成氢键的样品。如醇、酚、胺和水的分离，一般选择极性或氢键型的固定液，这时依组分和固定液分子间形成氢键能力的大小进行分离。

“相似相容性原则”是选择固定液的一般原则，有时利用现有的固定液不能达到满意的分离结果时，往往采用“混合固定液”，应用两种或两种以上性质各不相同的，按适合比例混合的固定液，使分离有比较满意的选择性，又不致使分析时间延长。然而，在实际工作中往往是参考资料或文献介绍的实例来选用固定液的。

由于固定液含量对分离效率的影响很大。所以它与担体的重量比例，低比例为 5%，一般用 15%～25%。液体比例太大，则被分析的样品在比较厚的液膜上有扩散现象，有损于分离；液体比例太低，则由于液膜太薄，担体表面上残余的吸附能力会显示出来，使色谱峰拖尾。由于低比例能促进平衡的建立，可以用较高的载气流速，所以用低的液体比例，再加上少量样品，能缩短分析时间。对硅藻土担体固定液含量可大些（15%～30%）；由于氟担体表面积较小，所以最多只能为 10%；玻璃微球由于表面积特小，固定液含量只能保持在 0.25%左右。

（2）载体。是固定液的支持骨架，使固定液能在其表面上形成一层薄而匀的液膜。对载体有如下几点要求：

比表面积较大，一般应在 0.5～2 m^2/g；具有化学惰性和热稳定性；有一定的机械强度，使涂渍和填充过程不引起粉碎；有适当的孔隙结构，利于两相间快速传质；能制成均匀的球状颗粒，利于气相渗透和填充均匀性好；有很好的浸润性，便于固定液的均匀分布。完全满足上述要求的载体是困难的，人们在实践中只能找出性能比较优良的载体。

①载体的种类及性能。载体可以分成两类：硅藻土类和非硅藻土类。

硅藻土类载体是天然硅藻土经煅烧等处理后而获得的具有一定粒度的多孔性颗粒。按其制造方法的不同，可分为红色载体和白色载体两种。红色载体因含少量氧化铁颗粒而呈红色。其机械强度大、孔径小、比表面积大、表面吸附性较强、有一定的催化活性，适用于涂渍高含量固定液，分离非极性化合物。白色载体是天然硅藻土在煅烧时加入少量碳酸钠之类的助熔剂，使氧化铁转化为白色的铁硅酸钠。白色载体的比表面积小、孔径大、催化活性小，适用于涂渍低含量固定液，分离极性化合物。

非硅藻土类载体：

氟载体：表面惰性好，可用来分析高极性和腐蚀性物质，但装柱不易，柱效率低些。

玻璃微球：比表面积小，用它做载体柱温可以大大降低，而分离完全且快速。但涂渍困难，柱效低。

多孔性高聚物小球：机械强度高、热稳定性好、吸附性低、耐腐蚀、分离效率高，是一种性能优良的新型色谱固定相。

炭分子筛：中性、比表面积大、强度高、寿命长，在微量分析上有无比的优越性。

活性炭：可以单独作为固定相。

沙：主要用于分离金属。

一般常用的载体：101 载体：白色硅藻土载体；102 载体：白色硅藻土载体；celite 545：白色硅藻土载体；201 载体：红色硅藻土载体；6201 载体：红色硅藻土载体；c-22 保温砖：红色硅藻土载体；chromosorb：红色硅藻土载体。

②硅藻土载体的预处理。普通硅藻土载体的表面并非完全惰性，而是具有硅醇基（Si—OH），并有少量的金属氧化物。因此，它的表面上既有吸附活性，又有催化活性。如果涂渍的固定液量较低，则不能将其吸附中心和催化中心完全遮盖。用这种固定相分析样品，将会造成色谱峰的拖尾；而用于分析萜烯和含氮杂环化合物等化学性质活泼的试样时，有可能发生化学反应和不可逆吸附。为此，在涂渍固定液前，应对载体进行预处理，使其表面钝化。常用的预处理方法有：

酸洗法：用浓盐酸加热处理载体 20～30 min，然后用自来水冲洗至中性，再用甲醇漂洗，烘干备用。此法主要除去载体表面的铁等无机物杂质。

碱洗法：用 10%的氢氧化钠或 5%的氢氧化钾—甲醇溶液浸泡或回流载体，然后用水冲洗至中性，再用甲醇漂洗，烘干备用。碱洗的目的是除去表面的三氧化二铝等酸性作用点，但往往在表面上残留微量的游离碱，它能分解或吸附一些非碱性物质，使用时要注意。

硅烷化：用硅烷化试剂和载体表面的硅醇、硅醚基团起反应，除去表面的氢键结合能力，可以改进载体的性能。常用的硅烷化试剂有二甲基二氯硅烷和六甲基二硅胺。

釉化：把欲处理的载体在 2.3%的碳酸钠—碳酸钾（1∶1）水溶液中浸泡一天，烘干后先在 870℃下煅烧 3.5 h，然后升温到 980℃煅烧约 40 min。经过这样处理，载体表面形成一层玻璃化的釉质，故称“釉化载体”。这种载体的吸附性能小、强度大，当固定液中加入少量的去尾剂后，能分析如醇、酸等极性较强的物质。但对非极性物质柱效能则稍有下降。此外甲醇和甲酸等物质在釉化载体上有一定的不可逆化学吸附，在定量分析时应予以注意。

其他纯化方法：凡是用化学反应来除去活性作用点或用物理覆盖以达到纯化载体表面性质的方法都可以使用。

2．气固色谱固定相

用气相色谱分析永久性气体及气态烃时，常采用固体吸附剂作固定相。在固体吸附剂上，永久性气体及气态烃的吸附热差别较大，故可以得到满意的分离。

（1）常用的固体吸附剂。主要有强极性的硅胶、弱极性的氧化铝、非极性的活性炭和特殊作用的分子筛等。

（2）人工合成的固定相。作为有机固定相的高分子多孔微球是人工合成的多孔共聚物，它既是载体又起固定相的作用，可在活化后直接用于分离，也可作为载体在其表面涂渍固定液后再使用。

由于是人工合成的，可控制其孔径的大小及表面性质。如圆柱形颗粒容易填充均匀，数据重现性好。在无液膜存在时，没有“流失”问题，有利于大幅度程序升温。这类高分子多孔微球特别适用于有机物中痕量水的分析，也可用于多元醇、脂肪酸、腈类和胺类的分析。

高分子多孔微球分为极性和非极性两种：非极性的是由苯乙烯、二乙烯苯共聚而成；极性的是苯乙烯、二乙烯苯共聚物中引入极性基团。

四、气相色谱检测器

检测器是一种将载气里被分离组分的量转变为测量信号（一般电信号）的装置。由于微分型检测器给出的响应是峰形色谱图，它反映了流过检测器的载体中所含试样量随时间变化的情况，并且峰的面积或峰高与组分的浓度或质量流速成正比。因此，在气相色谱仪中，常采用微分型检测器。微分型检测器有浓度型和质量型两种。浓度型检测器测量的是载气中组分浓度的瞬间变化，即检测器的响应值正比于组分的浓度。如热导检测器（TCD）、电子捕获检测器（ECD）。质量型检测器测量的是载气中所携带样品进入检测器的速度变化，即检测器的响应信号正比于单位时间内组分进入检测器的质量。如氢焰离子化检测器（FID）和火焰光度检测器（FPD）。

1．检测器的性能指标

一个优良的检测器应具有以下几个性能指标：灵敏度高；检出限低；死体积小；响应迅速；线性范围宽和稳定性好。通用性检测器要求适用范围广；选择性检测器要求选择性好。

（1）灵敏度。检测器的灵敏度（S）是衡量检测器敏感度的一个重要指标，表示信号值随组分浓度或质量的变化率。若以信号值对被测组分的量作图，得一通过原点的曲线，见图 7-3。

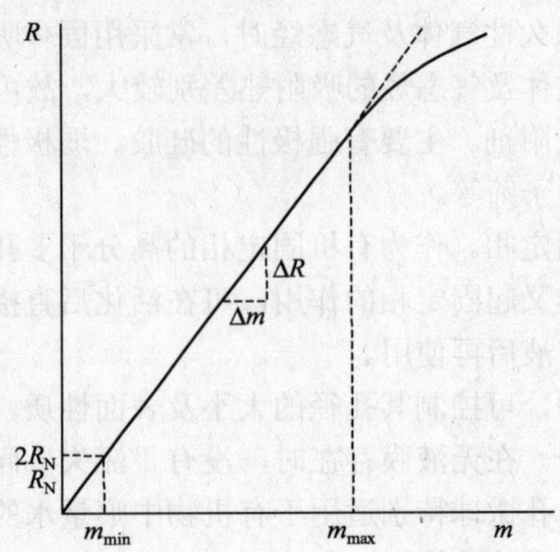

图 7-3 检测器的信号响应曲线

曲线中直线部分的斜率即为灵敏度。以 S 表示，图中 N 为仪器噪声；R 为信号值；m 为被测组分的量。质量型检测器的灵敏度用下式表示：

$$S=\frac{\Delta R}{\Delta m} \tag{7.1}$$

浓度型检测器 S 为：

$$S=\frac{hu_2}{c} \tag{7.2}$$

式中，h 为峰高（cm）；u_2 为记录仪灵敏度（mV/cm）；c 为浓度（mg/mL 或 mL/mL）。

若以峰面积表示响应信号，则 S 值可写为：

$$S=\frac{Fu_2A}{mu_1} \tag{7.3}$$

式中，F 为经过温度、压力校正过柱后流量（mL/min）；A 为峰面积（cm^2）；u_1 为记录仪纸速（cm/min）；m 为组分量（mg 或 mL）；u_2 为记录仪灵敏度（mV/cm）。

对质量型检测器的灵敏度计算式为：

$$S=\frac{60u_2A}{mu_1}[\mathrm{mV/(g/s)}] \tag{7.4}$$

式中，A 为峰面积（cm^2）；m、u_1、u_2 同式（7.3）。

（2）检出限。指检测器恰能产生二倍于噪声（$2R_N$）时的单位时间（s）引入检测器的样品量（g）或单位体积（cm^3）载气中需含的样品量。

浓度型检测器，检出限：

$$D_c=2R_N/S_c \tag{7.5}$$

D_c的物理意义指每毫升载气中含有恰好能产生二倍于噪声信号的溶质毫克数。

质量型检测器，检出限：

$$D_m=2R_N/S_m \tag{7.6}$$

D_m的物理意义指每秒通过的溶质克数，恰好能产生二倍于噪声的信号（$2R_N$）。无论哪种检测器，检出限都与灵敏度成反比，与噪声成正比。检出限不仅决定于灵敏度，而且受限于噪声，所以它是衡量检测器性能的综合指标。

（3）最小检测量。指产生二倍噪声峰高时，色谱体系（由柱、气化室、记录仪和连接管道等组成）所需的进样量。浓度型检测器组成的色谱仪，最小检测量（mg）为：

$$W_{0c}=1.065W_{1/2}\times D_c/C_1 \tag{7.7}$$

质量型检测器组成的色谱仪，最小检测量（g）为：

$$W_{0m}=1.065W_{1/2}\times 60\times D_m/C_1 \tag{7.8}$$

最小检测量和检出限是两个不同的概念。检出限只用来衡量检测器的性能；而最小检测量不仅与检测器性能有关，还与色谱柱效及操作条件有关。

（4）线性范围。指在检测器呈线性时最大和最小进样量之比，或最大允许进样量（浓度）与最小检测量（浓度）之比。

（5）响应时间。指进入检测器的某一组分的输出信号达到其值的 63%所需的时间。一般小于 1 s。

2．检测器分类

（1）热导池检测器（TCD）。是一种结构简单，性能稳定，线性范围宽，对无机物质、有机物质都有响应，灵敏度适中的检测器，因此在气相色谱中广泛应用。热导池检测器是根据各种物质和载气的导热系数不同，采用热敏元件进行检测的。桥路电流、载气、热敏元件的电阻值、电阻温度系数、池体温度等因素影响热导池的灵敏度。通常载气与样品的导热系数相差越大，灵敏度越高。由于被测组分的导热系数一般都比较小，故应选用导热系数高的载气。常用载气的导热系数大小顺序为 $H_2>He>N_2$。因此在使用热导池检测器时，为了提高灵敏度，一般选用 H_2 为载气。当桥电流和钨丝温度一定时，如果降低池体的温度，将使得池体与钨丝的温差变大，从而可提高热导池检测器的灵敏度。但是，检测器的温度应略高于柱温，以防组分在检测器内冷凝。

（2）氢火焰离子化检测器（FID）。简称氢焰检测器。它具有结构简单、灵敏度高、死体积小、响应快、稳定性好的特点，是目前常用的检测器之一。但是，它仅对含碳有机化合物有响应，对某些物质，如永久性气体、水、一氧化碳、二氧化碳、氮的氧化物、硫化氢等不产生信号或者信号很弱。氢焰检测器是以氢气和空气燃烧的火焰作为能源，利用含碳化合物在火焰中燃烧产生离子，在外加电场的作用下，使离子形成离子流，根据离子流产生的电信号强度，检测被色谱柱分离出的组分。

（3）电子捕获检测器（ECD）。在应用上仅次于热导池和氢火焰的检测器。它只对具有电负性的物质，如含有卤素、硫、磷、氮的物质有响应，且电负性越强，检测器灵敏度越高。电子捕获检测器是一个具有高灵敏度和高选择性的检测器，它经常用来分析痕量的具有电负性元素的组分，如食品、农副产品的农药残留量，大气、水中的痕量污染物等，电子捕获检测器是浓度型检测器，其线性范围较窄，因此，在定量分析时应特别注意。

（4）火焰光度检测器（FPD）。又叫硫磷检测器。它是一种对含硫、磷的有机化合物具有高选择性和高灵敏度的检测器。检测器主要由火焰喷嘴、滤光片、光电倍增管构成。根据硫、磷化合物在富氢火焰中燃烧时，生成化学发光物质，并能发射出特征频率的光，记录这些特征光谱，即可检测硫、磷化合物。

五、色谱分离操作条件的选择

在气相色谱中，除了要选择合适的固定液之外，还要选择分离时的最佳条件，以提高柱效能，增大分离度，满足分离的需要。

1. 载气及其线速的选择

根据 van Deemter 方程的数学简化式为：

$$H=A+B/u+Cu \tag{7.9}$$

可得到下图所示的 H-u 关系曲线：

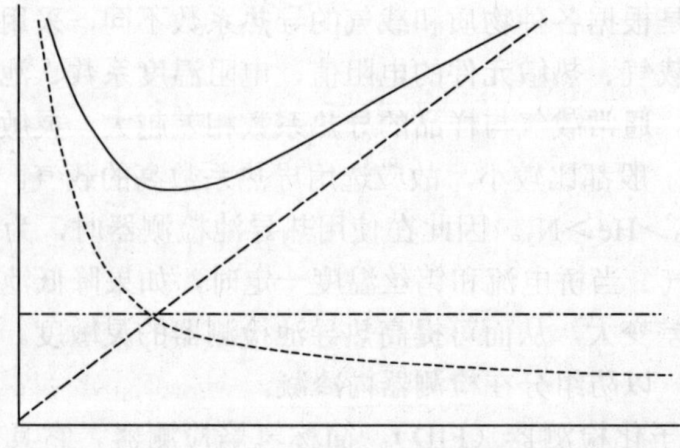

图 7-4　H-u 关系曲线

各项因素对板高 H 的影响：图中曲线的最低点，塔板高度最小，柱效最高，所以该点对应的流速即为最佳流速。

最佳线速和最小板高可以通过 $H=A+B/u+Cu$ 进行微分后求得。图 7-4 的虚线是速率理论中各因素对板高的影响。比较各条虚线可知，当 u 值较小时，分子扩散项 B/u 将成为影响色谱峰扩张的主要因素，此时，宜采用相对分子质量较大的载气（N_2、Ar），以使组分在载气中有较小的扩散系数。另一方面，当 u 较大时传质项 Cu 将是主要控制因素。此时宜采用相对分子质量较小，具有较大扩散系数的载气（H_2、He），以改善气相传质。当然，还须考虑与所用的检测器相适应。

2．柱温的选择

柱温是一个重要的色谱操作参数，它直接影响分离效能和分析速度。柱温不能高于固定液的最高使用温度，否则会造成固定液大量挥发流失。某些固定液有最低操作温度。一般地说，操作温度至少必须高于固定液的熔点，以使其有效地发挥作用。

降低柱温可使色谱柱的选择性增大，但升高柱温可以缩短分析时间，并且可以改善气相和液相的传质速率，有利于提高效能。所以，这两方面的情况均需考虑。

3．色谱分离操作条件的选择

在实际工作中，一般根据试样的沸点选择柱温、固定液用量及载体的种类。对于宽沸程混合物，一般采用程序升温法进行。

4．柱长和内径的选择

由于分离度正比于柱长的平方根，所以增加柱长对分离是有利的。但增加柱长会使各组分的保留时间增加，延长分析时间。因此，在满足一定分离度的条件下，应尽可能使用较短的柱子。增加色谱柱的内径，可以增加分离的样品量，但由于纵向扩散路径的增加，会使柱效降低。

5．色谱分离操作条件的选择

（1）载体的选择。由范氏速率理论方程式可知，载体的粒度直接影响涡流扩散和气相传质阻力，间接影响液相传质阻力。随着载体粒度的减小，柱效将明显提高，但粒度过细，阻力将明显增加，使柱压降增大，对操作带来不便。因此，一般根据柱径选择载体的粒度，保持载体的直径为柱内径的 1/25～1/20 为宜。载体粒度均匀，形状规则，有利于提高柱效。

（2）进样时间和进样量。进样速度必须很快，因为当进样时间太长时，试样原始宽度将变大，色谱峰半峰宽随之变宽，有时甚至使峰变形。一般地，进样时间应在 1 s 以内。色谱柱有效分离试样量，随柱内径、柱长及固定液用量不同而异。柱内径大，固定液用量高，可适当增加试样量。但进样量过大，会造成色谱柱超负荷，柱效急剧下降，峰形变宽，保留时间改变。理论上允许的最大进样量是使下降的塔板数不超过 10%。总之，最大允许的进样量，应控制在使峰面积和峰高与进样量呈线性关系的范围内。

六、毛细管气相色谱法

毛细管气相色谱法是采用高分离效能的毛细管柱分离复杂组分的一种气相色谱法。毛细管柱与填充柱相比在柱长、柱径、固定液液膜厚度、容量以及分离能力上都有较大的差别。毛细管柱是毛细管色谱仪的关键部件。

1. 毛细管色谱柱

毛细管柱的内径一般小于 1 mm，它可分为填充型和开管型两大类。

（1）填充型。分为填充毛细管柱（先在玻璃管内松散地装入载体拉成毛细管后再涂固定液）和微型填充柱（与一般填充柱相同，只是径细，载体颗粒在几十到几百微米）。目前填充柱毛细管已使用不多。

（2）开管型。按其固定液的涂渍方法不同，可分为：

①涂壁开管柱：将内壁经预处理再把固定液涂在毛细管内壁上。

②多孔层开管柱：在管壁上涂一层多孔性吸附剂固体微粒，不再涂固定液。实际是一种气固色谱开柱管。

③载体涂渍开柱管：为了增大开柱管内固定液的涂渍量，先在毛细管内壁涂一层载体，如硅藻土载体，在此载体上再涂固定液。

④交联型开柱管：采用交联引发剂，在高温处理下，把固定液交联到毛细管内壁上。目前大部分的毛细管属于此类型。

⑤键合型开柱管：将固定液用化学键合的方法键合到涂敷硅胶的柱表面或经表面处理的毛细管内壁上，由于固定液是化学键合的，大大提高了热稳定性。

2. 毛细管柱的特点

（1）渗透性好（载气流动阻力小），可使用长的色谱柱。

（2）相比率大，有利于提高柱效并实现快速分析。

（3）柱容量小，允许进样量小。由于毛细管柱涂渍的固定液仅几十毫克，液膜厚度为 0.35～1.5 μm，柱容量小。对液体样品，一般采用分流进样技术。

（4）总柱效高。

（5）毛细管柱（开口柱）的涡流扩散项为零。毛细管的气相、液相传质阻力项的影响因素复杂。

七、气相色谱定性方法

各种物质在一定色谱条件下都有确定不变的保留值，因此保留值可作为一种定性指标。GC 定性分析还存在一定问题。其应用仅限于当未知物通过其他方面的考虑后（如来源，其他定性方法的结果等），已被确定可能为某几个化合物或属于某种类型时作最后的确证；其可靠性不足以鉴定完全未知的物质。近年，GC/MS、GC/光谱联用技术的开发，计算机的应用，打开了广阔的应用前景。

1. 根据色谱保留值进行定性

定性方法的可靠性与色谱柱的分离效率有密切的关系，为了提高可靠性，应该采用重现性较好和较少受到操作条件影响的保留值。由于保留时间（或保留体积）受柱长、固定液含量、载气流速等操作条件的影响比较大，因此一般适宜采用仅与柱温有关，而不受操作条件影响的相对保留值作为定性指标。对于比较简单的多组分混合物，如果其中所有待测组分均为已知，它们的色谱峰也能一一分离，那么为了确定各个色谱峰所代表的物质，可将各个保留值与各相应的标准试样在同一条件下测得的保留值进行对照比较，确定各个组分（相对保留值法）。

未知峰鉴定步骤：

（1）首先充分利用对未知物了解到的情况（来源、性质等）估计出未知物可能是哪几种化合物。

（2）再从文献中找出这些化合物在某固定相上的保留值，与未知物在同一固定相上的保留值进行粗略比较，以排除一部分，同时保留少数可能的化合物。

（3）然后将未知物与每一种可能化合物的标准试样在相同的色谱条件下进行验证，比较两者的保留值是否相同。

如果未知物与标准试样的保留值相同，但峰形不同，仍然不能认为是同一物质。

将两者混合起来进行色谱实验，如果发现有新峰或在未知峰上有不规则的形状（例如峰略有分叉等）出现，则表示两者并非同一物质。

如果混合后峰增高而半峰宽并不相应增加，则表示两者很可能是同一物质。

2. 多柱法

在一根色谱柱上用保留值鉴定组分有时不一定可靠，因为不同物质有可能在同一色谱柱上具有相同的保留值，所以应采用双柱或多柱法进行定性分析，即采用两根或多根性质（极性）不同的色谱柱进行分离，观察未知物和标准试样的保留值是否始终重合。

3. 与其他方法结合的定性分析法

（1）与质谱、红外光谱等仪器联用：GC 与 MS 联用，是目前复杂未知物定性问题最有效的工具之一。

（2）与化学方法配合进行定性分析：带有某些官能团的化合物，经一些特殊试剂处理，发生物理变化或化学反应后，其色谱峰将会消失或提前或移后，比较处理前后色谱图的差异，就可初步辨认试样含有哪些官能团。

4．利用检测器的选择性进行分析

不同类型的检测器对各种组分的选择性和灵敏度是不相同的。TCD 对无机物和有机物都有响应；FID 对有机物灵敏度高，对无机物无响应；ECD 只对含有卤素、氧、氮等电负性强的组分灵敏度高；FPD 只对含硫、磷的物质有信号。

八、气相色谱定量方法

在一定的色谱操作条件下，流入检测器的待测组分 i 的含量 m_i（质量或浓度）与检测器的响应信号（峰面积 A 或峰高 h）成正比：

$$m_i=f_iA_i \text{ 或 } m_i=f_ih_i \tag{7.10}$$

式中，f_i 为定量校正因子。要准确进行定量分析，必须准确地测量响应信号，准确求出定量校正因子 f_i。

此两式是色谱定量分析的理论依据。

1．峰面积的测量

（1）峰高乘半峰宽法。将色谱峰视为等腰三角形，得到的面积为实际面积的 0.94 倍，故实际面积应为（适合于对称峰）：

$$A=1.065h\times y_{1/2} \text{（相对计算可略去前面系数 1.065）} \tag{7.11}$$

（2）峰高乘平均峰宽法。对于不对称峰的测量，在峰高 0.15 和 0.85 处分别测出峰宽，由式（7.12）计算峰面积：

$$A=h\times(y_{0.15}+y_{0.85})/2 \tag{7.12}$$

此法测量时比较麻烦，但计算结果较准确。

（3）自动积分法。具有微处理机（工作站、数据站等），能自动测量色谱峰面积，对不同形状的色谱峰可以采用相应的计算程序自动计算，得出准确的结果，并由打印机打出保留时间和 A 或 h 等数据。

2．定量校正因子

由于同一检测器对不同物质的响应值不同，所以当相同质量的不同物质通过检测器时，产生的峰面积（或峰高）不一定相等。为使峰面积能够准确地反映待测组分的含量，就必须先用已知量的待测组分测定在所用色谱条件下的峰面积，以计算定量校正因子：

$$m_i = f_i \times A_i \tag{7.13}$$

式中，f_i称为绝对校正因子，即是单位峰面积所相当的物质量。它与检测器性能、组分和流动相性质及操作条件有关，不易准确测量。在定量分析中常用相对校正因子，即某一组分与标准物质的绝对校正因子之比，即：

$$f_i = \frac{A_s \cdot m_i}{A_i \cdot m_s} \tag{7.14}$$

式中，A_i、A_s分别为组分和标准物质的峰面积；m_i、m_s分别为组分和标准物质的量。m_i、m_s可以用质量或摩尔质量为单位，所得的相对校正因子分别称为相对质量校正因子和相对摩尔校正因子，用f_m和f_M表示。使用时常将“相对”二字省去。

校正因子一般都由实验者自己测定。准确称取组分和标准物，配制成溶液，取一定体积注入色谱柱，经分离后，测得各组分的峰面积，再由式（7.14）计算f_m或f_M。常用的标准物质，对TCD是苯，对FID是正庚烷。

3．定量计算方法

（1）外标法。当能够精确进样量的时候，通常采用外标法进行定量。这种方法标准物质单独进样分析，从而确定待测组分的校正因子；实际样品进样分析后依据此校正因子对待测组分色谱峰进行计算得出含量。其特点是标准物质和未知样品分开进样，虽然看上去是二次进样，但实际上未知样品只需要一次进样分析就能得到结果。外标法的优点是操作简单，不需要前处理。缺点是要求精确进样，进样量的差异直接导致分析误差的产生。外标法是最常用的定量方法，其计算过程如下：

① 绝对校正因子f_i的计算

$$f_i = m_s / A_i \tag{7.15}$$

式中，m_s是标准样品中组分i的含量，A_i是标准样品谱图中组分i的峰面积。

② 外标法的计算公式

$$m_i = A_i \times f_i \tag{7.16}$$

式中，m_i是未知样品中组分i的含量。

（2）归一化法。有时候也被称为百分法，不需要标准物质帮助来进行定量。它直接通过峰面积或者峰高进行归一化计算从而得到待测组分的含量。其特点是不需要标准物，只需要一次进样即可完成分析。

归一化法兼具内标和外标两种方法的优点，不需要精确控制进样量，也不需要样品的前处理；缺点在于要求样品中所有组分都出峰，并且在检测器的响应程度相同，即各组分的绝对校正因子都相等。归一化法的计算公式如下：

$$m_i = \frac{A_i}{A_1 + A_2 + \cdots + A_n} \times 100\% = \frac{A_i}{\sum_{i=1}^{n} A} \times 100\% \tag{7.17}$$

当各个组分的绝对校正因子不同时，可以采用带校正因子的面积归一化法来计算。事实上，很多时候样品中各组分的绝对校正因子并不相同。为了消除检测器对不同组分响应程度的差异，通过用校正因子对不同组分峰面积进行修正后，再进行归一化计算。其计算公式如下：

$$m_i = \frac{A_i f_i}{\sum_{i=1}^{n} A_i f_i} \times 100\% \tag{7.18}$$

与面积归一化法的区别在于用绝对校正因子修正了每一个组分的面积，然后再进行归一化。注意，由于分子分母同时都有校正因子，因此这里也可以使用统一标准下的相对校正因子，这些数据很容易从文献得到。

当样品中不出峰的部分的总量 X 通过其他方法已经被测定时，可以采用部分归一化来测定剩余组分。计算公式如下：

$$m_i = \frac{A_i f_i}{\sum_{i=1}^{n} f_i \times A_i} \times (100 - X)\% \tag{7.19}$$

（3）内标法。选择适宜的物质作为预测组分的参比物，定量加到样品中去，依据欲测定组分和参比物在检测器上的响应值（峰面积或峰高）之比和参比物加入量进行定量分析的方法叫内标法。特点是标准物质和未知样品同时进样，一次进样。内标法的优点在于不需要精确控制进样量，由进样量不同造成的误差不会带到结果中。缺陷在于内标物很难寻找，而且分析操作前需要较多的处理过程，操作复杂，并可能带来误差。

一个合适的内标物应该满足以下要求：能够和待测样品互溶；出峰位置不和样品中的组分重叠；易于做到加入浓度与待测组分浓度接近；谱图上内标物的峰和待测组分的峰接近。

内标法的计算公式推导如下：

$$\omega_i = \frac{W_i}{W} \times 100\% = \frac{W_i}{W_s} \times \frac{W_s}{W} \times 100\%$$

$$= \frac{A_i f_{W_i}}{A_s f_{W_s}} \times \frac{W_s}{W} \times 100\% = \frac{A_i}{A_s} \times f_{W_{i/s}} \times \frac{W_s}{W} \times 100\% \quad (7.20)$$

式中，A_i、A_s 分别为待测组分和内标物的峰面积；W_s、W 分别为内标物和样品的质量；$f_{W_{i/s}}$ 是待测组分对于内标物的相对质量校正因子（此值可自行测定，测定要求不高时也可以由文献中待测组分和内标物组分对苯的相对质量校正因子换算求出）。

（4）内加法。在无法找到样品中没有的合适的组分作为内标物时，可以采用内加法；在分析溶液类型的样品时，如果无法找到空白溶剂，也可以采用内加法。内加法也经常被称为标准加入法。

内加法需要除了和内标法一样进行一份添加样品的处理和分析外，还需要对原始样品进行分析，并根据两次分析结果计算得到待测组分含量。和内标法一样，内加法对进样量并不敏感，不同之处在于至少需要两次分析。下面我们用一个实际应用的例子来说明内加法是如何工作的。

例题：

在分析某混合芳烃样品时，测得样品中苯的面积为 1 100，甲苯的面积为 2 000（其他组分面积略）。精确称取 40.00 g 该样品，加入 0.40 g 甲苯后混合均匀，在同一色谱仪上进行混合后样品测到苯的面积为 1 200，甲苯的面积为 2 400，试计算甲苯的含量。

分析：本题的分析过程是一个典型的内加法操作，其中内加物为甲苯，待测组分为甲苯和苯。

解：由于进样量并不准确，因此两次分析的谱图很难直接进行对比。为了取得可以对比的一致性，我们通过数字计算调整两次分析苯的峰面积相等。此时由于两次分析苯峰面积相等，因此可以断定两次分析待测样品的进样量是相等的。需要注意的是：此时两次分析的总的进样量并不相等，添加后样品比原始样品调整后的进样量中，多了添加的内标物的量。

调整可以用原始样品谱图为依据，也可以用添加后样品谱图为依据。但是通常采用原始样品作为依据以便计算最终结果时比较简单。注意：选用的依据不同，中间计算结果会产生差异，但不会影响最终结果。依据的谱图一旦选定，计算就应该围绕此依据进行。

在以原始样品谱图为依据的情况下，调整添加后样品谱图中甲苯的峰面积如下：

$$2\,400\times\frac{1\,100}{1\,200}=2\,200$$

对比两次分析，甲苯的面积增加为 2 200–2 000＝200。在两次分析待测样品量相同的情况下，内加物面积的增加来自于内加量。也就是说，由于内加物的加入，导致了内加物峰面积的增加。因此内加物的加入量与峰面积的增加量符合外标法的线性关系。

为此，计算混合样品中内加物的加入量，也就是甲苯相对于原进样量下浓度的增加量值：

$$2\,400\times\frac{1\,100}{1\,200}=2\,200$$

据此可以计算得到在以原始样品谱图为依据的条件下甲苯的绝对校正因子 g：

$$g=\frac{1.0\%}{200}=5.0\times10^{-5}$$

此时，可以根据外标法，以原始样品谱图为依据，计算得到甲苯的含量为：

$$m=g\times A=5.0\times10^{-5}\times2\,000\times100\%=10\%$$

答：此样品中甲苯的含量为 10%。

另：通过相对校正因子，容易得到苯的校正因子并计算得到苯的含量。

（5）对比和综述。如图 7-5 所示，这些定量方法的关系如下：

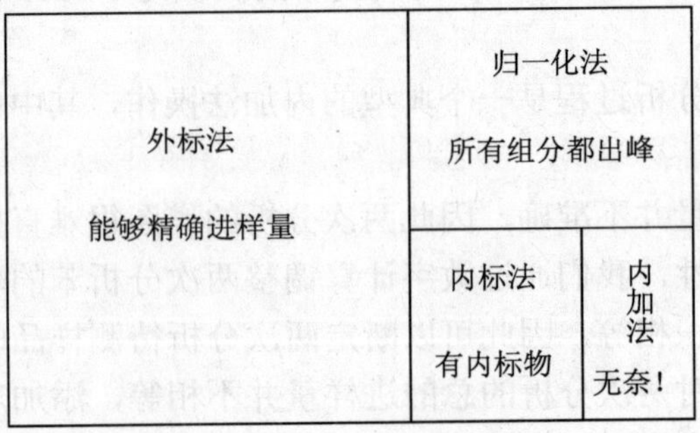

<table>
<tr><td rowspan="2">外标法
能够精确进样量</td><td colspan="2">归一化法
所有组分都出峰</td></tr>
<tr><td>内标法
有内标物</td><td>内加法
无奈！</td></tr>
</table>

图 7-5 各种定量方法间的关系

①外标法是所有定量方法的基础。在可以精确进样量的情况下，通常都采用外标法。

②归一化法不要求精确进样量，但要求所有组分都必须出峰，或者所有出峰组分的总含量已知。有些时候虽然能够精确进样量，但所有组分都出峰的情况下，

也使用归一化法。因为此时归一化法相当于外标法定量后，对总量进行归一化误差修正。

③内标法是无法精确进样量、不是所有组分都出峰的情况下，解决定量的办法。相对而言，操作和计算都很复杂。内标法的关键是要能够找到合适的内标物。内标法的称量误差，应小于色谱正常定量分析误差。

④再无法找到合适内标物的无奈情况下，可以使用内加法。内加法操作复杂，计算烦琐，不是一种常用的定量方法。

第三节　气相色谱仪

气相色谱法适用于分析具有一定蒸汽压且热稳定性好的组分，对气体试样和受热易挥发的有机物可直接进行分析，而对 500℃以下不易挥发或受热易分解的物质部分可采用衍生化法或裂解法。气相色谱仪由载气源、进样部分、色谱柱、柱温箱、检测器和数据处理系统组成。进样部分、色谱柱和检测器的温度均在控制状态。

（1）载气源。气体氦、氮和氢可用作气相色谱法的流动相，可根据供试品的性质和检测器种类选择载气，除另有规定外，常用载气为氮气。

（2）进样部分。进样方式一般可采用溶液直接进样或顶空进样。采用溶液直接进样时，进样口温度应高于柱温 30～50℃。顶空进样适用于固体和液体供试品中挥发性组分的分离和测定。

（3）色谱柱。根据需要选择。新填充柱和毛细管柱在使用前需老化以除去残留溶剂及低分子量的聚合物，色谱柱如长期未用，使用前应老化处理，使基线稳定。

（4）柱温箱。柱温箱温度的波动会影响色谱分析结果的重现性，因此柱温箱控温精度应在±1℃，且温度波动小于每小时 0.1℃。

（5）检测器。适合气相色谱法的检测器有火焰离子化检测器（FID）、热导检测器（TCD）、氮磷检测器（NPD）、火焰光度检测器（FPD）、电子捕获检测器（ECD）、质谱检测器（MS）等。火焰离子化检测器对碳氢化合物响应良好，适合检测大多数的药物；氮磷检测器对含氮、磷元素的化合物灵敏度高；火焰光度检测器对含磷、硫元素的化合物灵敏度高；电子捕获检测器适于含卤素的化合物；质谱检测器还能给出供试品某个成分相应的结构信息，可用于结构确证。除另有规定外，火焰离子化检测器一般用氢气作为燃气，空气作为助燃气。在使用火焰离子化检测器时，检测器温度一般应高于柱温，并不得低于 150℃，以免水气凝结，通常为250～350℃。

（6）数据处理系统。目前多用计算机工作站。

一、载气钢瓶的使用规程

（1）钢瓶必须分类保管，直立固定，远离热源，避免暴晒及强烈震动，氢气室内存放量不得超过两瓶。

（2）氧气瓶及专用工具严禁与油类接触。

（3）钢瓶上的氧气表要专用，安装时螺扣要上紧。

（4）操作时严禁敲打，发现漏气须立即修好。

（5）用后气瓶的剩余残压不应少于980 kPa。

（6）氢气压力表系反螺纹，安装拆卸时应注意防止损坏螺纹。

二、气路系统的使用及注意事项

（1）气路系统最常出现的问题是泄漏。泄漏的结果轻则影响仪器正常工作，重则造成意外事故。检漏必须经常进行。检漏方法是用毛刷或毛笔蘸上肥皂水检漏，EPC系统则可在一定程度上自动检漏。

（2）稳压阀和针形阀的调节应慢慢进行。在不工作时，稳压阀应放松手柄（顺时针转动）以防纹波管疲劳失效；针形阀则相反，应将阀门处于“开”的状态（逆时针转动），以防阀密封圈粘在阀门上而损坏。

（3）当载气钢瓶压力低于 1.5×10^6 Pa 时，由于易使流路压力不稳和流动相纯度下降，则应更换新气瓶。

（4）减压阀与钢瓶配套使用，不同气体钢瓶所用的减压阀是不同的。氢气减压阀接头为反向螺纹，安装时需小心。使用时需缓慢调节手轮，使用完后必须旋松调节手轮和关闭钢瓶阀门。

（5）关闭气源时，先关闭减压阀，后关闭钢瓶阀门，再开启减压阀，排出减压阀内气体，最后松开调节螺杆。

三、进样系统的使用及注意事项

（1）取好样后应立即进样，进样时，一手持注射器，另一手保护针尖（防止插入时弯曲），注射器应与进样口垂直，针尖刺穿硅橡胶垫圈，插到底后迅速注入试样，完成后立即拔出注射器，整个动作应进行得稳当、连贯、迅速。针尖在进样器中的位置、插入速度、停留时间和拔出速度等都会影响进样的重复性，操作时应注意。

（2）取样量要准确。

（3）为避免供试品之间的相互干扰。取样前先用供试品溶剂洗针至少 3 次（抽满针管的 2/3，再排出），再用要分析的供试品洗针至少 3 次。用微量注射器取液体试样，应先用少量试样洗涤多次，再慢慢抽入试样，并稍多于需要量。如内有气泡则将针头朝上，使气泡上升排出，再将过量的试样排出，用滤纸吸去针尖外所沾试样。注意切勿使针头内的试样流失。

（4）选用合适的注射器。GC 分析最常用的是 10 μL 微量注射器，其进样量一般不要小于 1 μL。进样量要控制在 1 μL 以下，就应采用 5 μL 或 1 μL 的注射器，由于此类注射器往往是将供试品抽在针尖内，取样时应反复推拉针芯，以确保针尖内没有气泡。

（5）微量注射器用后必须用甲醇、丙酮等有机溶剂清洗干净。

（6）微量注射器是易碎器械，使用时应多加小心，不用时要洗净放入盒内，不要随便玩弄，来回空抽，否则会严重磨损，损坏气密性，降低准确度。

（7）对 10～100 μL 的注射器，如遇针尖堵塞，宜用直径为 0.1 mm 的细钢丝耐心穿通，不能用火烧的方法。

（8）硅橡胶垫在几十次进样后，容易漏气，需及时更换。

四、色谱柱的使用及注意事项

（1）新色谱柱一般在分析前先要测试柱性能是否合格。办法是按出厂时的测试条件进行验收。可避免不必要的经济损失。

（2）色谱柱若短期内不用，应从仪器上卸下，柱两端用一块硅橡胶（可用废进样隔）堵上，并放在相应的柱包装盒中，以免柱头被污染。

（3）每次关机前都应将柱箱温度降到 50℃以下，然后再关电源和载气。温度高时切断载气，因空气扩散进入柱管会造成固定液氧化降解。

（4）每次新安装色谱柱，使用前都要重新设定柱箱保护温度，确保温度不超过色谱柱的最高使用温度。

（5）当色谱柱使用一段时间后，会因柱内滞留的高沸点组分使基线波动或出现鬼峰。此时应对色谱柱进行老化。

（6）在老化色谱柱时，应将色谱柱后管路与检测器断开，以免仪器管路与检测器污染。

五、热导池检测器的使用及注意事项

（1）开启热导电源前，必须先通载气，实验结束时，把桥电流调到最小值，再关闭热导电源，最后关闭载气。

（2）稳压阀、针形阀的调节须缓慢进行。稳压阀不工作时，必须放松调节手柄。针形阀不工作时，应将阀门处于“开”的状态。

（3）各室升温要缓慢，防止超温。

（4）更换汽化室密封垫片时，应将热导电源关闭。若流量计浮子突然下落到底，也应首先关闭该电源。

（5）桥电流不得超过允许值。

（6）尽量采用高纯度的气源（纯度为99.99%）。

（7）通气 0.5 h 以上，将气路中的空气赶走后，方可通电，以防热丝元件的氧化。先通载气后加桥流，且不得超过额定值。

（8）热导池用于高温分析时，如要停机，首先切断桥电流，等检测室温度低于 100℃以下，再关闭气源。

六、氢火焰检测器的使用及注意事项

（1）尽量采用高纯的气源（如纯度为 99.99%的 N_2 或 H_2），空气必须经过 0.5 nm 分子筛充分净化。

（2）在最佳的 N_2/H_2 以及最佳空气流速的条件下操作。FID 的灵敏度与三者的比例有直接关系。此比例接近或等于 1∶10∶1。

（3）离子室要注意外界干扰，保证使它处于屏蔽、干燥和清洁的环境中。

（4）应注意安全问题。测定流量，测氢气时，要关闭空气，反之亦然。无论什么原因导致火焰熄灭时，应尽快关闭氢气阀门，直到排除了故障，重新点火时，再打开氢气阀门。高档仪器有自动检测和保护功能，火焰熄灭时可自动关闭氢气。

（5）通氢气后，待管道中残余气体排出后，应及时点火，并保证火焰是点着的。

（6）为防止污染，检测器温度设置应高于色谱柱实际工作的最高温度。消除污染的途径主要是清洗喷嘴表面和气路管道。具体办法是拆下喷嘴，依次用不同极性的溶剂（如丙酮、三氯甲烷和乙醇）浸泡，并在超声波水浴中超声 10 min 以上。还可用细不锈钢丝穿过喷嘴中间的孔，或用酒精灯烧掉喷嘴内的油状物。使用硅烷化或硅醚化的载体以及类似的供试品时，长期使用会使喷嘴堵塞，使基线不佳，校正因子不重复等状态。应及时用细砂纸小心擦洗喷嘴及收集极，再以甲醇、丙酮等洗涤。

（7）使用 FID 时，离子室外罩须罩住，以保证良好地屏蔽和防止空气侵入。如果离子室积水，可将端盖取下，待离子室温度较高时再盖上。工作状态下，取下检测器罩盖，不能触及极化极，以防触电。

（8）离子室温度应大于 100℃，待层析室温度稳定后，再点火，否则离子室易积水，影响电极绝缘而使基线不稳。

七、色谱仪的安装

1．对色谱仪分析室的要求

（1）分析室周围不得有强磁场、易燃及强腐蚀性气体。

（2）室内环境温度应在 5～35℃，湿度≤85%（相对湿度），且室内应保持空气流通。有条件的厂最好安装空调。

（3）准备好能承受整套仪器、宽高适中、便于操作的工作平台。一般工厂以水泥平台较佳（高 0.6～0.8 m），平台最好不要紧靠墙，应离墙 0.5～1.0 m，便于接线及检修用。

（4）供仪器使用的动力线路容量应在 10 kVA 左右，而且仪器使用电源应尽可能不与大功率耗电量设备或经常大幅度变化的用电设备共用一条线。电源必须接地良好，一般在潮湿地面（或食盐溶液灌注）钉入长 0.5～1.0 m 的铁棒（丝），然后将电源接地点与之相连，总之要求接地电阻小于 1 Ω即可（注：建议电源和外壳都接地，这样效果更好）。

（5）色谱仪主机最好使用 220 V（50 Hz）独立、稳压电源，以免电压不稳定影响实验结果。

2．气源准备及净化

（1）气源准备。事先准备好需用气体的高压钢瓶（一般大中城市均可购到），气体的钢瓶不能混用，只能装指定气体，每个钢瓶的颜色代表一种气体，不能互换。一般用氮气、氢气和空气这三种气体，每种气体最好准备两个钢瓶，以应急备用。有的厂使用氢气发生器和空气压缩机也可，但空压机必须无油。凡钢瓶气压下降到 1～2 MPa 时，应更换气瓶。一般厂家使用以上气体纯度在 99.99%即可，电子捕获检测器必须使用高纯度气源 99.999%以上。

（2）气源净化。为了除去各种气体中可能含有的水分、灰分和有机气体成分，在气体进入仪器之前应先经过严格净化处理。若全部使用钢瓶气体，有的色谱仪附有净化器，且内已填有 5A 分子筛、活性炭或硅胶，基本可满足要求。若使用一般氢气发生器，则必须加强对水分的净化处理，故应增大干燥管面积（体积在 450 cm^3 以上为好，填料用 5A 分子筛为佳），并在发生器后接容积较大的储器桶，以减少或克服气源压力波动时对仪器基线的影响。若使用空压机作空气来源，空压机进气口应加强空气过滤，加大净化管体积，在干燥管内应填充一半 5A 分子筛，一半活性炭。一般国产无油气体压缩机（国产）即可满足需要。

3．色谱仪成套性检查及安放

仪器开箱后，按资料袋内附件清单，进行逐项清点，并将易损零件的备件予以妥善保存。然后按照仪器的使用说明书的要求，将其放置于工作平台上，并对着接线图和各插头、插座将仪器各部分按规定连接起来，最后连接 N2000 双通道色谱仪工作站。

4．外气路的连接

（1）减压阀的安装。有的仪器随机带有减压阀，若没有的则要购买。所用的是 2 只氧气、1 只氢气减压阀。将 2 只氧气减压阀、1 只氢气减压阀分别装到氮气、空气和氢气钢瓶上（注意氢气减压阀螺纹是反向的，并在接口处加上所附的 O 形塑料垫圈，以便密封），旋紧螺帽后，关闭减压阀调节手柄（即旋松），打开钢瓶高压阀，此时减压阀高压表应有指示，关闭高压阀后，其指示压力不应下降，否则有漏，应及时排除（用垫圈或生料带密封），有时高压阀也会漏，要注意。然后旋动调节手柄将余气排掉。

（2）外气路连接法。把钢瓶中的气体引入色谱仪中，很多气相色谱仪采用的是耐压塑料管（ϕ3 mm×0.5 mm）。采用塑料管操作简单，所以一般采用塑料管。在接头处就要有不锈钢衬管（ϕ2 mm×20 mm）和一些密封用的塑料等材料。从钢瓶到仪器的塑料管的长度视需要而定，不宜过长，然后用塑料管把气源和仪器（气体进口）连接起来。（注意：仪器的进气口在背面，气路接头不要接错，在仪器背面有气路接头标识。）

（3）外气路的检漏。把主机气路面板上载气、氢气和空气的阀旋钮关闭，然后开启各路钢瓶的高压阀，调节减压阀上低压表输出压力，使载气、空气压力为 0.35～0.6 MPa（3.5～6.0 kg/cm^3），氢气压力为 0.2～0.35 MPa。然后关闭高压阀，此时减压阀上低压表指示值不应下降，如下降，则说明连接气路中有漏，应予排除。

5．色谱仪气路气密性检查

气密性检查是一项十分重要的工作，若气路有漏，不仅直接导致仪器工作不稳定或灵敏度下降，而且还有发生爆炸的危险，故在操作使用前必须进行这项工作（气密检查一般是检查载气流路，氢气和空气流路若未拆动过，可不检查）。

方法是：打开色谱柱箱盖，把柱子从检测器上拆下，将柱口堵死，然后开启载气流路，调低压输出压力为 0.35～0.6 MPa，打开主机面板上的载气旋钮，此时压力表应有指示。最后将载气旋钮关闭，半小时内其柱前压力指示值不应有下降，若有下降则有漏，应予排除。若是主机内气路有漏，则拆下主机有关侧板，用肥皂水（最好是十二烷基磺酸钠溶液）逐个刷在接头处检漏（氢、空气也可如此检漏），最后将肥皂水擦干。

6．仪器的调试

把气路、仪器等按上述接好，安置好后，便可进行下面检查和调试工作。

色谱仪电路各部件检查仪器启动前应首先接通载气流路，调节气瓶上的减压阀旋钮（即载气、燃气和助燃气稳流阀），使载气流量约为 30 mL/min，燃气流量约为 30 mL/min，助燃气流量约为 30 mL/min。三气流量比例约为 1∶1∶10。

（1）启动主机，开启主机总电源开关，色谱柱箱内马达开始工作，检查是否有异样声响，若有，立即切断电源，并进一步检查排除。有的色谱仪启动时自诊断，显示仪器运转情况：正常或不正常，不正常显示包括哪一部分有问题，接线错误等。

（2）各路温控检查。按照说明书，逐个对柱温（包括程序升温）、进样器温度、检测器温度进行恒温检查，是否能在高、中、低温度下保持恒定，特别是要求柱温温控精度达到 0.1℃。

八、异常情况及其维护

气相色谱仪由于结构复杂、条件设置多、恢复准备时间长等原因，在使用过程中经常会出现各种异常情况。如果不针对病因进行维护，会导致严重的后果。下面就介绍一下气相色谱仪在应用中易发生的异常情况及其维护。

1. 进样后不出色谱峰

气相色谱仪在进样后检测信号没有变化，仪不出峰，输出仍为直线。遇到这种情况时，应按从样品进样针、进样口到检测器的顺序逐一检查。首先检查注射器是否堵塞，如果没有问题，再检查进样口和检测器的石墨垫圈是否紧固、不漏气，然后检查色谱柱是否有断裂漏气情况，最后观察检测器出口是否畅通。检测器出口的畅通是很重要的，有人在工作中会遇到这样的问题：前一天仪器工作还一切正常，第二天开机后却无响应峰信号。检查进样口、注射器、垫圈和色谱柱都正常，可就是不出峰，无意中发现进样口柱头压达不到设定值，总是偏高，这时才怀疑是 ECD 检验器出口不畅通。由于 ECD 的排放物有一定的放射性，所以 ECD 出口是引到室外的。当时是秋冬之交，雨水进入到 ECD 排出口之后冻住了，因此造成仪器 ECD 的出口堵塞，柱头压居高不下，气体在气路中无法流动，也就无法载样品到检测器，所以不出峰。

2. 基线问题

气相色谱基线波动、漂移都是基线问题，基线问题可使测量误差增大，有时甚至会导致仪器无法正常使用。遇到基线问题时应先检查仪器条件是否有改变，近期是否新换气瓶及设备配件。如果有更换或条件有改变，则要先检查基线问题是不是由这些改变造成的，一般来说，这种变化往往是产生基线问题的原因。有些人在工作中就遇到过这种情形：新载气纯度不够，换过载气之后，基线逐渐上升（由于载气净化管的原因，基线不是马上变化的）。第二天开机之后，基线非常高，并伴有基线强烈抖动，所有峰都湮没在噪声中，无法检测。经过检查，问题出现在新换的载气上，重新更换载气后，立即恢复了正常。

当排除了以上可能造成基线问题的原因后，则应当检查进样垫是否老化（应养成定期更换进样垫的好习惯）；石英棉是不是该更换了；衬管是否清洁。值得一提的是，清洗衬管时可先用试验最后定容的溶剂充分浸泡，再用超声波清洗几分钟，然后放入高温炉中加热到比工作温度略高的温度，最后再重新安装。此外，检测器污染也可能造成基线问题，可以通过清洗或热清洗的方法来解决。

3. 峰丢失或假峰

造成峰丢失的原因有两种，一是气路中有污染，另一可能是峰没有分开。第一种情况可以通过多次空运行和清洗气路（进样口、检测器等）来解决。为了减少对气路的污染，可采用以下措施：程序升温的最后阶段应有一个高温清洗过程；注入进样口的样品应当清洁；减少高沸点的油类物质的使用；使用尽量高的进样口温度、柱温和检测器温度。峰丢失的第二种情况是峰没有分开，除了以上原因外，也有可能是因系统污染造成的柱效下降，或者是由于柱子老化导致的，但柱子老化造成的峰丢失是渐进的、缓慢的。

假峰一般是由于系统污染和漏气造成的，其解决方法也是通过检查漏气和去除污染来解决。在平时的工作中应当记录正常时基线的情况，以便在维护时作参考。

这里介绍的只是工作中三种常见问题的维护方法，气相色谱仪的故障点比较多，故障恢复时间也较长，因此进行设备维护时的关键在于对原因的正确分析。每检查一个部件，便要将前后的分析结果进行比较，做到不将问题扩大化，相信通过反复尝试，一定能成功解决问题。

第四节　实验内容

实验一　气相色谱填充柱的制备

一、实验目的

（1）了解气液色谱填充柱的制备方法。

（2）掌握固定液涂渍技术和柱老化技术。

（3）了解气相色谱仪的工作原理和使用方法。

二、实验原理

色谱柱是气相色谱仪的核心部分，所有样品都是依赖柱进行分离和分析的。色谱柱的制备则是气相色谱实验的基本操作技术。

在气—液色谱中，填充柱的固定相由载体和涂敷在其表面的固定液组成，而将固定液均匀地涂敷在载体表面是一项技术性很强的工作。为了制备性能良好的填充柱，一般应遵循以下几条原则：第一，尽可能筛选粒度分布均匀的载体和固定相料；第二，保证固定液在载体表面涂渍均匀；第三，保证固定相填料在色谱柱内填充均匀；第四，避免载体颗粒破碎和固定液的氧化作用等。

气液色谱的填充柱制备通常包括五个步骤：①色谱柱的选择，一般选用长度和内径适当的螺旋形不锈钢管作为色谱柱；②固定相的选择，包括载体的种类和粒度、固定液的种类及其与载体的质量比；③涂渍固定液，即在载体表面涂渍上一层薄而均匀的液膜；④填装色谱柱，即把涂渍过固定液的载体均匀、密致地填入色谱柱；⑤柱的老化处理，把制备好的色谱柱装到气相色谱仪中，控制柱温高于柱使用温度 5～10℃，并在 5～15 mL/min 的载气流速下老化 4～8 h。老化的目的是把残留的溶剂、低沸点杂质和低沸点的固定液赶走，并使固定液在载体表面有个再分布的过程，从而使固定液涂渍得更加均匀牢固。

常用的固定液涂渍方法有三种，即溶解—混合—自然挥发（搅拌或不搅拌）；溶解—混合用旋转蒸发器蒸发；溶解—通过载体过滤。本实验采用简化的第二种方法，用接真空系统和手摇代替旋转蒸发。实践证明这种方法的效果是较好的。

三、实验仪器与试剂

1. 仪器

气相色谱仪；台式天平；分析天平；循环水真空泵；色谱柱：长 1～2 m，内径 3～4 mm 的不锈钢柱。

2. 试剂

载体：6201 红色硅藻土载体，60～80 目或 80～100 目；丙酮；固定液：邻苯二甲酸二壬酯，液—载比：10∶90（固定液与载体质量比）。

四、实验步骤

1. 色谱柱的清洗

将不锈钢色谱柱用 5%～10%的热 NaOH 溶液抽洗数次，以除去内壁污物，然后用蒸馏水冲洗至中性，再用无水乙醇抽洗数次，烘干备用。

2．固定液涂渍

（1）载体过筛。将载体通过 60～80 目或 80～100 目筛，除去过细或过粗的颗粒。在 105℃烘 2～4 h 除去吸湿水。

（2）载体与固定液的称取。按下式计算色谱柱体积：

$$V=L\pi r^2 \tag{7.21}$$

式中，L 为柱长（cm），r 为柱半径（cm），V 为柱体积（mL）。用一已称重的干净量筒取体积为 1.4 V（mL）的载体，在台秤上称量并计算得载体量 $m_{载}$（g），再按液—载比计算所需固定液量 $m_{液}$（g）：$m_{液}=m_{载}/9$，然后，在台秤上用一个 50 mL 烧杯称取 $m_{液}$（g）固定液邻苯二甲酸二壬酯。

（3）固定液的涂渍。用 20 mL 丙酮（柱长 1 m 时）分次将固定液溶解并转移至 250 mL 圆底烧瓶中，摇匀，将已称好的载体倒入烧瓶内并摇动。此时，载体应刚好被液面浸没。然后用中心插一玻璃管的橡胶塞将烧瓶塞上，再通过橡胶管将烧瓶接在循环水真空泵上（中间安装缓冲瓶）。启动水泵，在减压条件下使用丙酮徐徐蒸发完（水泵形成的负压过大时，载体将被抽入缓冲瓶，而使实验失败）。当丙酮即将挥发完毕时，载体颗粒呈分散状态而不再抱成团粒。

在整个溶剂挥发过程中，应不断轻轻摇动烧瓶，以保护载体颗粒与固定液的接触机会均等。这是涂渍优劣的关键，切不可操之过急。溶剂挥发过程结束后，将涂渍好固定液的载体转移到培养皿中，在红外灯下烘烤 0.5 h，以便进一步除去残留的丙酮溶剂。

3．装填色谱柱

标明色谱柱的出口和入口端，先用适量玻璃棉将出口端塞住（玻璃棉太多会增加色谱柱的气阻和死体积；太少又无法堵牢，这样在实验过程中，填料会被载气带出色谱柱）。然后将出口端包上一小块纱布，并接到真空泵缓冲瓶的橡胶管上，入口端通过橡胶管接上漏斗。开动水泵，在减压条件下将填料（即涂好的载体）装入柱中。装填过程中要用洗耳球不断轻敲柱子两端，以使色谱柱填充得更为均匀密实，但不要用力过猛，以免载体破碎。当载体不再下沉时，将装满后的色谱柱与真空系统脱开，然后再关水泵。最后在色谱柱入口端堵上玻璃棉（约占柱头 5 mm 长度）。

4．色谱柱的老化

将柱入口端与色谱仪的气化室出口连接，并检漏。检漏的方法是：通入载气后，将柱出口堵死，检查转子流量计或载气表头是否降至为零。否则，应在各接头处用肥皂水检查。检查完毕，应擦干肥皂水。注意：柱出口端在老化过程中切勿与检测器相连接，以免污染检测器！然后将柱箱温度调至固定液最高使用温度（邻苯二甲酸二壬酯为 150℃）以下 20～30℃加热，同时以低载气流速（约 10 mL/min）通过色谱柱，以进一步除去残留丙酮及载体和固定液中的易挥发物质，并使固定液膜分布更为均匀。老化可采用低速率（如 2℃/min）程序升温，也可采用台阶式升温，即分别在不同温度下老化一定时间。约 4 h 后停机，将柱出口与检测器接通。至此就完成了色谱填充柱的制备。

五、数据处理

记录下色谱柱的装填条件与色谱柱的标记备案。

六、注意事项

（1）某些室温下为固态的固定液或高分子固定液在用溶剂溶解时应进行回流。然后冷却，加入载体，再次回流。

（2）装柱前在台秤上称一下空柱质量，装完后再称实柱，以便计算装填量。

（3）色谱柱的老化时间因载体和固定液的种类及质量而异，2～72 h 不等。老化温度也可选择为实际工作温度以上 30℃。建议以低速率程序升温至最高老化温度，然后在此温度下老化一定的时间。色谱柱老化好的标志是在实际工作条件下空白运行时，基线稳定，漂移小，无干扰峰。

七、思考题

1．填充柱的制备应遵循哪些原则？

2．涂渍固定液时，如果溶剂量太大或太小，对色谱柱性能有何影响？

3．涂渍固定液时，为使载体和固定液混合均匀，可否采用强烈搅拌，为什么？

4．色谱柱为什么必须老化？

实验二　流动相速度对柱效的影响

一、实验目的

（1）熟悉理论塔板数及理论塔板高度的概念及计算方法。

（2）绘制 H-u 曲线，深入理解流动相速度对柱效的影响。

二、实验原理

在选择好固定相，并制备好色谱柱后，必然要测定柱的效率。表示柱效高低的参数是：理论塔板数（n）和理论塔板高度（H）。人们总希望有众多的理论塔板数和很小的理论塔板高度。计算 n 和 H 的一种方法如下：

$$n_{有效}=5.54\left(\frac{t'_{R}}{Y_{1/2}}\right)^{2}=16\left(\frac{t'_{R}}{Y}\right)^{2} \tag{7.22}$$

$$H_{有效}=\frac{L}{n_{有效}} \tag{7.23}$$

式中，t'_R 为组分的调整保留时间[$t'_R=t_R-t_M$，t_R 为组分的保留时间，t_M 为空气的保留时间（称为死时间）]，$Y_{1/2}$ 为色谱峰的半峰宽度，Y 为色谱峰的峰底宽度，L 为色谱柱的长度。

对气液色谱柱来说，有许多参数影响 H 值。但对给定的色谱柱来说，当其他实验参数都确定不变以后，流动相线速（u）对 H 的影响可由实验测得。将 u 以外的参数作常数，则 H 与 u 的关系可用简化的范氏方程来表示：

$$H=A+B/u+Cu \tag{7.24}$$

式中，A、B 和 C 为常数。式（7.24）中三项分别代表涡流扩散、纵向分子扩散及两项传质阻力对 H 的贡献。由此可见，u 过小，使组分分子在流动相中的扩散加剧；u 过大，使组分在两项中的传质阻力增加。两者均导致柱效下降。显然，在 u 的选择上发生了矛盾。但总可以找到一个合适的流速，在此流速下，兼顾了分子扩散和传质阻力的贡献，柱效最高，H 值最小。此流速称为最佳流速（u_{opt}），相应的 H 值称为最小理论塔板高度（H_{min}）。流动相速度可用线速度（u）表示也可用体积速度表示。线速度用式（7.25）表示：

$$u=L/t_0 \tag{7.25}$$

式中，L 为柱长（cm），t_0 为非滞留组分的保留时间，也称为死时间（s）。使用热导检测器时，空气的保留时间即 t_0；使用氢火焰离子化检测器时，甲烷的保留时间作为 t_0。柱后体积速度可用皂膜流量计测量，单位为 mL/min。

三、实验仪器与试剂

（1）仪器。GC-9790 型气相色谱仪（浙江福立）；热导检测器（TCD）；色谱柱：5%邻苯二甲酸二壬酯，2 m×3 mm 不锈钢柱；三气发生器；皂膜流量计；秒表；微量注射器。

（2）试剂。正己烷（A.R）。

四、实验步骤

（1）按先通气后通电的顺序，先开启三气发生器，使载气（H_2）通入色谱仪。在气路管道的连接处检漏。若有漏气，则应迅速关闭载气阀门，并报告指导教师进行处理（更换进样口密封垫，拧紧螺母）。在确证整个色谱仪系统处于气密状态后，方可进行以下实验。

（2）设置色谱实验条件如下。载气流速：10 mL/min；柱温：70℃；气化温度及热导检测器温度：80℃；热导池电流：120 mA；衰减自选。

（3）调节载气流速至某一值，待基线稳定后，注入 0.5 μL 正己烷，同时按下秒表（或“开始”按钮）。当色谱峰达到顶端时，停走秒表，记下保留时间（t_r）。再注入 0.1 mL 空气，记下保留时间（t_0），并用皂膜流量计测定流速。重复以上操作 1～2 次。

（4）再分别改变 5 种不同流速（20 mL/min、40 mL/min、60 mL/min、80 mL/min、100 mL/min），每改变一种流速后，按步骤（3）进行。重复以上操作 1～2 次，计算时取平均值。

（5）实验结束，按操作说明书要求，先将柱温、气化温度及热导检测器温度降至室温，再关电，最后关气。

五、数据处理

（1）记录下气相色谱实验的各种实验条件，以及不同条件下的实验数据。

（2）作出 *H-u* 图，并求出最佳线速及最佳理论塔板高度。

（3）将另一组同学的 *H-u* 图数据也绘制在你的同一方格纸上，并加以比较和讨论。

六、注意事项

（1）先通入载气，再开电源。否则，会有热导池钨丝被烧毁的危险！实验结束时，应先关掉电源，再关载气。

（2）旋动色谱仪的旋钮及阀时，要细心缓慢。

（3）微量注射器使用不当，极易损坏。必须严格遵守教师的操作要求，正确使用微量注射器。

（4）色谱峰过大或过小，应利用“衰减”旋钮调整。

七、思考题

1. 过高或过低的流动相流速，为什么使柱效下降？

2. 若载气改变为 N_2、He 后，预测 $H—u$ 曲线的变化，并解释原因。

3. 测定色谱柱的 $H—u$ 曲线，有何实用意义？

实验三 气相色谱的定性和定量分析

一、实验目的

（1）学习计算色谱峰的分辨率。

（2）掌握根据保留值，作已知物对照定性的分析方法。

（3）熟悉用归一化法定量测定混合物各组分的含量。

二、实验原理

对一个混合试样成功地分离，是气相色谱法完成定性及定量分析的前提和基础。衡量一对色谱峰分离的程度可用分离度 R 表示：

$$R=\frac{t_{R,2}-t_{R,1}}{\frac{1}{2}\times(Y_1+Y_2)} \tag{7.26}$$

式中，$t_{R,2}$，Y_2 和 $t_{R,1}$，Y_1 分别是两个组分的保留时间和峰底宽，当 R＝1.5 时，两峰完全分离；当 R＝1.0 时，98%的分离。在实际应用中，R＝1.0 一般可以满足需要。

用色谱法进行定性分析的任务是确定色谱图上每一个峰所代表的物质。在色谱条件一定时，任何一种物质都有确定的保留值、保留时间、保留体积、保留指数及相对保留值等保留参数。因此，在相同的色谱操作条件下，通过比较已知纯样和未知物的保留参数或在固定相上的位置，即可确定未知物为何种物质。

当手头上有待测组分的纯样时，作与已知物的对照进行定性分析极为简单。实验时，可采用单柱比较法、峰高加入法或双柱比较法。

单柱比较法是在相同的色谱条件下，分别对已知纯样及待测试样进行色谱分析。得到两张色谱图，然后比较其保留参数。当两者的数值相同时，即可认为待测试样中有纯样组分存在。

双柱比较法是在两个极性完全不同的色谱柱上，在各自确定的操作条件下，测定纯样和待测组分在其上的保留参数，如果都相同，则可准确地判断试样中有与此纯样相同的物质存在。由于有些不同的化合物会在某一固定相上表现出相同的热力学性质，故双柱法定性比单柱法更为可靠。

在一定的色谱条件下，组分 i 的质量 m_i 或其在流动相中的浓度，与检测器

的响应信号峰面积 A_i 或峰高 h 成正比：

$$m_i = f_i^A \cdot A_i \tag{7.27}$$

$$或\ m_i = f_i^h \cdot h_i$$

式中，f_i^A 和 f_i^h 称为绝对校正因子。上两式是色谱定量的依据。不难看出，响应信号 A、h 及校正因子的准确测量直接影响定量分析的准确度。

由于峰面积的大小不易受操作条件如柱温、流动相流速、进样速度等因素的影响，故峰面积更适于作为定量分析的参数。测量峰面积的方法分为手工测量和自动测量。现代色谱仪中一般都配有准确测量色谱峰面积的电学积分仪。手工测量则首先测量峰高 h 和半峰宽 $Y_{1/2}$，然后按下式计算：

$$A_i = 1.065 h_i \cdot Y_i \tag{7.28}$$

当峰形不对称时，则可按下式计算：

$$A = \frac{1}{2} h_i (Y_{0.15} + Y_{0.85}) \tag{7.29}$$

式中，$Y_{0.15}$ 和 $Y_{0.85}$ 分别为峰高在 0.15 和 0.85 处的峰宽值。

由绝对校正因子定义，绝对校正因子可用下式表示：

$$f_i^A = \frac{m_i}{A_i} \tag{7.30}$$

式中，m_i 可用质量、物质的量及体积等物理量表示，相应的校正因子分别称为质量校正因子、摩尔校正因子和体积校正因子。由于绝对校正因子受仪器和操作条件的影响很大，其应用受到限制，一般采用相对校正因子。相对校正因子是指组分 i 与基准组分 s 的绝对校正因子之比，即：

$$f_{is}^A = \frac{A_s m_i}{A_i m_s} \tag{7.31}$$

因绝对校正因子很少使用，一般文献上提到的校正因子就是相对校正因子。根据不同的情况，可选用不同的定量方法。归一化法是将样品中所有组分含量之和按 100%计算，以它们相应的响应信号为定量参数，通过式（7.32）计算各组分的质量分数：

$$\omega_i = \frac{m_i}{m(总)} = \frac{f_{is}^A \cdot A_i}{f_{1s}^A \cdot A_1 + f_{2s}^A \cdot A_2 + \cdots + f_{ns}^A \cdot A_n} \times 100\% = \frac{f_{is}^A \cdot A_i}{\sum_{i=1}^{n} f_{is}^A \cdot A_i} \tag{7.32}$$

该法简便、准确。当操作条件变化时，对分析结果影响较小，常用于定量分析，尤其适于进样量少而体积不易准确测量的液体试样。但采用本法进行定量分析时，要求试样中各组分产生可测量的色谱峰。

三、实验仪器与试剂

1．仪器

GC-4000A 气相色谱仪；GCD-300B 全自动氢气发生器；秒表；注射器：10 μL，100 μL；带磨口试管若干。

2．试剂

正己烷、环己烷、苯、甲苯（均为 A.R）；未知的混合试样。

3．实验条件

色谱柱全长 2 m，内径 2 mm。流动相：氢气。柱温：85～95℃。汽化温度：120℃。检测器温度：120℃。桥电流：110 mA。载气流速：稍高于 0.1 L/min。

四、实验步骤

（1）认真阅读气相色谱仪操作说明。

（2）在教师指导下，开启色谱仪，详见附录 1、附录 2。根据实验条件，将色谱仪按仪器操作步骤，调至可进样状态，待仪器上电路和气路系统达到平衡、记录仪上基线平直时，即可进样。

（3）准确配制正己烷，环己烷：苯：甲苯为 1：1.5：2.5（质量比）的标准溶液，以备测量校正因子。

（4）进未知混合试样 1.4～2 μL 和空气 20～40 μL，各 2～3 次，调节工作站的参数，得到合适的色谱图。记录色谱图上各峰的保留时间 t_R 和死时间 t_M。

（5）分别注射正己烷、苯、环己烷、甲苯等纯试剂 0.2 μL，各 2～3 次，记录色谱图上各峰的保留时间 t_M。

（6）进 1.4～2.0 μL 已配制好的标准溶液 2～3 次，记录色谱图及各峰的保留时间。

（7）在与操作（6）完全相同的条件下，每次进 1.4～1.6 μL 未知混合试样，2～3 次，调节工作站的参数，得到合适的色谱图，打印色谱图及各峰的保留时间 t_R。

五、结果处理

（1）用步骤（6）所得数据，计算前 3 个峰中，每 2 个峰间的分辨率。

（2）比较步骤（4）和（5）所得色谱图及保留时间，指出未知混合试样中各色谱峰对应的物质。

（3）用步骤（6）所得数据，以苯为基准物质，用式（7.30）计算各组分的质量校正因子。

（4）用步骤（7）所得色谱图，根据式（7.32）计算未知混合试样中各组分的质量分数。

六、注意事项

（1）钢瓶的工作压力一定要控制在所规定范围内，不得超压工作。必须切记，保障安全。

（2）实验结束后，检查仪器是否正常，关闭是否正确。

七、思考题

1．本实验中，进样量是否需要非常准确？为什么？

2．将测得的质量校正因子与文献值比较。

3．试说明 3 种不同单位校正因子的关系和联系。

4．试根据混合试样各组分及固定液的性质，解释各组分的流出顺序。

实验四　邻二甲苯中杂质的气相色谱分析

一、实验目的

学习内标法定量的基本原理和测定试样中杂质含量的方法。

二、实验原理

对于试样中少量杂质的测定，或仅需测定试样中某些组分时，可采用内标法定量。内标法测定时需要试样中加入一种物质作内标，而内标物质应符合下列条件：应是试样中不存在的纯物质；内标物质的色谱峰位置，应位于被测组分色谱峰的附近；其物理性质及物理化学性质应与被测组分相近；加入的量应与被测组分含量接近。

设在质量为 m 的试样中加入内标物质的质量为 m_s，被测组分的质量为 m_i，被测组分及内标物质的色谱峰的面积（或峰高）分别为 A_i、A_s（或 h_i、h_s），则 $m_i=f_iA_i$，$m_s=f_sA_s$，

$$\frac{m_i}{m_s}=\frac{f_iA_i}{f_sA_s}，\ m_i=m_s\frac{f_iA_i}{f_sA_s} \tag{7.33}$$

$$\%c_i=\frac{m_i}{m_{试样}}\times 100，\ \%c_i=\frac{m_s}{m_{试样}}\cdot\frac{f_iA_i}{f_sA_s}\times 100 \tag{7.34}$$

若以内标物质作标准，则可设 $f_s=1$，可按下式计算被测组分的含量，即

$$\%c_i=\frac{m_s}{m_{试样}}\cdot\frac{f_iA_i}{A_s}\times100\text{，}\quad\%c_i=\frac{m_i}{m_{试样}}\cdot\frac{f_i''h_i}{h_s}\times100\qquad(7.35)$$

式中，f_i'' 为峰高相对质量校正因子。

也可用配制一系列标准溶液，测得相应的 A_i/A_s（或 h_i/h_s）绘制 h_i/h_s—$\%c_i$ 标准曲线，如图 7-6 所示。这样可在无需预先测定 f_i（或 f_i''）的情况下，称取固定量的试样和内标物质，混匀后即可进样，根据 A_i/A_s 之值求得 $\%c_i$。

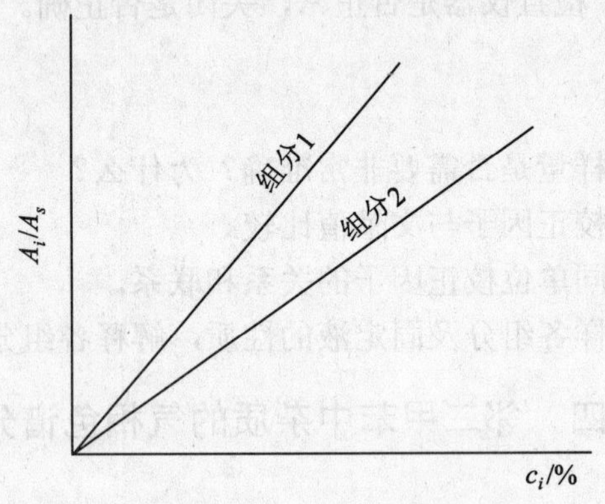

图 7-6　内标标准曲线

内标法定量结果准确，对于进样量及操作条件不需要严格控制，内标准确曲线法更适用于工厂的控制分析。本实验选用甲苯作内标物质，以内标标准曲线法，测定邻二甲苯中苯、乙苯、1,2,3-三甲苯的杂质含量。

三、实验仪器与试剂

1．仪器

气相色谱仪；色谱柱；氮气或氢气钢瓶；微量进样器 10 μL；医用注射器 5 mL、10 mL。

2．试剂

苯、甲苯、乙苯、邻二甲苯、1,2,3-三甲苯、乙醚等均为分析纯。

按表 7-1 配制一系列标准溶液，分别置于 5 支 100 mL 容量瓶中，混匀备用。

表 7-1　标准溶液配制

编号	苯/g	甲苯/g	乙苯/g	邻二甲苯/g	1,2,3-三甲苯/g
1	0.66	3.03	2.16	38.13	2.59
2	1.32	3.03	4.32	38.13	5.18
3	1.98	3.03	6.48	38.13	7.77
4	2.64	3.03	8.64	38.13	10.36
5	3.30	3.03	10.80	38.13	12.95

3．实验条件

固定相：邻苯二甲酸二壬酯：6201 担体（15∶100），60～80 目；

流动相：氮气，流量为 15 mL/min；

柱温：100℃；

气化温度：150℃；

检测器：热导池，检测温度 100℃；

桥电流：110 mA；

衰减比：1/1；

进样量：3 μL。

四、实验步骤

（1）称取未知试样 11.0 g 于 25 mL 容量瓶中，加入 0.61 g 甲苯，混合备用。

（2）根据实验条件，将色谱仪器操作步骤调节至待进样状态，待仪器的电路和气路系统达到平衡，记录仪上的基线平直时，即可进样。

（3）依次分别吸取上述各标准溶液 3～5 μL 进样，记录色谱图。重复进样两次，并于谱图上标明标准溶液号码，注意每做完一种标准溶液需用后一种待进样标准溶液洗涤微量进样器 5～6 次。

（4）在同样条件下，吸取已配入甲苯的未知试样 3 μL 进样，记录色谱图，并重复进样两次。

（5）如果时间允许，在指导老师许可下，适当改变柱温（但不得超过固定液最低使用温度）进样实验，观察分离情况。例如改变±10℃。

五、数据处理

（1）记录实验条件。

（2）测量各色谱图上各组分色谱峰高 h_i 值，并填入表 7-2 中。

表 7-2 数据记录

编号	$h_{苯}$/mm				$h_{甲苯}$/mm				$h_{乙苯}$/mm				$h_{1,2,3-三甲苯}$/mm			
	1	2	3	平均值	1	2	3	平均值	1	2	3	平均值	1	2	3	平均值
1																
2																
3																
4																
5																
未知试样																

（3）以甲苯作内标物质，计算 m_i/m_s、h_i/h_s 值，并填入表 7-3 中。

（4）绘制各组分 $h_i/h_s \sim m_i/m_s$ 的标准曲线图。

（5）根据未知试样的 h_i/h_s 值，于标准曲线上查出相应的 m_i/m_s 值。

表 7-3 数据记录

编号	苯/甲苯		乙苯/甲苯		1,2,3-三甲苯/甲苯	
	m_1/m_2	h_1/h_2	m_1/m_2	h_1/h_2	m_1/m_2	h_1/h_2
1						
2						
3						
4						
5						
未知试样						

（6）按式（7.36）计算未知试样中苯、乙苯、1,2,3-三甲苯的百分含量。

$$\%c_i = \frac{m_s}{m_{试样}} \cdot \frac{m_i}{m_s} \times 100 \tag{7.36}$$

六、思考题

1．内标法定量有何优点，它对内标物质有何要求？

2．实验中是否要严格控制进样，实验条件若有变化是否会影响测定结果，为什么？

3．内标标准曲线法中，是否需要应用校正因子，为什么？

4．试讨论色谱柱温度对分离的影响。

实验五　气相色谱法测定白酒中的杂醇

一、实验目的

（1）了解气相色谱分离的基本原理及其规律。

（2）了解气相色谱法最常用的定性定量方法及其应用。

（3）了解 Agilent 6890N 气相色谱仪的构造并掌握其基本操作。

二、实验原理

由于食用酒精都是由粮食发酵酿造而成，其中有各种酶的作用，其发酵过程不可能准确地完全朝着乙醇的方向前进，必将产生一些其他的醇类，如异丙醇、丁醇、异戊醇等，这些醇类的存在，在一定范围内，会给酒添加风味，然而过多的话，就会对人的身体造成影响，特别是甲醇，会导致人的双目失明甚至死亡。因此，对酒中的这类杂醇的分析监控，对人们的身体健康具有非常重要的意义。国家标准规定对以谷类为原料的酒，甲醇含量不得大于 0.04 g/100 mL。本实验采用比较保留值定性，归一化法定量。

本实验所使用的 Agilent 6890N 气相色谱仪的生产厂商是美国安捷伦公司（原惠普公司）；气路系统采用电子气路控制（EPC），进样系统可同时配置两个进样口（目前配置的是填充柱进样口和分流/不分流进样口）；并可外接气体进样阀、自动进样器及其他辅助进样装置，可同时配置两个检测器，数据处理可全部由工作站控制，并可实现远程控制，是一种先进的分析仪器。其结构大致如下（图 7-7）：

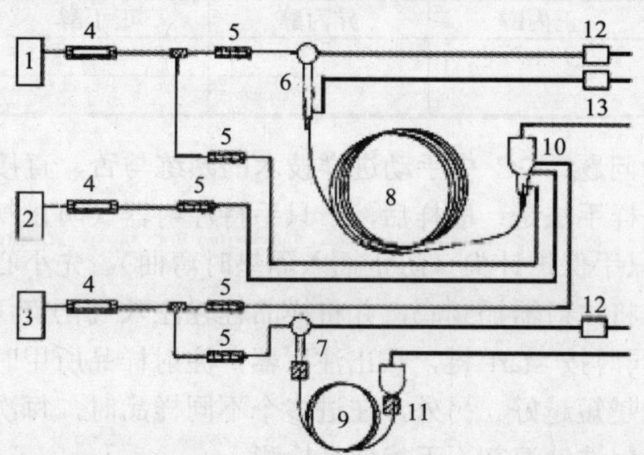

1，2，3—氢、空、氮气体发生器；4—气体净化器；5—电子流量压力控制计（EPFC）；6—分流/不分流进样口；7—填充柱进样口；8，9—毛细管柱，填充柱；10—氢火焰离子化检测器；11—热导池检测器；12—隔垫吹扫气调节阀；13—分流流量控制阀

图 7-7　Agilent 6890N 气路

三、实验仪器与试剂

Agilent 6890N 气相色谱仪（使用 DB Wax 30 m×0.32 mm×0.25 μm 极性色谱柱），FID 检测器；Hamilton 10 μL 进样针。

乙醇，正丙醇，异丙醇，正丁醇，异丁醇标准溶液；市售白酒的处理溶液；混合未知溶液（四种杂醇，乙醇）。

四、实验步骤及数据处理

（1）开机：打开气体发生器，待压力达到设定值后，打开气相色谱仪。

（2）打开电脑中 Instrument online 色谱工作站。

调出本次实验所用的 Method：STU_FID.M。工作条件的设定：在 Instrument 菜单下 Edit Parameters 面板中设定工作条件：

程序升温：起始温度 50℃，保持 3 min，然后以 15℃/min 升温到 100℃；

进样口温度：200℃，分流，分流比：50∶1；

载气：N_2，恒流 1.5 mL/min；

检测器：FID；

基温：250℃，空气：450 mL/min，氢气：45 mL/min，辅助气：40 mL/min。

（3）分别吸取正丙醇、异丙醇、正丁醇、异丁醇标准溶液进行测定，记录下其保留时间。

表 7-4　数据记录

	正丙醇	异丙醇	正丁醇	异丁醇
$t_{溶剂}$				
t_i				

进样应注意的问题：GC 中手动进样技术的熟练与否，直接影响到分析结果的好坏，正确的进样手法是：取样后，一只手持注射器（防止气化室的高气压将针芯吹出），另一只手保护针尖（防止插入隔垫时弯曲）。先小心地将注射针头穿过隔垫，随即快速将注射器插到底，并将样品轻轻注入气化室（注意不要用力过猛使针芯弯曲），同时按 start 键，拔出注射器，注射样品所用时间及注射器在气化室中停留的时间越短越好。另外，在进多个不同样品时，每次进样前都要将进样针润洗干净，确保洗针溶剂不干扰样品检测。

（4）在相同条件下测定白酒处理样品，将所出各峰的保留时间分别与以上物质对照，判断各峰的组成。

表 7-5　数据记录

	正丙醇	异丙醇	正丁醇	异丁醇
$t_{溶剂}$				
t_i				

（5）在相同条件下测定混合未知样品，用归一化法算出未知样品中各组分的含量。

表 7-6　数据记录

	正丙醇	异丙醇	正丁醇	异丁醇
$t_{溶剂}$				
t_i				

五、思考题

1．色谱定性方法有哪几种？本实验中使用的是什么定性方法？

2．色谱定量方法有哪几种？归一化法有什么优缺点？

3．可以通过哪些途径实现色谱分离条件的优化？

4．讨论极性柱条件下不同化合物的出峰顺序。

5．你对本实验有什么意见或建议吗？

第八章

高效液相色谱法

第一节　概　述

高效液相色谱法是在经典液相色谱法的基础上，于 20 世纪 60 年代后期引入了气相色谱理论而迅速发展起来的。它与经典液相色谱法的区别是填料颗粒小而均匀，小颗粒具有高柱效，但会引起高阻力，需用高压输送流动相，故又称高压液相色谱法（HPLC）。又因分析速度快而称为高速液相色谱法（HSLP）。也称现代液相色谱。

高效液相色谱法成功克服了气相色谱法对高沸点有机物分析的局限性，特别是采用微粒固定相，显著地提高了柱效，并且成功地制造了高压输液泵和高灵敏度检测器，从而使高效液相色谱法广泛应用于分析高沸点不易挥发的、受热不稳定易分解的、分子量大、不同极性的有机化合物；生物活性物质和多种天然产物；合成的或者天然的高分子化合物等。

一、气相色谱法的比较

气相色谱法具有选择性高、分离效率高、灵敏度高、分析速度快等特点，但对于高沸点的有机物、分子量大的高分子和热稳定性差的化合物，以及生物活性物质则受到限制，气相色谱法仅能分析 20%的有机物样品。高效液相色谱法能够弥补气相色谱法的不足，对剩下的 80%的有机物进行有效的分离和分析。

高效液相色谱法的流动相可以是离子型、极性、弱极性、非极性溶液，可与被分析样品分子产生相互作用，并能改善分离的选择性；而气相色谱法的流动相一般是惰性气体 Ne、H_2、N_2 等，不与被分析的样品发生相互作用。两者的固定相和分离机理也不同，高效液相色谱法可以根据吸附、分配、体积排阻、亲和、离子交换等多种机理实现样品的分离，固定相粒度在 5～10 μm，填充柱内径为 3～6 mm，柱长为 10～25 cm，柱效达到 10^3～10^4。分析时样品一般是制成溶液，柱温为常温。而气相色谱法的分离机理基本上都是依据吸附、分配两种原理进行，固定相粒度大小在 0.1～0.5 mm，填充柱内径为 1～4 mm，柱长为 1～4 m，柱效达到 10^2～10^3。样品需要加热汽化或者裂解后才能进行分析，柱温在常温–300℃。采用的检测器也因被分样品的性质不同而不同。

二、高效液相色谱法特点

高压——压力可达 150～300 kg/cm²。色谱柱每米降压为 75 kg/cm² 以上。

高速——流速为 0.1～10.0 mL/min。

高效——可达 5 000 塔板每米。在一根柱中同时分离成分可达 100 种。

高灵敏度——紫外检测器灵敏度可达 0.01 ng，同时消耗样品少。

分析速度快——通常分析一个样品在 15～30 min，有些样品甚至在 5 min 内即可完成。

柱子可反复使用——用一根色谱柱可分离不同的化合物。

样品量少，容易回收——样品经过色谱柱后不被破坏，可以收集单一组分或做纯化制备。

第二节　高效液相色谱原理

一、高效液相色谱法的分类

高效液相色谱法按分离机制的不同分为液固吸附色谱法、液液分配色谱法（正相与反相）、离子交换色谱法、离子对色谱法及分子排阻色谱法。

1．液固色谱法

使用固体吸附剂，被分离组分在色谱柱上分离原理是根据固定相对组分吸附力大小不同而分离。分离过程是一个吸附－解吸附的平衡过程。常用的吸附剂为硅胶或氧化铝，粒度 5～10 μm。适用于分离分子量 200～1 000 的组分，大多数用于非离子型化合物，离子型化合物易产生拖尾。常用于分离同分异构体。

2．液液色谱法

使用将特定的液态物质涂于担体表面，或化学键合于担体表面而形成的固定相，分离原理是根据被分离的组分在流动相和固定相中溶解度不同而分离。分离过程是一个分配平衡过程。

涂布式固定相应具有良好的惰性；流动相必须预先用固定相饱和，以减少固定相从担体表面流失；温度的变化和不同批号流动相的区别常引起柱子的变化；

另外在流动相中存在的固定相也使样品的分离和收集复杂化。由于涂布式固定相很难避免固定液流失，现在已很少采用。现在多采用的是化学键合固定相，如 C_{18}、C_8、氨基柱、氰基柱和苯基柱。

液液色谱法按固定相和流动相的极性不同可分为正相色谱法（NPC）和反相色谱法（RPC）。

3. 正相色谱法

采用极性固定相（如聚乙二醇、氨基与腈基键合相）；流动相为相对非极性的疏水性溶剂（烷烃类如正己烷、环己烷），常加入乙醇、异丙醇、四氢呋喃、三氯甲烷等以调节组分的保留时间。常用于分离中等极性和极性较强的化合物（如酚类、胺类、羰基类及氨基酸类等）。

4. 反相色谱法

一般用非极性固定相（如 C_{18}、C_8）；流动相为水或缓冲液，常加入甲醇、乙腈、异丙醇、丙酮、四氢呋喃等与水互溶的有机溶剂以调节保留时间。适用于分离非极性和极性较弱的化合物，RPC 在现代液相色谱中应用最为广泛，据统计，它占整个 HPLC 应用的 80%左右。

随着柱填料的快速发展，反相色谱法的应用范围逐渐扩大，现已应用于某些无机样品或易解离样品的分析。为控制样品在分析过程的解离，常用缓冲液控制流动相的 pH 值。但需要注意的是，C_{18} 和 C_8 使用的 pH 通常为 2.5～7.5，太高的 pH 会使硅胶溶解，太低的 pH 会使键合的烷基脱落。有报告新商品柱可在 pH 1.5～10 范围操作。

表 8-1 正相色谱法与反相色谱法比较

	正相色谱法	反相色谱法
固定相极性	高～中	中～低
流动相极性	低～中	中～高
组分洗脱次序	极性小先洗出	极性大先洗出

从表 8-1 可看出，当极性为中等时正相色谱法与反相色谱法没有明显的界限（如氨基键合固定相）。

5. 离子交换色谱法

固定相是离子交换树脂，常用苯乙烯与二乙烯交联形成的聚合物骨架，在表面末端芳环上接上羧基、磺酸基（称阳离子交换树脂）或季氨基（阴离子交换树脂）。被分离组分在色谱柱上分离原理是树脂上可电离离子与流动相中具有相同电荷的离子及被测组分的离子进行可逆交换，根据各离子与离子交换基团具有不同的电荷吸引力而分离。

缓冲液常用作离子交换色谱的流动相。被分离组分在离子交换柱中的保留时间除跟组分离子与树脂上的离子交换基团作用强弱有关外，它还受流动相的 pH 值和离子强度影响。pH 值可改变化合物的解离程度，进而影响其与固定相的作用。流动相的盐浓度大，则离子强度高，不利于样品的解离，导致样品较快流出。

离子交换色谱法主要用于分析有机酸、氨基酸、多肽及核酸。

6. 离子色谱法

离子色谱法又称偶离子色谱法，是液液色谱法的分支。它是根据被测组分离子与离子对试剂离子形成中性的离子对化合物后，在非极性固定相中溶解度增大，从而使其分离效果改善。主要用于分析离子强度大的酸碱物质。

分析碱性物质常用的离子对试剂为烷基磺酸盐，如戊烷磺酸钠、辛烷磺酸钠等。另外高氯酸、三氟乙酸也可与多种碱性样品形成很强的离子对。

分析酸性物质常用四丁基季铵盐，如四丁基溴化铵、四丁基铵磷酸盐。

离子对色谱法常用 ODS 柱（即 C_{18}），流动相为甲醇—水或乙腈—水，水中加入 3～10 mmol/L 的离子对试剂，在一定的 pH 范围内进行分离。被测组分保留时间与离子对性质、浓度、流动相组成及其 pH、离子强度有关。

7. 排阻色谱法

固定相是有一定孔径的多孔性填料，流动相是可以溶解样品的溶剂。小分子量的化合物可以进入孔中，滞留时间长；大分子量的化合物不能进入孔中，直接随流动相流出。它利用分子筛对分子量大小不同的各组分排阻能力的差异而完成分离。常用于分离高分子化合物，如组织提取物、多肽、蛋白质、核酸等。

二、液相色谱的特征和色谱图的特点

1. 差速迁移和扩散分布

（1）样品组分的差速迁移和每个组分的谱带扩散。

（2）样品组分分子在柱中的扩散分布，是由于色谱柱中的涡流扩散、流动相传质和固定相传质等物理过程造成的。

原因是样品组分在固定相与移动相之间的平衡分布不同引起的，是液相色谱分离的基础。

2. 色谱图的四个重要特点

（1）各个组分都有一个对称的色谱图。

（2）在色谱条件相同的情况下，每个组分都有特定的保留时间 t_R，是定性指标。

（3）两个谱带之间的距离越大，谱带的分离度越好。

（4）每个谱带都有自己特定的宽度 W，而且是随着出峰时间的增加，谱带宽度逐渐增宽。谱带越窄，分离也越好。

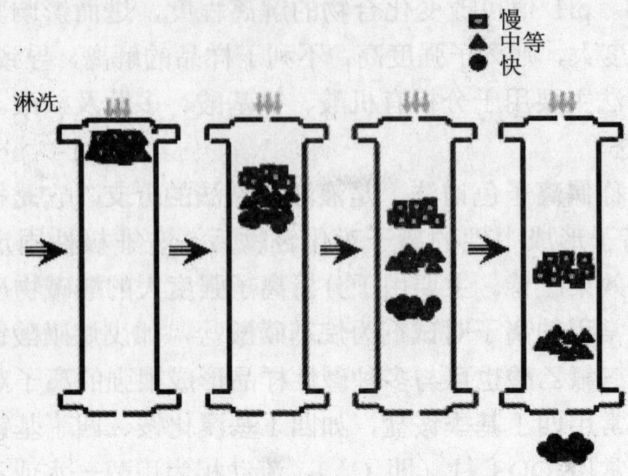

图 8-1　不同样品分子在色谱柱中的保留情况

三、高效液相色谱法的基本概念

1. 保留方程式

设 R 为溶质 X 在流动相中的分数、U 为流动相的平均流速，则样品分子在柱中的迁移速度 U_X 可写成：

$$U_X = RU \tag{8.1}$$

若样品分子 X 在流动相中的分数为零，$R=0$ 则 $U_X=0$，X 不会迁移。

若 $R=1$ 则 $U_X=U$，即 X 分子随流动相速度流出。

定义容量因子 k'是样品在两相间达到分配平衡时，在固定相中的量（N_S）与流动相中的量（N_m）之比。

$$k' = \frac{N_S}{N_m} \tag{8.2}$$

所以，容量因子也称质量分配系数。

在式（8.2）两边各加 1，则有：

$$k' + 1 = \frac{N_S}{N_m} + \frac{N_m}{N_m} = \frac{N_S + N_m}{N_m}$$

而

$$R = \frac{N_m}{N_S + N_m}$$

所以

$$R = \frac{1}{k' + 1} \tag{8.3}$$

把式 $R = \frac{1}{k'+1}$ 代入式 $U_X = RU$ 可以得到:

$$U_X = \frac{U}{k' + 1} \tag{8.4}$$

样品(溶质)X 的保留时间 t_R 与迁移速度 U_X 和柱长 L 之间有如下关系

$$t_R = \frac{L}{U_X} \tag{8.5}$$

同样可以得到:

$$t_0 = \frac{L}{U}$$

所以

$$L = t_0 U \tag{8.6}$$

则

$$t_R = \frac{t_0 U}{U_X} \tag{8.7}$$

因为 $U_X = \frac{U}{k'+1}$ 所以

$$t_R = t_0(k' + 1) \tag{8.8}$$

等式两边各乘以流量,得到:

$$V_R = V_0(k' + 1) \tag{8.9}$$

下两式被称为保留方程式:

$$t_R = t_0(k' + 1) \qquad V_R = V_0(k' + 1)$$

保留方程式的意义是将保留时间 t_R 或者保留体积 V_R 与分离柱的基本参数 t_0 和 V_0 相关联。在同样的色谱条件下,相同溶质 k' 是常数。所以 t_R 或者 V_R 是一定的值,可以通过比较样品组分和已知组分 t_R 或者 V_R 的值,来进行化合物的初步定性。

经过整理可以得到关于容量因子 k'的关系式：

$$k' = \frac{t_R - t_0}{t_0} \tag{8.10}$$

可以通过测定 t_0 和 t_R 计算得到 k'的值。

测定 t_0 时，应该是在固定相上不保留的惰性物质，根据色谱体系不同而定，常用的有：

（1）烷烃作流动相时，选择少一个碳。正己烷流动相用戊烷。

（2）水溶液作流动相时，注入重水测定。

（3）甲醇—水作流动相时，选择丙酮测定。

（4）硅胶作固定相的吸附色谱时，选用四氯乙烯测定。

2. 塔板理论

马丁（Martin）和欣革（Synge）最早提出塔板理论，将色谱柱比作蒸馏塔，把一根连续的色谱柱设想成由许多小段组成。

在每一小段内，一部分空间为固定相占据，另一部分空间充满流动相。组分随流动相进入色谱柱后，就在两相间进行分配。并假定在每一小段内组分可以很快地在两相中达到分配平衡，这样一个小段称作一个理论塔板，一个理论塔板的长度称为理论塔板高度 H。

经过多次分配平衡，分配系数小的组分先离开蒸馏塔，分配系数大的组分后离开蒸馏塔。由于色谱柱内的塔板数相当多，因此即使组分分配系数只有微小差异，仍然可以获得好的分离效果。

3. 柱效率（理论塔板数和塔板高度）

设色谱峰的峰宽 W、保留时间 t_R，可以计算得到理论塔板数 N：

$$N = 16\left(\frac{t_R}{W}\right)^2 \tag{8.11}$$

当采用半峰宽 $W_{1/2}$ 表示时：

$$N = 5.54\left(\frac{t_R}{W_{1/2}}\right)^2 \tag{8.12}$$

在其他影响因素相同的情况下，N 值与柱长 L 成正比。用同一种固定相填充的色谱柱，在相同的色谱条件下，N 和 L 的比值 H 是一个定值。

$$H = \frac{L}{N} \tag{8.13}$$

式中，H 为理论塔板高度，是色谱柱单位长度的量度。

H 值越小，意味着 N 值越大，柱效就越高；我们就是要想尽办法制备出 H 值小的色谱柱。

4．塔板高度 H 的影响因素

采用 van Deemter 方程来描述：

$$H = A + \frac{B}{U} + CU \tag{8.14}$$

式中，A 为涡流扩散项，B/U 为分子扩散项，CU 为传质递阻力项。

（1）涡流扩散项。

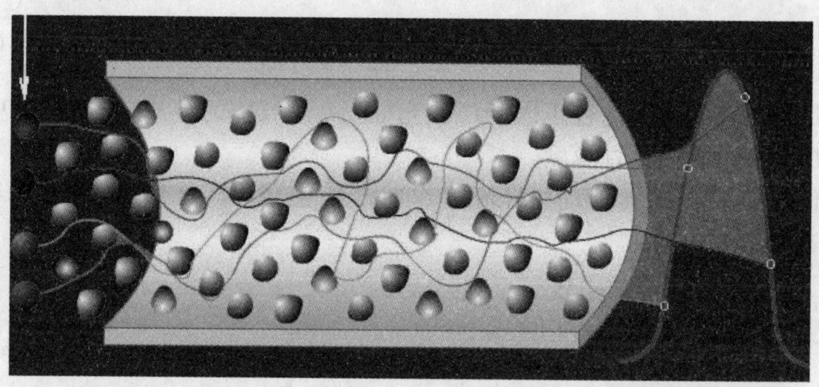

图 8-2 试样分子在分离柱中运动的多路径使色谱峰变宽

涡流扩散与流动相在柱中的移动方式有关，而与流动相性质无关。与填充剂的形状、装填密度有关。

涡流扩散产生的理论塔板高度分量偏差 H_p 与填充因子λ和固定相颗粒 d_p 的关系：

$$H_p = 2\lambda d_p \tag{8.15}$$

研究发现：色谱柱填充越均匀，λ值越小，则 H_p 越小；填充不均匀以致形成沟槽，λ值增大，则 H_p 也越大。固定相的粒度 d_p 越小，H_p 越小。

（2）分子扩散项。

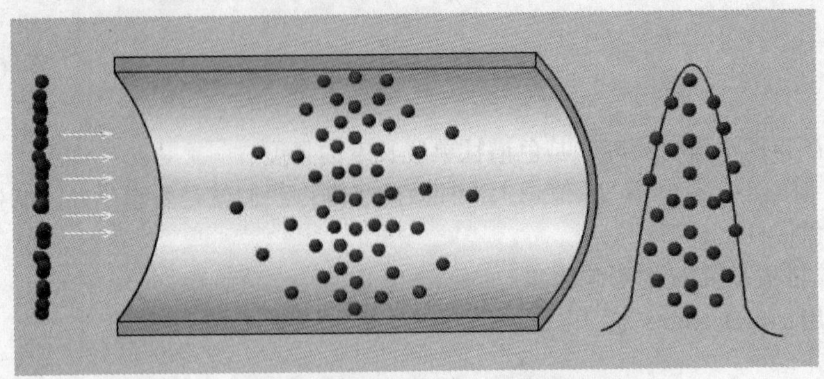

图 8-3 试样分子在分离柱中的扩散造成色谱峰变宽

样品分子在色谱柱的固定相和流动相中扩散，其中流动相更显著。引起理论塔板高度偏差 H_d 遵循爱因斯坦扩散方程：

$$H_d = 2rD_m / U \tag{8.16}$$

r 是与填充物有关的校正因子，填充柱 $r=1$；D_m 为溶质在流动相中的扩散系数；U 为流动相的线性速度。

在低扩散系数 D_m，流动相高流速 U 时，H_d 值减小，谱带展宽的现象减少。

（3）传质阻力项。

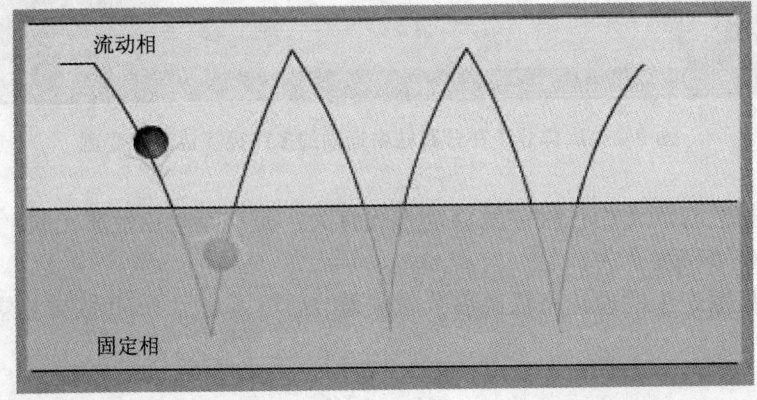

图 8-4 试样分子在两相中的传质受到阻力使两相分配不能瞬间实现

液相色谱分离过程是溶质分子在流过色谱柱时反复不断地由流动相进入固定相，又同时从固定相进入流动相的传质过程。

流动相处于静止状态时，溶质分子在固定相和流动相中的浓度分布是与界面对称的。但是在流动相高速流动时，对称的平衡被打破，引起谱带扩散。分为固定相传质和流动相传质两种。

①固定相传质。固定相传质阻力引起的理论塔板高度分量 H_s 为：

$$H_s = q\frac{k'}{(1+k')^2}\frac{d_s^2}{D_s}U \tag{8.17}$$

式中，q 为几何因子；填料几何形状、规则程度；k'为容量因子；d_s 为固定相的有效厚度；D_s 为溶质分子在固定相中的扩散系数。

②流动相传质。流动相传质速度引起的理论塔板高度分量 H_m 为：

$$H_m = \frac{Wd_p^2}{D_m}U \tag{8.18}$$

式中，W 为与填充情况有关的系数；d_p 为填料的直径；D_m 为溶质在流动相中的扩散系数。

分析：固定相的粒径越小，溶质在流动相中的扩散系数越大，越有利于降低 H_m 值。

5. 理论塔板高度 *H* 和流动相流速 *U* 之间的关系

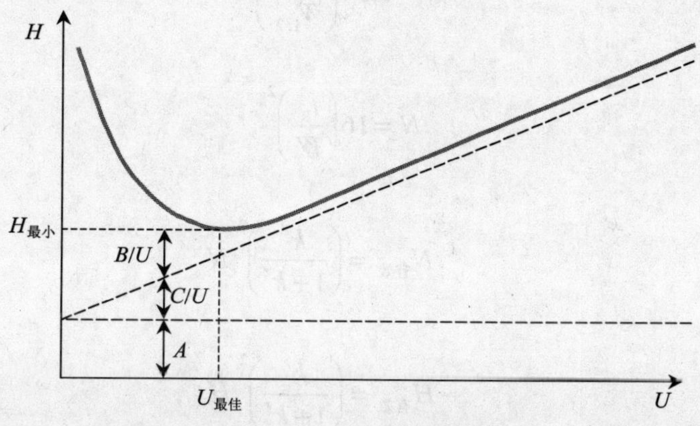

图 8-5 *H-U* 的关系图

同一根色谱柱，涡流扩散项对 H 的影响是相同的，不受流速变化的影响。低流速下，分子扩散项起主导作用，随流速的增加 H 减小；当流速增大到一定值时，传质阻力项起主导作用，因此，随流速的增大，H 值逐渐增大。

6．有效理论塔板数和有效塔板高度

用扣除死时间的调整保留时间计算得到有效理论塔板数 $N_{有效}$和有效塔板高度 $H_{有效}$。

$$N_{有效}=16\left(\frac{t'_R}{W}\right)^2 \tag{8.19}$$

或者用半峰宽表示：

$$N_{有效}=5.54\left(\frac{t'_R}{W_{1/2}}\right)^2$$

由于

$$H_{有效}=\frac{L}{N_{有效}} \tag{8.20}$$

式（8.19）、式（8.20）分别除以式（8.11）、式（8.12）得出 $N_{有效}$与 N、$H_{有效}$与 H 的关系：

$$N=5.54\left(\frac{t_R}{W_{1/2}}\right)^2$$

$$N=16\left(\frac{t_R}{W}\right)^2$$

$$N_{有效}=\left(\frac{k'}{1+k'}\right)^2 N \tag{8.21}$$

$$H_{有效}=\left(\frac{k'}{1+k'}\right)^2 H \tag{8.22}$$

7．分离度定义和表达式

高效液相色谱分析的目的就是为了把测试样品中的几个组分进行最佳的分离，要定量地描述相邻两个峰之间的分离程度，就需要定义一个物理量——分离度。

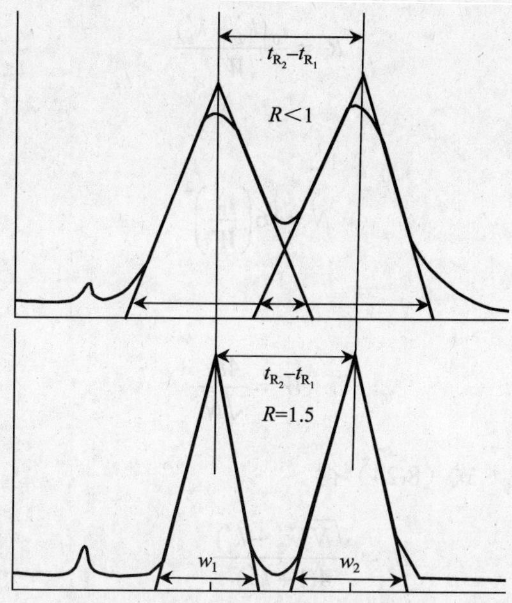

图 8-6　分离度和色谱峰宽度

（1）分离度定义：相邻两色谱峰保留值之差与两组分色谱峰峰底宽度平均值的比值，用 R 表示，即

$$R=\frac{t_{R_2}-t_{R_1}}{\frac{W_2+W_1}{2}} \tag{8.23}$$

$R<1$ 时，两峰有部分重叠；$R=1$，两峰有 98%的分离；$R=1.5$，分离程度可达 99.7%。

一般用 $R=1.5$ 作为相邻两峰完全分离的标志。

分离度综合考虑了保留值的差值与峰宽两方面的因素对柱效率的影响，衡量了色谱柱的总分离效能，根据分离度的大小可以判断难分离物质对在色谱柱中的分离情况。

（2）影响分离度的因素。分离度 R_s 与色谱的基本参数容量因子 k'、柱效率 N 及分离因子 α 之间的关系：

$$t_{R_2}=t_0(1+k_2') \qquad t_{R_1}=t_0(1+k_1')$$

假定两个峰宽度相等：　$W_1=W_2=W$

则有：

$$R_s = \frac{t_0(k_2' - k_1')}{W} \tag{8.24}$$

又因：

$$N = 16\left(\frac{t_R}{W}\right)^2$$

所以：

$$W = \frac{4t_R}{\sqrt{N}} \tag{8.25}$$

把式（8.25）代入式（8.24）得

$$\begin{aligned} R_s &= \frac{\sqrt{N}(k_2' - k_1')}{4(1+k_2')} \\ &= \frac{\sqrt{N}}{4}\left(\frac{k_2'}{1+k_2'}\right)\left(\frac{k_2' - k_1'}{k_2'}\right) \end{aligned}$$

令α为分离因子

$$\alpha = \frac{k_2'}{k_1'}$$

则有

$$R_s = \frac{1}{4}\left(\frac{\alpha - 1}{\alpha}\right)\sqrt{N}\left(\frac{k_2'}{1+k_2'}\right) \tag{8.26}$$

①分离因子α对 R_s 的影响。当α值微小变化就会使 R_s 有较大的变化，特别是当α接近 1 时，α值的增加会大大改善各组分的分离状况。

增加α值的主要方法有：改变流动相组成；改变流动相的 pH 值；改变固定相种类；改变分离温度。一般控制α值在 1.05～2.0。

②理论塔板数对 R_s 的影响。分离度与柱的理论塔板数 N 的平方根成正比，提高柱效，可使分离度增加。方法一是增加柱长，柱长增加一倍，柱效也增加一倍，同时出峰时间也增加一倍。方法二是减小固定相的粒径，使 R_s 值增大，也能达到快速分离的目的。

表 8-2　分离因子与柱效柱长的关系

α	$\left(\frac{\alpha}{\alpha-1}\right)^2$	$R_s=1.5$，$k'=2$ 时，需要的 N 值	$H=0.6$ mm 时需要的 L/m
1.01	10 201	826 281	495
1.03	1 177	95 377	52
1.05	441	35 721	21
1.10	121	9 801	5.8
1.20	36	2 916	1.7
1.30	19	1 515	1.0

③容量因子 k' 对 R_s 的影响。当 $K_2'=0$ 时，则 $R_s=0$，两个组分在柱中都不保留，同时都在死时间被洗脱出来。随着 k' 的增大，R_s 也增大，直到 k' 增加到足够大时，$k_2'/(k_2'+1)$ 就趋近 1，此时再增加 k' 对 R_s 就不再起作用了。

另外，如果 k' 值太大，不仅使分离时间太长，而且谱带扩散严重。

最适宜的取值为：$1\leqslant k'\leqslant 10$。

第三节　高效液相色谱仪

一、概述

高效液相色谱仪主要由高压输液泵、进样器、色谱柱、检测器、中央控制器及色谱工作站等部分组成，基本构造如图 8-7 所示。

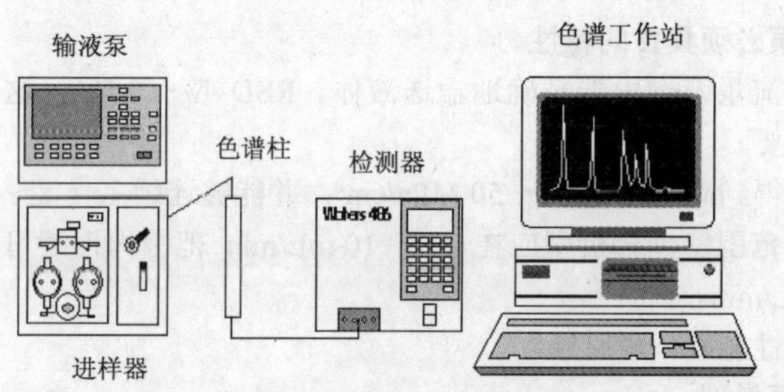

图 8-7　高效液相色谱仪基本构造

二、流动相及脱气处理

1. 流动相（溶剂）

溶剂槽必须采用几乎不受任何溶剂腐蚀的材料制作，不锈钢、玻璃、聚四氟乙烯等。

流动相选择注意事项：

（1）纯度：采用“HPLC”级。

（2）避免使用会引起柱效损失或保留特性变化的溶剂。

（3）对试样有适宜的溶解度。

（4）溶剂黏度要小。

（5）与检测器相匹配。

（6）过滤：0.45 μm 或更小孔径滤膜，其主要目的是除去溶剂中的微小颗粒，避免堵塞色谱柱，尤其是使用无机盐配制的缓冲液。

2. 脱气处理

流动相使用时要进行脱气处理，以除去其中溶解的气体（如氧气），防止在洗脱过程中当流动相由色谱柱流至检测器时，产生气泡。若在死体积检测池中存在气泡会增加基线噪声，严重时会造成分析灵敏度下降。若使用荧光检测器时，溶解在流动相中的氧气会造成荧光猝灭而影响检测。另外，还会造成样品中某些组分被氧化或发生降解，直接影响检测结果。

一般是每天使用前进行脱气，或者使用在线脱气机，要注意混合溶剂脱气时间不能过长。脱气的方法主要有加热法、减压法、超声波法和惰性气体置换法。

三、高压输液泵技术指标及类型

1. 输液泵必须具备的特性

（1）在宽流量范围内能精确地输送液体。RSD 应＜0.5%，这对定性定量的准确性至关重要。

（2）能够得到高的压力 40～50 MPa/cm^2，并能够连续工作 8～48 h。

（3）流量范围宽，分析型应在 0.1～10 mL/min 范围内连续可调，制备型应能达到 100 mL/min。

（4）密封性能好，耐腐蚀。

2. 输液泵类型

常用的输液泵类型主要有往复式柱塞泵、注射泵和气动泵。

（1）往复式柱塞泵。由电动机带动凸轮（或偏心轮）转动，驱动柱塞杆在液缸内做往复运动，从而定期地将储存在液缸里的液体以高压排除。每次排出的液体容积是恒定的，故称为恒流泵。

流量大小可以通过柱塞的冲程或电机转速来调节。

特点：调速方便，液缸容积小，只有几微升到几百微升，清洗方便。

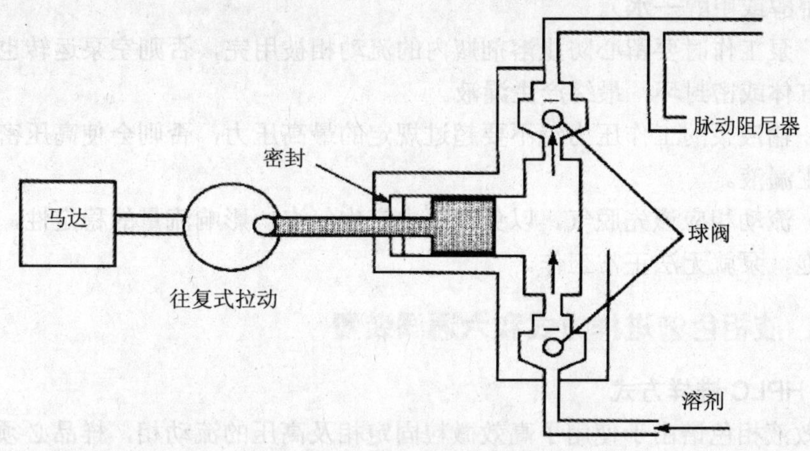

图 8-8 机械往复式柱塞泵

（2）注射泵。是利用步进电机推动液缸内的柱塞向前移动，使缸内的液体以高压排出。只要步进电机的转速不变，就能得到既恒压又恒流的输送液。

特点：精确度和重现性极好；但液缸要求较大，250～500 mL；为了连续工作，要两台泵交替工作，造价高。

（3）气动泵。是利用压缩空气作为动力驱动活塞，从而使液缸内的液体以一定的压力排出。

特点：输出的液体压力恒定，无脉动；流量随柱的渗透性和溶剂的黏度变化而变化。

3. 输液泵的使用和维护注意事项

为了延长输液泵的使用寿命、维持其输液的稳定性，必须按照下列注意事项进行操作：

（1）防止任何固体微粒进入泵体，因为尘埃或其他任何杂质微粒都会磨损柱塞、密封环、缸体和单向阀，因此应预先除去流动相中的任何固体微粒。所以流动相最好在玻璃容器内蒸馏，而常用的方法是过滤，可采用 Millipore 滤膜（0.2 m 或 0.45 m）等滤器。泵的入口都应连接砂滤棒（或片）。输液泵的滤器应经常清洗或更换。

（2）流动相不应含有任何腐蚀性物质，含有缓冲液的流动相不应保留在泵内，尤其是在停泵过夜或更长时间的情况下。如果将含缓冲液的流动相留在泵内，由于蒸发或泄漏，甚至只是由于溶液的静置，就可能析出盐的微细晶体，这些晶体将和上述固体微粒一样损坏密封环和柱塞等。所以，必须泵入纯水将泵充分清洗后，再换成适合于色谱柱保存和有利于泵维护的溶剂（对于反相键合硅胶固定相，可以是甲醇或甲醇—水）。

（3）泵工作时要留心防止溶剂瓶内的流动相被用完，否则空泵运转也会磨损柱塞、缸体或密封环，最终产生漏液。

（4）输液泵的工作压力绝不要超过规定的最高压力，否则会使高压密封环变形，产生漏液。

（5）流动相应该先脱气，以免在泵内产生气泡，影响流量的稳定性，如果有大量气泡，泵就无法正常工作。

四、液相色谱进样方式和六通阀装置

1. HPLC 进样方式

高效液相色谱由于使用了高效微粒固定相及高压的流动相，样品必须保持柱塞式进样，从而保持样品分子在流出色谱柱之前不与色谱柱内壁接触，实现“无限直径效应”，峰形扩展小，达到高柱效分离。早期使用隔膜和停流进样器，装在色谱柱入口处。现在大都使用六通进样阀或自动进样器。进样装置要求：密封性好，死体积小，重复性好，保证中心进样，进样时对色谱系统的压力、流量影响小。HPLC 进样方式可分为：隔膜进样、停流进样、阀进样、自动进样。

（1）隔膜进样。用微量注射器将样品注入专门设计的与色谱柱相连的进样头内，可把样品直接送到柱头填充床的中心，死体积几乎等于零，可以获得最佳的柱效，且价格便宜，操作方便。但不能在高压下使用（如 10 MPa 以上）；此外隔膜容易吸附样品产生记忆效应，使进样重复性只能达到 1%～2%；加之能耐各种溶剂的橡皮不易找到，常规分析使用受到限制。

（2）停流进样。可避免在高压下进样。但在 HPLC 中由于隔膜的污染，停泵或重新启动时往往会出现“鬼峰”；另一缺点是保留时间不准。在以峰的始末信号控制馏分收集的制备色谱中，效果较好。

（3）阀进样。一般 HPLC 分析常用六通进样阀（以美国 Rheodyne 公司的 7725 和 7725i 型最常见），其关键部件由圆形密封垫（转子）和固定底座（定子）组成。由于阀接头和连接管死体积的存在，柱效率低于隔膜进样（下降 5%～10%），但耐高压（35～40 MPa），进样量准确，重复性好（0.5%），操作方便。

六通阀的进样方式有部分装液法和完全装液法两种。①用部分装液法进样时，进样量应不大于定量环体积的 50%（最多 75%），并要求每次进样体积准确、相同。此法进样的准确度和重复性决定于注射器取样的熟练程度，而且易产生由进样引起的峰展宽。②用完全装液法进样时，进样量应不小于定量环体积的 5～10 倍（最少 3 倍），这样才能完全置换定量环内的流动相，消除管壁效应，确保进样的准确度及重复性。

六通阀使用和维护注意事项：①样品溶液进样前必须用 0.45 m 滤膜过滤，以减少微粒对进样阀的磨损。②转动阀芯时不能太慢，更不能停留在中间位置，否则流动相受阻，使泵内压力剧增，甚至超过泵的最大压力；再转到进样位时，过高的压力将使柱头损坏。③为防止缓冲盐和样品残留在进样阀中，每次分析结束后应冲洗进样阀。通常可用水冲洗，或先用能溶解样品的溶剂冲洗，再用水冲洗。

（4）自动进样。用于大量样品的常规分析，液相色谱仪自动进样器特点主要有完全装液和部分装液法精确进样，进样量可任意设定；进样针采用四种不同溶剂或样品清洗，最大限度地降低样品交叉污染；样品抽提和进样速度可任意调节，适应不同黏度系数的样品；采用工业标准的六通阀进样，兼顾手工进样。

2. 六通阀进样装置

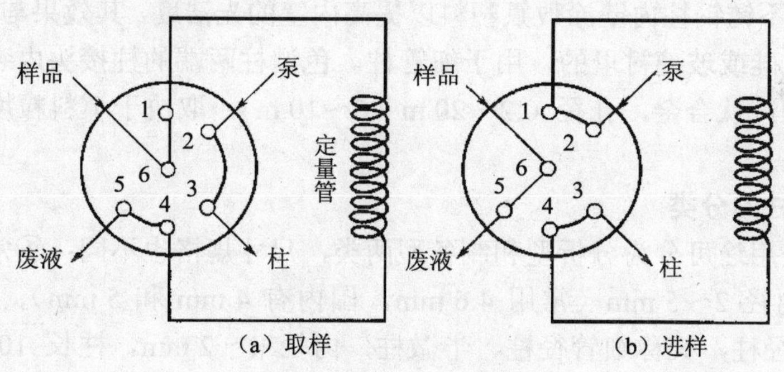

图 8-9　六通阀进样

六通进样阀是由美国 Rheodyne 公司生产，阀体采用不锈钢材料，旋转密封部分是由合金陶瓷材料制成，既耐磨，密封性能又好，当进样阀手柄置于“load”位置，用平头注射器（10 μL）吸取比定量管体积（5 μL 或 10 μL）稍多的样品，从“6”处注入定量管，多余的样品由“5”排出。旋转手柄位置至“inject”位置，流动相将样品携带进入色谱柱。

五、色谱柱

色谱是一种分离分析手段，分离是核心，因此担负分离作用的色谱柱是色谱系统的心脏。对色谱柱的要求是柱效高、选择性好、分析速度快等。市售的用于 HPLC 的各种微粒填料如多孔硅胶以及以硅胶为基质的键合相、氧化铝、有机聚合物微球（包括离子交换树脂）、多孔碳等，其粒度一般为 3 μm、5 μm、7 μm、10 μm 等，柱效理论值可达 5 万～16 万/m。对于一般的分析只需 5 000 塔板数的柱效；对于同系物分析，只要 500 即可；对于较难分离物质对则可采用高达 2 万的柱子，因此一般 10～30 cm 的柱长就能满足复杂混合物分析的需要。

柱效受柱内外因素影响，为使色谱柱达到最佳效率，除柱外死体积要小外，还要有合理的柱结构（尽可能减少填充床以外的死体积）及装填技术。即使最好的装填技术，在柱中心部位和沿管壁部位的填充情况总是不一样的，靠近管壁的部位比较疏松，易产生沟流，流速较快，影响冲洗剂的流形，使谱带加宽，这就是管壁效应。这种管壁区大约是从管壁向内算起 30 倍粒径的厚度。在一般的液相色谱系统中，柱外效应对柱效的影响远远大于管壁效应。

1. 色谱柱的构造

色谱柱由柱管、压帽、卡套（密封环）、筛板（滤片）、接头、螺丝等组成。柱管多用不锈钢制成，压力不高于 70 kg/cm^2 时，也可采用厚壁玻璃或石英管，管内壁要求有很高的光洁度。为提高柱效减小管壁效应，不锈钢柱内壁多经过抛光。也有人在不锈钢柱内壁涂敷氟塑料以提高内壁的光洁度，其效果与抛光相同。还有使用熔融硅或玻璃衬里的，用于细管柱。色谱柱两端的柱接头内装有筛板，是烧结不锈钢或钛合金，孔径 0.2～20 m（5～10 m），取决于填料粒度，目的是防止填料漏出。

2. 色谱柱的分类

色谱柱按用途可分为分析型和制备型两类，尺寸规格也不同：①常规分析柱（常量柱），内径 2～5 mm（常用 4.6 mm，国内有 4 mm 和 5 mm），柱长 10～30 cm；②窄径柱，又称细管径柱、半微柱，内径 1～2 mm，柱长 10～20 cm；③毛细管柱，又称微柱，内径 0.2～0.5 mm；④半制备柱，内径＞5 mm；⑤实验室制备柱，内径 20～40 mm，柱长 10～30 cm；⑥生产制备柱内径可达几十厘米。柱内径一般是根据柱长、填料粒径和折合流速来确定，目的是为了避免管壁效应。

3. 色谱柱的发展方向

为了提高分析速度，人们积极开发出短柱，柱长 3～10 cm，填料粒径 2～3 m。为了提高分析灵敏度，与质谱（MS）连接，而发展出窄径柱、毛细管柱和内径小于 0.2 mm 的微径柱。细管径柱的优点是：①节省流动相；②灵敏度增加；③样品量少；④能使用长柱达到高分离度；⑤容易控制柱温；⑥易于实现 LC-MS 联用。

但由于柱体积越来越小，柱外效应的影响就更加显著，需要更小池体积的检测器（甚至采用柱上检测）、更小死体积的柱接头和连接部件。配套使用的设备应具备如下性能：输液泵能精密输出 1～1 00 L/min 的低流量，进样阀能准确、重复地进样微小体积的样品。且因上样量小，要求高灵敏度的检测器，电化学检测器和质谱仪在这方面具有突出优点。

4．色谱柱的填充和性能评价

色谱柱的性能除了与固定相性能有关外，还与填充技术有关。在正常条件下，填料粒度＞20 m 时，干法填充制备柱较为合适；颗粒＜20 m 时，湿法填充较为理想。填充方法一般有 4 种：①高压匀浆法，多用于分析柱和小规模制备柱的填充；②径向加压法，Waters 专利；③轴向加压法，主要用于装填大直径柱；④干法。柱填充的技术性很强，大多数实验室使用已填充好的商品柱。

高效液相色谱柱的获得，装填技术是重要环节，但根本问题还在于填料本身性能的优劣，以及配套的色谱仪系统的结构是否合理。

无论是自己装填的还是购买的色谱柱，使用前都要对其性能进行考察，使用期间或放置一段时间后也要重新检查。柱性能指标包括在一定实验条件下（样品、流动相、流速、温度）的柱压、理论塔板高度和塔板数、对称因子、容量因子和选择性因子的重复性或分离度。一般来说，容量因子和选择性因子的重复性在±5%或±10%以内。进行柱效比较时，还要注意柱外效应是否有变化。

一份合格的色谱柱评价报告应给出柱的基本参数，如柱长、内径、填料的种类、粒度、色谱柱的柱效、不对称度和柱压降等。

5．色谱柱的使用和维护注意事项

色谱柱的正确使用和维护十分重要，稍有不慎就会降低柱效、缩短使用寿命甚至损坏。在色谱操作过程中，需要注意下列问题，以维护色谱柱。

（1）避免压力和温度的急剧变化及任何机械震动。温度的突然变化或者使色谱柱从高处掉下都会影响柱内的填充状况；柱压的突然升高或降低也会冲动柱内填料，因此在调节流速时应该缓慢进行，在阀进样时阀的转动不能过缓。

（2）应逐渐改变溶剂的组成，特别是反相色谱中，不应直接从有机溶剂改变为全部是水，反之亦然。

（3）一般来说色谱柱不能反冲，只有生产者指明该柱可以反冲时，才可以反冲除去留在柱头的杂质。否则反冲会迅速降低柱效。

（4）选择使用适宜的流动相（尤其是 pH），以避免固定相被破坏。有时可以在进样器前面连接一预柱，分析柱是键合硅胶时，预柱为硅胶，可使流动相在进入分析柱之前预先被硅胶“饱和”，避免分析柱中的硅胶基质被溶解。

（5）避免将基质复杂的样品尤其是生物样品直接注入柱内，需要对样品进行预处理或者在进样器和色谱柱之间连接一保护柱。保护柱一般是填有相似固定相的短柱。保护柱可以而且应该经常更换。

（6）经常用强溶剂冲洗色谱柱，清除保留在柱内的杂质。在进行清洗时，对流路系统中流动相的置换应以相混溶的溶剂逐渐过渡，每种流动相的体积应是柱体积的 20 倍左右，即常规分析需要 50～75 mL。

色谱柱的清洗溶剂及顺序：

硅胶柱以正己烷（或庚烷）、二氯甲烷和甲醇依次冲洗，然后再以相反顺序依次冲洗，所有溶剂都必须严格脱水。甲醇能洗去残留的强极性杂质，己烷使硅胶表面重新活化。反相柱以水、甲醇、乙腈、二氯甲烷（或氯仿）依次冲洗，再以相反顺序依次冲洗。如果下一步分析用的流动相不含缓冲液，那么可以省略最后用水冲洗这一步。二氯甲烷能洗去残留的非极性杂质，在甲醇（乙腈）冲洗时重复注射 100～200 L 四氢呋喃数次有助于除去强疏水性杂质。四氢呋喃与乙腈或甲醇的混合溶液能除去类脂，有时也可注射二甲亚砜数次。此外，用乙腈、丙酮和三氟醋酸（0.1%）梯度洗脱能除去蛋白质污染。

阳离子交换柱可用稀酸缓冲液冲洗，阴离子交换柱可用稀碱缓冲液冲洗，除去交换性能强的盐，然后用水、甲醇、二氯甲烷（除去吸附在固定相表面的有机物）、甲醇、水依次冲洗。

（7）保存色谱柱时应将柱内充满乙腈或甲醇，柱接头要拧紧，防止溶剂挥发干燥。绝对禁止将缓冲溶液留在柱内静置过夜或更长时间。

（8）色谱柱使用过程中，如果压力升高，一种可能是烧结滤片被堵塞，这时应更换滤片或将其取出进行清洗；另一种可能是大分子进入柱内，使柱头被污染；如果柱效降低或色谱峰变形，则可能柱头出现塌陷，死体积增大。

在后两种情况发生时，小心拧开柱接头，用洁净小钢将柱头填料取出 1～2 mm 高度（注意把被污染填料取净），再把柱内填料整平。然后用适当溶剂湿润的固定相（与柱内相同）填满色谱柱，压平，再拧紧柱接头。这样处理后柱效能得到改善，但是很难恢复到新柱的水平。

柱子失效通常是柱端部分，在分析柱前装一根与分析柱相同固定相的短柱（5～30 mm），可以起到保护、延长柱寿命的作用。采用保护柱会损失一定的柱效，这是值得的。

通常色谱柱寿命在正确使用时可达 2 年以上。以硅胶为基质的填料，只能在 pH 2～9 范围内使用。柱子使用一段时间后，可能有一些吸附作用强的物质保留于柱顶，特别是一些有色物质更易看清被吸着在柱顶的填料上。新的色谱柱在使用一段时间后柱顶填料可能塌陷，使柱效下降，这时也可补加填料使柱效恢复。

每次工作完后，最好用洗脱能力强的洗脱液冲洗，例如 ODS 柱宜用甲醇冲洗至基线平衡。当采用盐缓冲溶液作流动相时，使用完后应用无盐流动相冲洗。

含卤族元素（氟、氯、溴）的化合物可能会腐蚀不锈钢管道，不宜长期与之接触。装在 HPLC 仪上柱子如不经常使用，应每隔 4～5 d 开机冲洗 15 min。

6．柱温箱

在高效液相色谱分析中，色谱柱及某些检测器都要求能准确地控制工作环境温度，柱子的恒温精度要求在±0.1～0.5℃，检测器的恒温要求则更高。

（1）温度对溶剂的溶解能力、色谱柱的性能、流动相的黏度都有影响。一般来说，温度升高，可提高溶质在流动相中的溶解度，从而降低其分配系数 K，但对分离选择性影响不大；还可使流动相的黏度降低，从而改善传质过程并降低柱压。但温度太高易使流动相产生气泡。

（2）色谱柱的不同工作温度对保留时间、相对保留时间都有影响。在凝胶色谱中使用软填料时温度会引起填料结构的变化，对分离有影响；但如使用硬质填料则影响不大。

（3）在液固吸附色谱法和化学键合相色谱法中，温度对分离的影响并不显著，通常实验在室温下进行操作。在液固色谱中有时将极性物质（如缓冲剂）加入流动相中以调节其分配系数，这时温度对保留值的影响很大。

（4）不同的检测器对温度的敏感度不一样。紫外检测器一般在温度波动超过±0.5℃时，就会造成基线漂移起伏。示差折光检测器的灵敏度和最小检出量常取决于温度控制精度，因此需控制在±0.001℃左右。微吸附热检测器也要求在±0.001℃以内。

所以配置一只性能良好的柱温箱，会使分析结果重现性更好，提高柱效，降低柱压，保证检测稳定性。

六、检测器

检测器是高效液相色谱仪的关键部件之一。其作用是把洗脱液中组分的量转变为电信号，并由记录系统绘出谱图来进行定性和定量分析。高效液相色谱仪的检测器要求灵敏度高、噪声低（即对温度、流量等外界变化不敏感）、线性范围宽、重复性好和适用范围广。

1．检测器的分类

（1）按原理可分为光学检测器（如紫外、荧光、示差折光、蒸发光散射）、热学检测器（如吸附热）、电化学检测器（如极谱、库仑、安培）、电学检测器（电导、介电常数、压电石英频率）、放射性检测器（闪烁计数、电子捕获、氦离子化）以及氢火焰离子化检测器。

（2）按测量性质可分为通用型和专属型（又称选择型）。通用型检测器测量的是一般物质均具有的性质，它对溶剂和溶质组分均有反应，如示差折光检测器、蒸发光散射检测器。通用型的灵敏度一般比专属型的低。专属型检测器只能检测某些组分的某一性质，如紫外检测器、荧光检测器，它们只对有紫外吸收或荧光发射的组分有响应。

（3）按检测方式分为浓度型和质量型。浓度型检测器的响应与流动相中组分的浓度有关，质量型检测器的响应与单位时间内通过检测器的组分的量有关。

（4）检测器还可分为破坏样品和不破坏样品两种。

2. 检测器的性能指标

（1）噪声和漂移。在仪器稳定之后，记录基线 1 h，基线带宽为噪声，基线在 1 h 内的变化为漂移。它们反映检测器电子元件的稳定性，及其受温度和电源变化的影响，如果有流动相从色谱柱流入检测器，那么它们还反映流速（泵的脉动）和溶剂（纯度、含有气泡、固定相流失）的影响。噪声和漂移都会影响测定的准确度，应尽量减小。

（2）灵敏度。表示一定量的样品物质通过检测器时所给出的信号大小。对浓度型检测器，它表示单位浓度的样品所产生的电信号的大小，单位为 mV/（mL/g）。对质量型检测器，它表示在单位时间内通过检测器的单位质量的样品所产生的电信号的大小，单位为 mV/（s/g）。

（3）检测限。检测器灵敏度的高低，并不等于它检测最小样品量或最低样品浓度能力的高低，因为在定义灵敏度时，没有考虑噪声的大小，而检测限与噪声的大小是直接有关的。

检测限指恰好产生可辨别的信号（通常用 2 倍或 3 倍噪声表示）时进入检测器的某组分的量[对浓度型检测器指在流动相中的浓度（注意与分析方法检测限的区别），单位 g/mL 或 mg/mL；对质量型检测器指的是单位时间内进入检测器的量，单位 g/s 或 mg/s]。又称为敏感度。$D=2N/S$，式中，N 为噪声，S 为灵敏度。通常是把一个已知量的标准溶液注入检测器中来测定其检测限的大小。

检测限是检测器的一个主要性能指标，其数值越小，检测器性能越好。值得注意的是，分析方法的检测限除了与检测器的噪声和灵敏度有关外，还与色谱条件、色谱柱和泵的稳定性及各种柱外因素引起的峰展宽有关。

（4）线性范围。指检测器的响应信号与组分量呈直线关系的范围，即在固定灵敏度下，最大与最小进样量（浓度型检测器为组分在流动相中的浓度）之比。也可用响应信号的最大与最小的范围表示，例如 Waters 996 PDA 检测器的线性范围是–0.1～2.0A。

定量分析的准确与否，关键在于检测器所产生的信号是否与被测样品的量始终呈一定的函数关系。输出信号与样品量最好呈线性关系，这样进行定量测定时既准确又方便。但实际上没有一台检测器能在任何范围内呈线性响应。通常 $A=$

BC^x，B 为响应因子，当 $x=1$ 时，为线性响应。对大多数检测器来说，x 只在一定范围内才接近于 1，实际上通常只要 $x=0.98\sim1.02$ 就认为它是呈线性的。

线性范围一般可通过实验确定。我们希望检测器的线性范围尽可能大些，能同时测定主成分和痕量成分。此外还要求池体积小，受温度和流速的影响小，能适合梯度洗脱检测等。

高效液相色谱仪使用的检测器主要有紫外吸收检测器、折光指数检测器、电导检测器和荧光检测器等。它们都是利用溶质的某一物理或化学性质与流动相有差异的原理，当溶质从色谱柱流出时，会导致流动相背景值发生变化，从而在色谱图上以色谱峰的形式记录下来。几种主要检测器的基本特性列于表 8-3。

表 8-3　常见检测器的基本特性

检测器	检测下限/（g/mL）	线性范围	选择性	梯度洗脱	主要特点
紫外检测器	10^{-10}	10^{3}	有	可	对流速和温度变化敏感；池体积可制作得很小；对溶质的响应变化大
示差折光检测器	10^{-7}	10^{4}	无	不可	可检测所有物质；不适合微量分析；对温度变化敏感
电导检测器	10^{-3}	10^{4}	有	不可	是离子性物质的通用检测器；受温度和流速影响；不能用于有机溶剂体系
荧光检测器	10^{-11}	10^{3}	有	可	选择性和灵敏度高；易受背景荧光、消光、温度、pH 和溶剂的影响

七、色谱数据处理系统

高效液相色谱的分析结果已经普遍使用专用的色谱工作站进行数据处理，不同的生产厂商都配置了专用的硬件接口和软件系统。如日本岛津的 CLASS-VP 色谱数据处理系统，安捷伦的工作站有两种型号，分别是 Chemstation 和 EZ-Chrom，国内则有浙江大学推出的 N3000 系列通用的色谱数据工作站。

色谱工作站一般由计算机、打印机和专用软件等组成，可以实现仪器的自行诊断功能、全部操作参数控制功能、智能化数据处理和谱图处理功能，还能实现计量认证和网络运行等功能。

第四节　分析方法的建立和实验技术

一、分析方法的建立

高效液相色谱法用于未知样品的分离和定性及定量分析，通常采用吸附色谱、分配色谱、离子色谱和体积排阻四种色谱分析方法，而亲和色谱则主要用于生物分子的检测。一种高效液相色谱分析方法的建立，是由多个条件决定的，主要根据被分析样品的性质和实验室的工作条件，同时要查阅有关样品的资料和相近的分析体系资料，选择一种适合被测样品分析的高效液相色谱方法；选择一种适合的色谱柱，包括柱的长度和内径、固定相的种类、粒径大小和孔径；初步确定分离操作条件，柱温、检测波长、流动相的组成、流速、洗脱方式等。

1. 柱分离模式的选择

要正确地选择色谱柱的分离模式，首先必须尽可能多地了解被分析样品的有关性质，其次必须熟悉各种色谱方法的主要特点及其应用范围。选择色谱分离方法的主要根据是样品的相对分子质量的大小、在水中和有机溶剂中的溶解度、极性和稳定程度以及化学结构等物理、化学性质等。

（1）相对分子质量。对于水溶性样品，若分子量小于 2 000，且分子量差别不大，可以使用吸附色谱或者分配色谱法进行分析；如果分子量差别较大，则要使用凝胶色谱进行分离；如果分子量差别较大，而且是离子型的，则要考虑使用离子对色谱法进行分离；对于弱电离的可以使用离子色谱法进行分离。对于分子量大于 2 000 的体系，则一般采用凝胶过滤色谱法进行分离。

对于油溶性样品，若分子量小于 2 000，且分子量差别不大，则要看其是离子型的还是非离子型的。如果是非离子型的则应考虑其是否为同分异构体或具有不同极性的组分，可以使用吸附色谱或者键合相色谱法进行分析；若为离子型的则可以采用离子对色谱法进行分析。若分子量大于 2 000，最好采用凝胶渗透色谱法进行分析。

（2）溶解度。进行样品的溶解度实验是液相色谱分析前期必做的工作，进行溶样分析可以首先判断样品在有机溶剂和水溶液中的相对溶解度。由样品在有机溶剂中溶解度的大小，初步判断样品是极性化合物还是非极性化合物，从而决定使用极性溶剂还是非极性溶剂。

如果样品溶于非极性溶剂，通常就要使用吸附色谱或者正相分配色谱法进行分析，如果样品溶于极性溶剂，则表明样品是极性化合物，一般使用反相色谱法进行分析。如果样品溶于水相，要继续检查水溶液的 pH 值，若呈中性，为非离子型组分，则采用键合相色谱法进行分析，若 pH 值呈弱酸性，可以考虑采用抑制样品电离的方法，在流动相中加入 H_2SO_4、H_3PO_4 调节 pH＝2～3，再用反相键合色谱法进行分析。若 pH 值呈弱碱性，则可向流动相中加入阳离子反离子，再用离子对色谱法进行分析。

（3）样品分子的化学结构。根据样品的来源可以初步了解样品分子的分子结构，这对选择色谱分析方法很重要。

对于同系物的分析，一般采用吸附色谱、分配色谱或者键合色谱法都可以进行分析，同系物在谱图上都表现出随分子量的增加，保留时间都会有所增加的特点。

对于同分异构体的分析最好采用吸附色谱法进行，可以利用硅胶吸附剂对异构体的不同结构的特点，选择性地进行吸附分离，往往会得到满意的分析结果。而对于具有手性对应的异构体的分析，一般则采用具有光学活性的固定相或者流动相进行分离。对于生物大分子一般都是采用凝胶过滤色谱或者亲和色谱法进行分离和分析。

若样品中包含离子型或可离子化的化合物，或者能与离子型化合物相互作用的化合物（例如配位体及有机螯合剂），可首先考虑用离子交换色谱，但空间排阻和液液分配色谱也都能顺利地应用于离子化合物；异构体的分离可用液固色谱法；具有不同官能团的化合物、同系物可用液液分配色谱法；对于高分子聚合物，可用空间排阻色谱法。

2. 色谱条件的选择

进行高效液相色谱分析，当确定了选用的液相色谱的方法之后，还要就灵敏度、载样量、分析速度、溶剂损耗、成本、色谱柱寿命等问题做全面考量，进一步确定色谱操作的分离条件，并不断优化色谱操作条件，达到满意的分离效果，从而进行定性和定量分析。色谱条件主要包括色谱柱的种类和参数的选择、柱温、流动相及其组成、流量及流速大小、检测器种类及其参数的确定、采用恒定组成流动相洗脱还是梯度洗脱等。

二、实验技术

1. 样品的预处理技术

随着被分析样品的组分越来越复杂，形态越来越多样，对分离和分析的要求越来越高，复杂样品的前处理技术近些年来也得到了迅猛发展。在分析仪器本身技术不断进步的同时，相对应的前处理方法也在不断地被研究和应用，过去使用的蒸馏、升华、沉淀、过滤、络合、索氏提取等方法已经逐步被弃用，现代的前处理技术正在向着具有以下特点的方向发展：①操作简单；②选择性好；③有机溶剂用量少，对环境污染小；④成本低廉；⑤能与新的分析仪器兼容；⑥分离效率高；⑦应用范围广。

主要有以下几种样品预处理方法：

（1）液—液萃取技术（LLE）。是一种比较成熟的样品预处理技术，其分离的原理是利用待测组分在两个互不相溶的液相中的分配系数不同，把目标物由一个液相转移到另外一个液相。在进行液—液萃取的时候，最关键的因素有下面几个：首先是确保待测组分在两相中分配系数要有一定的差异；其次是所用的溶剂易于挥发，以便容易脱掉溶剂；再次，两液相的黏度不能相差太大，这样有利于两相的充分混合接触，提高待测组分的萃取效率。由于液—液萃取需要用到大量的有机溶剂，耗时比较长，并且其选择性比较差，一般被用于初步的分离操作，此外，两液相在相互混合的时候容易出现乳化或者沉淀等现象，也限制了其应用的范围。

（2）固相萃取技术（SPE）。是一种由液固萃取和液相色谱技术相结合发展而来的微量样品前处理技术，利用固体吸附剂将液体样品中的目标化合物吸附，与样品的基体和干扰化合物分离，然后再用洗脱液洗脱，达到分离和富集目标化合物的目的。因其具有安全、回收率高、重现性好，操作简便、快速、易实现自动化等特点，从而显示出良好的发展前景，在相关领域的应用越来越多。

固相萃取实际上采用的是液相色谱的分离原理，分离模式主要包括反相、正相、离子交换和吸附。固相萃取所用的吸附剂与液相色谱常用的固定相相同，只是在填料的形状和粒径上有所区别。一般来讲，固相萃取填料的粒径分布较液相色谱用固定相要宽，而且固相萃取小柱是一次性消耗品。固相萃取小柱的吸附剂通常装填于聚丙烯柱筒底部，并由上下两层聚丙烯或聚四氟乙烯筛板固定；也有用 96 孔形式的固相萃取小柱。固相萃取小柱的大小规格、吸附剂的种类及装填量都有多种选择。固相萃取小柱的使用包括以下基本步骤。

活化：首先用较强洗脱能力的溶剂润湿吸附剂，而后再以较弱洗脱能力的溶剂润湿小柱，从而保证样品在小柱上有足够的保留。

上样：选择强度相对较弱的溶剂溶解样品。液体样品被加到 SPE 小柱上后，不保留或弱保留的组分随溶剂流出，待测组分和其他强保留组分保留在吸附剂上。

淋洗：用不会将待测组分洗脱出来的溶剂（样品溶剂或稍强溶剂）淋洗小柱，随后采用抽真空或高速离心来排除残余溶剂。

洗脱：用尽量少的较强溶剂将待测组分洗脱出来，而剩余较强的基体组分仍然保留在填料中。对于收集到的淋洗液，可进一步吹干，用适当溶剂定溶，也可用于直接进样。

SPE 主要用于微量和痕量分析，选择性能比较好，与液—液萃取相比减少了有机溶剂的用量，简化了样品处理步骤，操作快速，易于实现自动化。后来逐渐发展的自动固相萃取装置为在线分析仪器提供了前处理技术支持，该项技术在环境科学、食品检测、医药卫生、临床医学、生物化学中得到了广泛的应用。但其主要的缺点是固体吸附剂的使用效率不高、样品的回收率低、灵敏度不高，对部分极性化合物的萃取也存在一些问题，有待进一步研究解决。

（3）固相微萃取技术（SPME）。是 20 世纪 90 年代兴起的一项新颖的样品前处理与富集技术，它是在 SPE 的基础上发展起来的，其原理基于待测组分在样品与萃取涂层之间的分配平衡。其装置类似于一支微量进样器，萃取头是在一根石英纤维上涂上固相微萃取涂层，外套细不锈钢管以保护石英纤维，纤维头可在钢管内伸缩，将纤维头浸入样品溶液中或置于样品溶液上方的空气中一段时间，同时搅拌或者加热溶液以加速两相间达到平衡，然后取出纤维头，根据与分析仪器的兼容性可以选择热解吸（气相色谱）和溶剂洗脱（液相色谱）。与 LLE 和 SPE 相比，SPME 的优点是有机溶剂使用量少或者可以不使用，集采样、萃取、浓缩、进样于一体，灵敏度高、选择性强、适用样品范围广、可分析复杂样品、进样空白值小、简单快速且易于自动化，可以用于气体、液体、生物、固体样品中各类挥发性或半挥发性物质的分析，是一项极具发展前景的样品前处理技术。其缺点是固定相涂层的使用寿命不长，且可能存在残留，引起交叉污染。目前 SPME 技术应用的领域有环境监测、生物科学、食品分析、临床医学等领域。

（4）超临界流体萃取技术（SFE）。是最近 30 年来才发展起来的一种新型分离萃取技术。超临界流体是指临界温度（T_c）和临界压力（P_c）状态下的高密度流体，具有气体和液体的双重特性，其黏度与气体相似，但扩散系数比液体大得多，密度和液体相近。原理是利用超临界流体的溶解能力与其密度的关系，即利用压力和温度对超临界流体的溶解能力，将超临界流体与待分离的物质接触，选择性地把待测组分按照极性大小、沸点高低、分子量大小顺序依次萃取出来。对应压力范围所得到的萃取物不是单一的，但可以控制条件得到最佳比例的混合成分，然后借助减压、升温的方法使超临界流体变成普通气体，被萃取物质则完全或基本析出，从而达到分离提纯的目的，所以其过程是由萃取和分离组合而成的。常使用的超临界流体有二氧化碳（CO_2）、氮气（N_2）、氧化二氮（N_2O）、乙烯（C_2H_4）、三氟甲烷（CHF_3）等。其优点是大多数超临界流体有相对惰性，无毒，处理完后没有残留；萃取过程密闭，防止了组分的氧化和逸散；可以在室温下萃取高沸点、低挥发度和易热解的物质；超临界流体可以循环使用，能耗低；易于自动化等。主要用于中药提取、食品分析、环境保护、生物工程等领域。

（5）微波辅助萃取技术（MAE）。是一种分离速度快且溶剂用量少的新型前处理技术，利用微波能强化溶剂萃取效率，即利用微波加热来加速溶剂对固体样品中目标萃取物（主要是有机化合物）的萃取。主要原理是物质中的极性分子在微波的作用下快速活化，分子间的剧烈碰撞导致物质在短时间内迅速升温，由于不同物质的介电常数不同，在微波场中，萃取体系中各种物质被选择性地加热，被加热的物质物理性质发生变化，变得容易进入介电常数小的萃取溶剂中。极性溶剂能更好地吸收微波，提高溶剂活性，所以在微波辅助萃取中一般选择极性溶剂作为萃取溶剂。微波萃取的主要特点是：快速高效、有机溶剂用量少、环境友好、可根据吸收微波能力的大小选择不同的萃取溶剂和选择性能高等。主要应用的领域有天然产物分离、食品、医药和农药残留的前处理过程。

另外，在某些试样中，常含有多量的蛋白质、脂肪及糖类等物质。它们的存在将影响组分的分离测定，同时容易堵塞和污染色谱柱，使柱效降低，经常采用溶剂萃取、吸附、超速离心及超过滤等操作进行处理。可以利用吸附操作除去样品中杂质，将吸附剂直接加到试样中，或将吸附剂填充于柱内进行吸附。亲水性物质用硅胶吸附，而疏水性物质可用聚苯乙烯—二乙烯基苯等类树脂吸附。除去样品中蛋白质的办法，一般是向试样中加入三氯醋酸或丙酮、乙腈、甲醇，蛋白质被沉淀下来，然后经超速离心，吸取上层清液供分析测定，也可以使用多孔膜过滤进行超过滤，可除去蛋白质等高分子物质。

2. 溶剂的纯化技术

在高效液相色谱分析操作中，正相色谱主要以正己烷为流动相主体，二氯甲烷、氯仿等作为改良剂；反相色谱则以水作为主体，以甲醇、乙腈、四氢呋喃等作为改良剂，纯度采用色谱纯，满足高效液相色谱分析的要求，为了防止微粒杂质堵塞流路或柱入口的垫片，流动相在使用前一定要经过 0.45 μm 的微孔滤膜过滤后再使用。

正相色谱中使用的正己烷、二氯甲烷、氯仿等流动相中经常含有微量的水分，会影响液固色谱柱的分离性能，使用前经常使用球形分子筛脱去其中微量的水分。反相色谱中使用的水，一般是向蒸馏水中加入少许高锰酸钾，在 pH 9～10 的条件下进行蒸馏处理，可用于常规洗脱；用于梯度洗脱的水，应进行二次蒸馏。甲醇、乙腈、四氢呋喃等则不用脱出微量的水分，但最好经硅胶柱净化，以除去其中具有紫外吸收的杂质，乙腈的纯度达不到要求时会对紫外吸收检测产生严重的干扰，而四氢呋喃长期放置时会产生过氧化物，使用前应用 10%KI 溶液检验无过氧化物时再使用。此外卤代烃中的杂质，如氯仿长期存放可能会生成光气，二氯甲烷中还可能会含有氯化氢等杂质，都会对分析产生不良的影响。

经过各种纯化处理的流动相，在使用之前一定要进行超声或者真空脱气处理，因为溶解在溶剂中的气体会在管道、输液泵或检测池中以气泡形式逸出，影响正常操作的进行。

3. 色谱柱的平衡、存放、再生技术

高效液相色谱柱大都填充了高效全多孔球形微粒固定相，并采用高压匀浆法填充，如果使用不当会造成塔板数下降，色谱峰变形、柱压力降增大，保留时间变化无常等情况，直接影响色谱柱的使用寿命。所以每天用足够的时间来平衡色谱柱，就会在处理问题方面获得最大的“补偿”，而且色谱柱的寿命也会变得更长。

反相色谱柱出厂时一般都是保存在乙腈—水中，正相色谱柱则多是保存在正己烷（正庚烷）中。由于运输或者长期存放，溶剂会挥发或者部分挥发，造成键合相的空间分子结构发生变化，为此新的色谱柱在使用的时候，一定要进行色谱柱的平衡处理。

反相色谱柱的平衡方法是用纯乙腈或者甲醇为流动相，采用 0.2 mL/min 的低流速将色谱柱平衡过夜（请注意不要开检测器），然后再用 0.8 mL/min 的流速冲洗 30 min 以便将色谱柱的填料充分平衡。平衡过程中缓慢地提高流速直到获得稳定的基线，即可进行分析工作。如果使用的流动相中含有缓冲盐，要首先使用 15～20 倍柱体积的 5%的乙腈—水流动相进行“过渡”，然后使用分析样品的流动相冲洗，直到得到稳定的基线进行分析工作。

正相色谱柱的平衡方法是先用正己烷以 0.2 mL/min 的流速冲洗过夜，再用正己烷—乙腈（99∶1）以 0.5 mL/min 的流速冲 10～15 倍柱体积，再选用氯仿或二氯甲烷以相同的流速冲 20 倍柱体积，最后换成测定时的流动相直到得到稳定的基线。如果该色谱柱需要使用含水的流动相，请在使用流动相之前用异丙醇过渡，平衡的时间更长。当使用乙醇、异丙醇等黏度大的流动相时，色谱柱的平衡时间也会更长。

对于硅胶基体的键合固定相，流动相的 pH 一般保持在 2.5～7.0，如果流动相的 pH 过高会溶解硅胶，键合相容易流失，柱效下降。再使用水溶性流动相时，为了防止微生物繁殖阻塞柱子，可以加入 0.01%的叠氮化钠，抑制微生物的繁殖。

硅胶、氧化铝或者正相键合柱，应保存在流动相中；氰基柱不能保存在纯溶剂中，应保留在使用的流动相中；氨基柱最好保存在乙腈溶剂中，C_{18} 反相柱保存在纯甲醇溶剂中，其他的交联型等新型柱子的保存要注意出厂时的标记。

在分析过程中不可避免地有无机盐、类脂、脂肪、疏水蛋白质等化合物被保留在柱子上，引起色谱峰的变化，如出现小的色谱峰、突起、基线扰动、漂移、甚至出现负峰等现象，需要找到一种适当的溶剂能够除去污染物，对柱子进行清洗和再生操作。

正相柱子的再生方法一般按照庚烷、氯仿、乙酸乙酯、丙酮（氨基柱不能用）、甲醇、5%甲醇水溶液的次序进行，每种溶剂用量一般在 30～50 mL，最后用纯甲醇将水带出。NH_2 改型的柱子进行再生时，由于 NH_2 可能以铵根离子的形式存在，所以在水洗后要用 0.1 mol/L 的氨水冲洗，然后再用水冲洗至碱溶液完全流出。

反相硅胶键合相色谱柱的清洗和再生，如 C_{18}、C_8、C_4、苯基、氰丙基、醚基等，一般使用甲醇、乙腈、四氢呋喃等强洗脱溶剂进行洗脱，可以除去大量的污染物。如果水相使用了缓冲溶液，为了防止无机盐在纯有机溶剂中析出，阻塞管路，应首先使用 10 个柱体积的纯水冲洗色谱柱，然后再用 20 个柱体积的强有机溶剂清洗色谱柱。

当需要用一系列的有机溶剂进行清洗色谱柱时，应逐渐增加洗脱强度，一般的清洗顺序为：100%甲醇、100%乙腈、75%乙腈＋25%异丙醇、100%异丙醇、100%二氯甲烷、100%正己烷。这里一定要注意在使用了二氯甲烷、正己烷后，一定要用异丙醇过渡，然后才能转换使用含水的流动相。每种溶剂最低应使用 15 倍的柱体积进行冲洗，流速一般在 1～2 mL/min.

第五节 实验内容

实验一 高效液相色谱法测定面粉中增白剂的含量

一、实验目的

（1）学习高效液相色谱法的基本原理。

（2）了解高效液相色谱仪的主要组成及各部分的作用，熟悉高效液相色谱仪的操作规程和注意事项。

（3）掌握高效液相色谱法测定面粉中增白剂的含量。

（4）掌握 CLASS-VP 的操作规程。

二、实验原理

1．高效液相色谱仪工作原理

高效液相色谱仪使用的检测器主要有紫外吸收检测器、折光指数检测器、电导检测器和荧光检测器等。它们都是利用溶质（被测样品）的某一物理或化学性质与流动相有差异的原理，当溶质从色谱柱流出时，会导致流动相背景值发生变化，从而在色谱图上以色谱峰的形式记录下来。经常使用的是紫外吸收检测器，当光束通过流动检测池时，光强度将被部分吸收，吸收的程度取决于某种样品的浓度，这样便可根据光的吸收程度来计算出样品的含量。

当光强度为 I_0 的光束通过被测样品的浓度为 c 的介质时，光强度减弱至 I，其服从朗伯-比尔定律：

$$A=\lg (I_0/I) =KcL$$

2．面粉中过氧化苯甲酰的测定方法

过氧化苯甲酰是一种面粉改良剂，国外使用得较早。近些年来国内许多厂商也开始使用，但由于不了解其性能和准确的科学检测方法，为了追求面粉的质的白而经常过量加入，造成食品中的β-胡萝卜素、维生素 A、维生素 B、维生素 E 等营养成分的大量破坏，并且，其还原产物苯甲酸也不利于人体健康，所以各个国家都规定了限量标准。美、英等国允许的最大用量为 0.05 g/kg，我国在 1997 年修订的《食品添加剂使用卫生标准》中规定过氧化苯甲酰最大使用量为 0.06 g/kg。

过氧化苯甲酰的分析方法有气相色谱法、间接碘量法、铁粉还原比色法等。间接碘量法操作虽然方便，但只适用于过氧化苯甲酰纯品或接近纯品的分析，对于面粉等含量较低的样品，分析结果重现性差，不稳定。铁粉还原比色法虽然适合面粉中过氧化苯甲酰的定量，但操作时间过长，一般需要 2 天时间。而气相色谱法虽然灵敏度高，但样品的前处理也很麻烦、费时，并且样品前处理时过氧化苯甲酰的全部还原也很难保证，往往造成测量误差。

本实验工作旨在建立一种测定面粉中过氧化苯甲酰相对简单的高效液相色谱分析方法，面粉无须经过还原处理直接用石油醚抽提过滤，定容后直接进样分析，得到了理想的色谱图，能对样品中的过氧化苯甲酰和苯甲酸同时测定。

3．高效液相色谱仪工作流程图

流动相（溶剂）→高压输液泵→进样器→色谱柱→检测器→中央控制器（色谱工作站）。

（1）流动相（溶剂）。在选择流动相时一定要采用“色谱纯”级的溶剂，一

般使用较多的有甲醇、乙腈、异丙醇、正己烷、四氢呋喃等，要根据采用正相色谱还是反相色谱分离来确定使用的溶剂种类，同时还要避免使用会引起柱效损失或保留特性变化的溶剂，黏度要小、与检测器的类型还要匹配，对试样有较好的溶解度。

溶剂在使用前要进行脱气和过滤处理，脱气处理主要是除去溶剂中溶解的气体（如氧气），防止在洗脱过程中当流动相由色谱柱流至检测器时，产生气泡。若在死体积检测池中存在气泡，会增加基线噪声，严重时会造成分析灵敏度下降。过滤操作使用液相色谱溶剂过滤系统进行，采用 0.45 μm 或更小孔径滤膜，其主要目的是除去溶剂中的微小颗粒，避免堵塞色谱柱，尤其是使用无机盐配制的缓冲液。

由于柱效是柱中流动相线性流速的函数，使用不同的流速可得到不同的柱效。对于一根特定的色谱柱，要追求最佳柱效，最好使用最佳流速。对内径为 4.6 mm 的色谱柱，流速一般选择 1 mL/min，对于内径为 4.0 mm 柱，流速 0.8 mL/min 为佳。

当选用最佳流速时，分析时间可能延长。可采用改变流动相的洗涤强度的方法以缩短分析时间（如使用反相柱时，可适当增加甲醇或乙腈的含量）。

（2）高压输液泵。是高效液相色谱仪的核心部件，要达到稳定的可重复的实验条件，输液泵必须具备以下特性：在宽流量范围内能精确地输送液体。RSD 应＜0.5%，这对定性定量的准确性至关重要；能够得到高的压力 40～50 MPa/cm^2，并能够连续工作 8～48 h；流量范围宽，分析型应在 0.1～10 mL/min 范围内连续可调，制备型应能达到 100 mL/min；密封性能好，耐腐蚀。

（3）进样器。目前高效液相色谱仪的进样器大都采用美国 Rheodyne 公司生产的 7725 和 7725i 型六通进样阀进样器，其关键部件由圆形密封垫（转子）和固定底座（定子）组成。具有耐高压（35～40 MPa）、进样量准确、重复性好（0.5%）、操作方便等特点。

六通阀的进样方式有部分装液法和完全装液法两种。①用部分装液法进样时，进样量应不大于定量环体积的 50%（最多 75%），并要求每次进样体积准确、相同。此法进样的准确度和重复性决定于注射器取样的熟练程度，而且易产生由进样引起的峰展宽。②用完全装液法进样时，进样量应不小于定量环体积的 5～10 倍（最少 3 倍），这样才能完全置换定量环内的流动相，消除管壁效应，确保进样的准确度及重复性。

在使用六通阀进样时，特别要注意转动阀芯时（load→inject）不能太慢，更不能停留在中间位置，否则流动相受阻，使泵内压力剧增，甚至超过泵的最大压力；再转到进样位时，过高的压力将使柱头损坏。

（4）色谱柱。是色谱系统的心脏。对色谱柱的要求是柱效高、选择性好、分析速度快等。色谱柱由柱管、压帽、卡套（密封环）、筛板（滤片）、接头、螺丝等组成。柱管多用不锈钢制成。液相色谱柱通常分为正相柱和反相柱。正相柱大多以硅胶为主，或是在硅胶表面键合—CN、—NH_3 等官能团的键合相硅胶柱；反相柱填料主要以硅胶为基质，在其表面键合非极性的十八烷基官能团（ODS），称为 C_{18} 柱，其他常用的反相柱还有 C_8、C_4、C_2 和苯基柱等。另外还有离子交换柱、GPC 柱、聚合物填料柱等。

其中，C_{18} 柱的固定相性能稳定，应用十分广泛，可使用多种溶剂。但硅胶为基质的填料，使用时一定要注意流动相的 pH 范围。一般的 C_{18} 柱 pH 范围都在 2～8，流动相的 pH 小于 2 时，会导致键合相的水解；当 pH 大于 7 时硅胶易溶解；经常使用缓冲液时固定相要降解。

把填料的残余硅羟基采用封口技术进行端基封尾，可改善对极性化合物的吸附或拖尾；含碳量增高了，有利于不易保留化合物的分离；填料稳定性好了，组分的保留时间重现性就好。如果待分析的样品属酸性或碱性的化合物，最好选用填料经端基封尾的色谱柱。

（5）检测器。是高效液相色谱仪的关键部件之一，是利用溶质的某一物理或化学性质与流动相有差异的原理，当溶质从色谱柱流出时，会导致流动相背景值发生变化，从而在色谱图上以色谱峰的形式记录下来，并由记录系统绘出谱图来进行定性和定量分析。高效液相色谱仪的检测器要求灵敏度高、噪声低（即对温度、流量等外界变化不敏感）、线性范围宽、重复性好和适用范围广。其主要性能指标包括噪声和漂移、灵敏度、检测限、线性范围等。

高效液相色谱仪使用的检测器主要有紫外吸收检测器、折光指数检测器、电导检测器和荧光检测器等。紫外检测器的波长范围一般要求在 190～600 nm 连续可调，噪声在±0.35×10^{-5}AU，漂移在±2×10^{-4} AU/h 以下。

（6）中央控制器（色谱工作站）。一般由计算机、打印机和专用软件等组成，可以实现仪器的自行诊断功能、全部操作参数控制功能、智能化数据处理和谱图处理功能，还能进行计量认证和网络运行等功能。

4．标准曲线法

配制一系列不同浓度的标准样品溶液，在选定的色谱条件下测标准溶液系列的吸光度。以 A 为纵坐标，c 为横坐标，绘制 A—c 标准曲线，在相同的色谱条件下，再测定样品的 A_x，从标准曲线上求出未知样品中待测样品的含量。

三、实验仪器与试剂

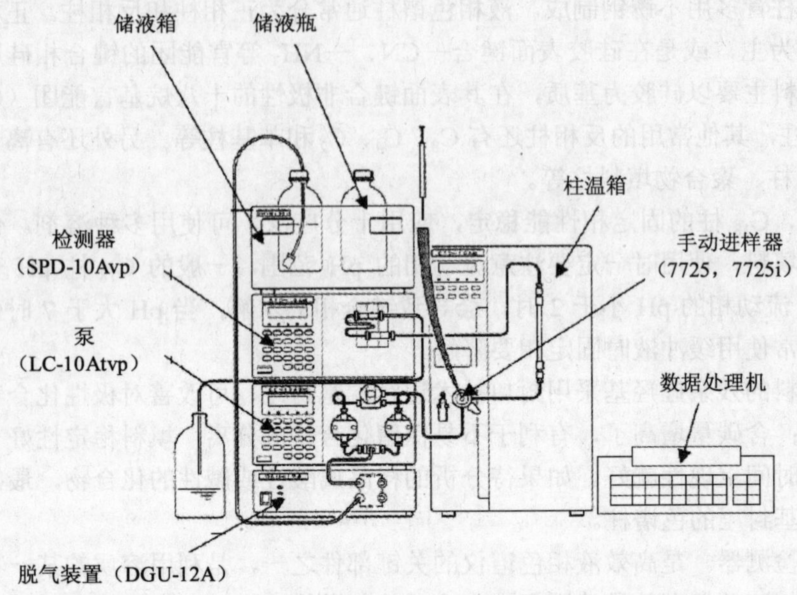

图 8-10 岛津 LC-10Atvp 高效液相色谱系统

仪器：LC-10Atvp 高压输液泵两台、SPD-10Avp 紫外可见检测器、SCL-10Avp 控制器、DGU-12A 脱气机、手动进样器、柱温箱、Shimadzu CLASS-VP V5.032 色谱工作站。

试剂：乙腈、甲醇为 HPLC 级；过氧化苯甲酰用丙酮精制并于硫酸干燥器中放置至少 24 h 后，在万分之一的分析天平上准确称量一定量样品于干燥的容量瓶中，用甲醇定容保存；苯甲酸为分析纯，实验用水均为二次蒸馏水。

色谱条件：

色谱柱：Shim-Pack VP-ODS 柱（0.46 cm×15 cm，5～6 μm）；流动相：乙腈—水溶液（4∶1，V/V）；流速：1.0 mL/min；检测波长：236 nm；柱温：40℃；进样量：5 μL。

四、实验步骤

（1）打开 DGU-12A、LC-10Atvp×2、SPD-10Avp、柱温箱等本次需要使用的各单元电源，待各单元自检通过。

（2）打开 SCL-10Avp 电源，检查开机屏幕应显示各单元，如果某单元没有显示，则不能控制该单元，需按 f2 键取消屏幕 Fixed 标志即可显示并控制该单元。否则检查通讯设置。

（3）排空操作：打开 LC-10Atvp 泵排空阀（逆时针 90 度以上），按 Purge 键，泵开始排空运行。

（4）检查泵流动相入口透明 Teflon 管路没有气泡后，再按 Purge 键停止排空。

（5）压力调零：按 LC-10Atvp 泵 Func 键数次，直至屏幕显示 ***mL ZERO ADJ 项，按 Enter 键，再按 CE 键，即完成调零。然后关紧排空阀（顺时针旋紧）。

（6）首先打开打印机电源（因硬件加密在打印机接口），再打开计算机电源，在计算机中双击 CLSS-VP 图标，进入工作站。

（7）双击 Instrument 1-4（或对应使用的 HPLC***系统）进入本次应用的实时分析窗口。

（8）编辑分析方法：选择 File ∈Method ∈New。

（9）点击 Method，在该下拉菜单中，常用的有四项：

Integration Events 积分参数　　Advanced ∈ performance 柱参数

Custom Report 报告格式　　Instrument Setup 仪器参数

（10）点击 Instrument Setup，编辑仪器参数，分别可以设定：

设定 Pump 泵参数；CTO-10Avp 柱箱参数；SPD 检测器参数；SCL-10Avp 系统控制器参数；Status Log 多图谱选择；Time Program 时间程序参数。

（11）Pump 泵参数设定：Mode（泵控制模式）：ISO 独立控制，BG 关联控制；T.Flow（BG 模式下 2 个泵的总流速 f）；B.Conc（B 泵占总流速 f 的百分比）；P.Max（最大保护压力）；P.Min（最小保护压力）；Download（传送参数）。

（12）CTO-10Avp 柱箱参数的设定：Oven（柱箱温度）；T.Max（最大保护温度）；Download（传送参数）。

（13）PDA 检测器参数设定：点击 Method ∈PDA Setup，进行 PDA 检测器参数设定：Acquisition Channel（选中采样通道 √）；Start（开始的波长）；End（终止波长）；Wave（步进宽度）；Lamp（选择灯源 D2 或 W）；Run Time（设定分析时间）；Apply（传送参数）。

（14）SCL-10Avp 系统控制器参数设定：Trigger：选择 External（采样触发方式）；Download（传送参数）。

（15）点击 Integration Events 编辑积分参数：Event（积分参数项目）；Stat Time（启用时间）；Stop Time（停用时间）；Value（积分参数）。

（16）点击 Custom Report 编辑报告格式。选择 File ∈ Report Templae ∈ Open，选中所用格式，Open 打开报告模板，进行编辑。

（17）点击 Advanced ∈ Performance 编辑柱参数，评价色谱柱：Column Length

[柱长度（m）]、Particle Diameter [填料粒径（μm）]。

（18）保存方法：选择 File∈ Method ∈ Save as，起文件名***后，保存。即完成分析方法的编辑工作。

（19）上述方法可以基本运行（面积归一化法）。如果采用外标法，需分析完标样后，再进行标定，然后分析未知样品即可。

（20）运行方法：点击工作栏中的运行图标 Instrument on/off，启动系统，开始运行方法。

（21）系统开始运行，检查各单元参数应与方法设定一致，等待系统平衡。一般情况下，由于流动相交换平衡的时间不定，可以观察检测器信号变化，如果信号值基本稳定不变，即认为接近平衡，可以调零等待；确认不变后，可以准备进样。也可以通过预览基线观察基线变化，待基线平稳，可以准备进样。

（22）基线预览：点击 Control ∈ Preview Run，等待基线稳定。

（23）固定量程，可以进行以下操作：

在图谱窗口点击右键，选择 Properties（属性），在对话框中点击 Scale To 右侧箭头，选择 User Defined，再设定 Y.Min（如–0.01Volt）和 Y.Max（如 0.5Volt）点击 确定 后，纵坐标就会从–0.01～0.5Volt 固定不变，基线看起来就很直了。Y.Min 和 Y.Max 的大小，应根据所要组分峰的显示而定。如果需要改回到自动变换量程设置，只要将 Scale To 的 User Defined 改回到 Normalized，同时点击窗口内 Reset Scaling，然后点击 确定，即可恢复。

（24）停止基线预览。点击 Control ∈ Stop Run，停止基线预览。

（25）单针进样分析。点击 Control ∈ Single Run，出现对话框：编辑样品参数：Sample ID（样品信息），Method Name（方法文件名），Data Path（数据存储路径），Data Name（数据文件名），Vial（样品瓶号，如 6），Injection（进样量，如 5 μL）。

（26）开始分析。点击 Start 后，出现一个记录对话框等待记录。

（27）手动进样。取微量进样器用待分析样品润洗 5 次后，准确吸取要进入的样品的量；同时确定六通阀处于 load 状态，由进样口将针体推到底，接着把样品注入进样环中，快速旋转手柄，将六通阀由 load 状态转到 inject 状态。注意这个过程要快，更不能在半路停留，防止柱压升高或者损坏六通阀。

（28）记录开始。当六通阀由 load 状态转到 inject 状态时，记录对话框同时开始记录，时间在不断变化，同时也会出现样品的色谱峰，中央控制器仪器上的 RUN 灯在亮。

（29）分析结束。当时间到达所设定的时间时，记录自动结束，同时对色谱峰数据进行自动积分处理，并把所得数据记录在指定的文件中。

（30）报告打印。点击 Reports∈Print∈Method Custom Report 即完成报告打

印。如果需要峰面积即可选择Reports∈Print∈Area%。

（31）关机步骤。分析结束后，按柱温箱 on/off 键关闭电源，并打开柱箱门，降低柱箱温度至室温；如用缓冲液，先更换水清洗流路系统和色谱柱 1 h，最后用有机溶剂（如甲醇）清洗 30 min 以上。再按运行方法键停止系统运行。退出 CLASS-VP（两阶退出），关 SCL-10Avp 电源。关其他各 LC 单元电源。关计算机和打印机电源。

（32）标准溶液配制。标准过氧化苯甲酰和苯甲酸工作液：分别取过氧化苯甲酰和苯甲酸储备液各 1 mL，加入甲醇 9 mL，配成 0.1 mg/mL 过渡液；然后依次取过渡液 0.6 mL、0.8 mL、1.0 mL、1.2 mL、1.4 mL、1.6 mL；分别以甲醇稀释至 10 mL，使其浓度分别为 0.006 mg/mL、0.008 mg/mL、0.010 mg/mL、0.012 mg/mL、0.014 mg/mL、0.016 mg/mL。

（33）样品的预处理。准确称取试样 5.00 g，移入具塞三角瓶中，用移液管准确加入 30.0 mL 甲醇，盖好塞子放到振荡器上，进行振荡；振荡 30 min 后，静止 10 min，倾斜法转移到具塞离心试管中，离心机上分离 5 min 后，上清液转入大注射器中，通过专用的过滤膜后，收集滤液于干净的离心试管中。作为 HPLC 分析样品，进样量 5 μL。

重复进样两次并打印分析报告。

五、数据处理

1. 记录实验条件

仪器组成、色谱柱型号、吸收波长（nm）、流动相组成、流速（mL/min）、柱温、进样量等。

2. 分析数据记录和处理

（1）过氧化苯甲酰标准工作曲线的制作。以 0.006 g/L、0.008 g/L、0.010 g/L、0.012 g/L、0.014 g/L、0.016 g/L 为横坐标，对应峰面积为纵坐标，进行线形回归，$A_1=k_1C_1+B_1$，求出 r_1 值，要大于 0.995。

（2）苯甲酸标准工作曲线的制作。以 0.006 g/L、0.008 g/L、0.010 g/L、0.012 g/L、0.014 g/L、0.016 g/L 为横坐标，对应峰面积为纵坐标，进行线性回归，$A_2=k_2C_2+B_2$，求出 r_2 值，要大于 0.990。

（3）面粉样品分析结果记录与处理。记录 5 μL 试样的保留时间和对应的峰面积。苯甲酸 A_1 和过氧化苯甲酰的 A_2；

对照工作曲线，求出相应的浓度 C_1 和 C_2。

3. 结果计算

试样中的过氧化苯甲酰含量由下式进行计算：

$$X_1 = \frac{c_1 \times V_1}{m_1 \times 10} \tag{8.27}$$

式中，X_1 为过氧化苯甲酰的百分含量，%；c_1 为所测峰面积在标准曲线上查出的过氧化苯甲酰浓度的对应值，mg/mL；V_1 是试样提取液的体积，30 mL；m_1 为试样的质量，g。

试样中的苯甲酸含量由下式进行计算：

$$X_2 = \frac{c_2 \times V_2}{m_2 \times 10} \tag{8.28}$$

式中，X_2 为苯甲酸的百分含量，%；c_2 为所测峰面积在标准曲线上查出的苯甲酸浓度的对应值，mg/mL；V_2 是试样提取液的体积，30 mL；m_2 为试样的质量，g。

面粉中过氧化苯甲酰的总的含量$=X_1+0.991\,8X_2$

式中，0.991 8 为苯甲酸换算成过氧化苯甲酰的换算系数。

六、结果讨论

针对试样号（面粉号 1～5），根据国家标准，确定是否合格。若不合格，超标多少。

七、思考题

1．简述高效液相色谱仪工作原理。
2．高效液相色谱仪由哪几部分组成？
3．液相色谱柱分为哪些类型，如何根据分析样品的性质进行选择？
4．液相色谱操作条件都有哪些？如何进行调试和选择？
5．应用 CLASS-VP 软件如何进行分析方法的编辑？

实验二　高效液相色谱法测定乳制品中的三聚氰胺

一、实验目的

（1）进一步学习掌握高效液相色谱法的基本原理。

（2）掌握 LC-10Avp 高效液相色谱仪各主要部件的作用，进一步掌握高效液相色谱仪的操作。

（3）掌握固相萃取技术原理、类型以及影响因素，学会固相萃取操作。

（4）掌握高效液相色谱法测定乳制品样品中三聚氰胺的含量。

二、实验原理

1. 高效液相色谱仪工作原理

LC-10Avp 高效液相色谱仪使用的检测器是紫外吸收检测器，当光束通过流动检测池时，光强度将被部分吸收，吸收的程度取决于某种样品的浓度，这样便可根据光的吸收程度来计算出样品的含量。

当光强度为 I_0 的光束通过被测样品的浓度为 c 的介质时，光强度减弱至 I，其服从朗伯-比尔定律：

$$A=\lg(I_0/I)=KcL$$

2. 乳制品中的三聚氰胺的测定方法

三聚氰胺是塑料、涂料等行业的改性剂。一些违法企业为了提高产品的蛋白质含量，将其作为伪蛋白质非法添加到食品或者饲料等产品中。2006 年美国 FDA 有报道，其作为宠物食品的伪蛋白质使用，使宠物死亡或者生病；并且因为其容易和人体内氰脲酸反应生成晶体状聚合物，而引起结石等病状，严重影响人类健康。

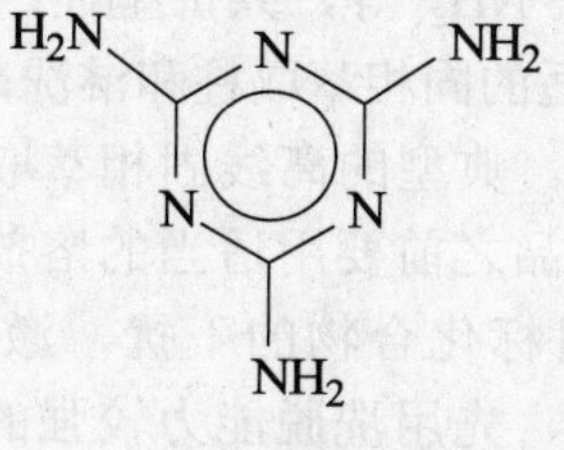

H_2N N NH_2 N N NH_2

图 8-11 三聚氰胺结构式

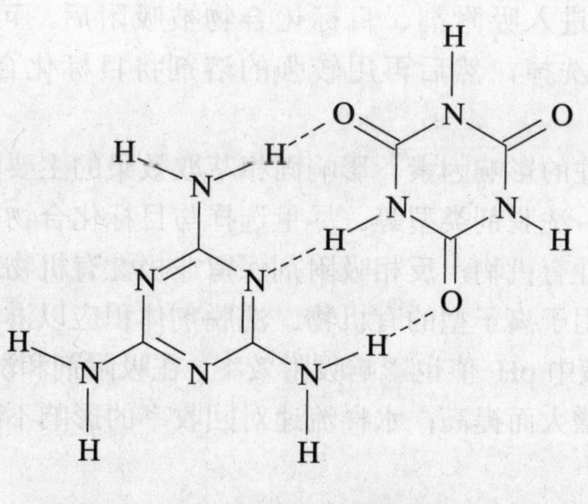

H O N O H N H N N H N N O H N N H H H

图 8-12 三聚氰胺与氰脲酸结合示意

目前专门针对三聚氰胺的检测方法有液相色谱串联质谱法、液相色谱法和气相色谱质谱法三种，本实验工作是用三氯乙酸溶液—乙腈提取样品，再经阳离子交换固相萃取柱净化后，用高效液相色谱仪进行测定。

3. 固相萃取技术

固相萃取（SPE）技术是 20 世纪 70 年代后期发展起来的一种样品前处理新技术，由于其溶剂使用量少、操作简单、选择性高、重现性好，已发展成为分离和浓缩各种样品中痕量分析物质的一种强有力的工具，广泛应用于食品检验、环境监测、医药卫生、生物化学等领域。

（1）固相萃取技术的基本原理。固相萃取分离模式与液相色谱相同，可看作一个简单色谱过程。固相萃取利用固体吸附剂将液体样品中的目标化合物吸附，与样品基体和干扰化合物分离，然后再用洗脱液洗脱，或加热解吸附达到分离和富集目标化合物的目的。

（2）固相萃取柱的类型。常用的固相萃取柱的类型有极性柱、非极性柱、阳离子交换柱、阴离子交换柱、共价型柱等。极性柱：CN、NH_2、PSA、COH、SiOH 等，非极性柱：C_{18}、C_8、C_2、CH、CN 等，阳离子交换柱：SCX、PRS、CBA 等，阴离子交换柱：SAX、PSA、NH_2 等，共价型柱：PBA 等。通常是根据目标化合物性质和样品类型选择合适的固相萃取柱和淋洗剂。

（3）固相萃取操作过程。典型的离线固相萃取一般分为活化、上样、淋洗和洗脱四个步骤。在萃取样品之前要用适当的溶剂淋洗固相萃取柱，以消除吸附剂上吸附的杂质及其对目标化合物的干扰，激活固定相表面活性基团的活性。活化通常采用两个步骤，先用洗脱能力较强的溶剂洗脱去柱中残存的干扰物，激活固定相；再用洗脱能力较弱的溶剂淋洗柱子，以使其与上样溶剂匹配。上样操作是将液态或溶解后的固态样品倒入活化后的固相萃取柱中。淋洗和洗脱：在样品进入吸附剂、目标化合物被吸附后，可先用较弱的溶剂将弱保留干扰化合物洗掉，然后再用较强的溶剂将目标化合物洗脱下来，加以收集。

（4）固相萃取柱的影响因素。影响固相萃取效果的主要因素有：吸附剂类型及用量、水样体积、洗脱剂类型等。尽量选择与目标化合物极性相似的吸附剂，正相吸附剂保留极性有机物，反相吸附剂保留非极性有机物或弱极性有机物，阴离子交换树脂则适用于离子型的有机物。洗脱剂体积应以淋洗完全为前提，体积最小的为最佳。样液中 pH 值也影响吸附效率。在吸附剂和洗脱剂选定的条件下，回收率随吸附剂量增大而提高；水样流速对回收率的影响不明显。

三、实验仪器与试剂

1．试剂

甲醇：色谱纯，乙腈：色谱纯，氨水：含量为 25%～28%，三氯乙酸、柠檬酸、辛烷磺酸钠、三聚氰胺标准品、阳离子交换固相萃取柱。

2．仪器

LC-10Avp 岛津高效液相色谱仪（包括 LC-10Atvp 高压输液泵两台、SPD-10Avp 紫外可见检测器、SCL-10Avp 控制器、DGU-12A 脱气机、手动进样器、柱温箱、Shimadzu CLASS-VP V5.032 色谱工作站）、分析天平、台式高速离心机、超声波水浴、HGC-12A 氮吹仪。

3．固相萃取装置

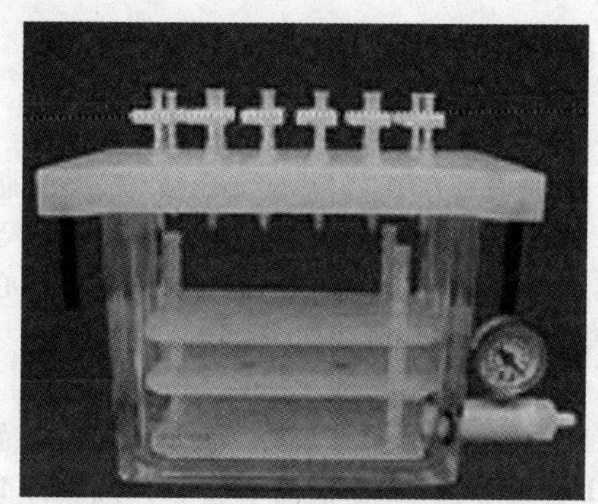

图 8-13　XY-12SPE 固相萃取装置

四、实验步骤

1．溶液配制

甲醇水溶液：准确量取 50 mL 甲醇和 50 mL 水，混合后备用；

三氯乙酸溶液（1%）：准确称取 10 g 三氯乙酸于 1 L 容量瓶中，用水溶解并定容至刻度，混匀后备用；

氨化甲醇溶液（5%）：准确量取 5 mL 氨水和 95 mL 甲醇，混匀后备用；

离子对试剂缓冲液：准确称取 2.101 g 柠檬酸和 2.16 g 辛烷磺酸钠，加入约 980 mL 水溶解，调节 pH 至 3.0，定容后备用；

三聚氰胺标准储备液：准称取 100 mg（精确到 0.1 mg）三聚氰胺标准品于 100 mL 容量瓶中，用甲醇水溶液溶解并定容至刻度，配制成浓度为 1 mg/mL 的标准储备液。

2．标准溶液的配制

用甲醇将三聚氰胺标准储备液逐级稀释到浓度为 5.0 μg/mL、10.0 μg/mL、20.0 μg/mL、40.0 μg/mL、80.0 μg/mL 的标准工作液。

3．仪器调节和测定

HPLC 工作条件：色谱柱：C_{18} 柱 250 mm×4.6 mm（i.d），流动相：离子对试剂缓冲液—乙腈（20—80），流速：1.0 mL/min，柱温：35℃，波长：240 nm，进样量：5 μL。

4．标准曲线绘制

待高效液相色谱仪基线走稳后，将标准样品根据浓度由低到高依次进样进行分析检测，得到各个浓度下的色谱图，再以峰面积对浓度作图，回归线性方程。

五、样品的固相萃取与定量测定

1．提取

准确称取样品 2 g（精确到 0.01 g）于 50 mL 具塞三角烧瓶中，加入 15 mL 1% 的三氯乙酸和 5 mL 乙腈作为提取液，充分混合均匀，放置于超声波仪中，进行超声萃取 30 min 后，转入离心试管中在 4 000 r/min 进行离心 10 min，吸取上清液 5 mL 置于样品瓶中，再加入 5 mL 水准备过柱。

2．净化

将固相萃取柱（Bond Elut Plexa PCX；60 mg，3 mL）置于 XY-12SPE 固相萃取装置上，用 3 mL 甲醇和 5 mL 水活化 SPE 柱；然后将 10 mL 净化液分多次转移到固相萃取柱中，靠重力自流；再依次用 3 mL 水和 3 mL 甲醇洗涤淋洗，抽干后，用 6 mL 的 5%（体积分数）氨化甲醇溶液洗脱。

3．浓缩

将洗脱液用 HGC-12A 氮吹仪在 50 下缓慢吹干，用 1 mL 流动相定容，再用针头式过滤器过滤后，进样。

4．高效液相仪实验操作

（1）打开 DGU-12A、LC-10Atvp×2、SPD-10Avp、柱温箱等本次需要使用的各单元电源，待各单元自检通过。

（2）打开 SCL-10Avp 电源，检查开机屏幕应显示各单元，如果某单元没有显示，则不能控制该单元，需按 F2 键取消屏幕 Fixed 标志即可显示并控制该单元。否则检查通讯设置。

（3）排空操作。打开 LC-10Atvp 泵排空阀（逆时针 90 度以上），按 Purge 键，泵开始排空运行。

（4）检查泵流动相入口透明 Teflon 管路没有气泡后，再按 Purge 键停止排空。

（5）压力调零。按 LC-10Atvp 泵 Func 键数次，直至屏幕显示 ***mL ZERO ADJ 项，按 Enter 键，再按 CE 键，即完成调零。然后关紧排空阀（顺时针旋紧）。

（6）首先打开打印机电源（因硬件加密在打印机接口），再打开计算机电源，在计算机中双击 CLSS-VP 图标，进入工作站。

（7）再双击 Instrument 1-4（或对应使用的 HPLC***系统）进入本次应用的实时分析窗口。

（8）编辑分析方法并开始运行。检查各单元参数应与方法设定一致，等待系统平衡。一般情况下，由于流动相交换平衡的时间不定，可以观察检测器信号变化，如果信号值基本稳定不变，即认为接近平衡，可以调零等待；确认不变后，可以准备进样。也可以通过预览基线观察基线变化，待基线平稳，可以准备进样。

（9）点击 Control∈Single Run，出现对话框：编辑样品参数：Sample ID（样品信息），Method Name（方法文件名），Data Path（数据存储路径），Data Name（数据文件名），Injection（进样量，如 5 μL）。

（10）开始分析。点击 Start 后，出现一个记录对话框等待记录。

（11）手动进样。取微量进样器用待分析样品润洗 5 次后，准确吸取要进入的样品的量；同时确定六通阀处于 load 状态，由进样口将针体推到底，接着把样品注入到进样环中，快速旋转手柄，将六通阀由 load 状态转到 inject 状态。注意这个过程要快，更不能在半路停留，防止柱压升高或者损坏六通阀。

（12）记录开始。当六通阀由 load 状态转到 inject 状态时，记录对话框同时开始记录，时间在不断变化，同时也会出现样品的色谱峰，中央控制器仪器上的 RUN 灯在亮。

（13）分析结束。当时间到达所设定的时间时，记录自动结束，同时对色谱峰数据进行自动积分处理，并把所得数据记录在指定的文件中。

（14）报告打印。点击 Reports∈Print∈Method Custom Report 即完成报告打印。如果需要峰面积即可选择 Reports∈Print∈Area%。

（15）关机步骤。分析结束后，按柱温箱 on/off 键关闭电源，并打开柱箱门，降低柱箱温度至室温；如用缓冲液，先更换水清洗流路系统和色谱柱 1 h，最后用有机溶剂（如甲醇）清洗 30 min 以上。再按运行方法键停止系统运行。退出 CLASS-VP（两阶退出），关 SCL-10Avp 电源。关其他各 LC 单元电源。关计算机和打印机电源。

六、数据处理

（1）记录实验条件。仪器组成、色谱柱型号、吸收波长（nm）、流动相组成、流速（mL/min）、柱温、进样量、固相萃取设备、氮吹仪干燥设备等实验条件。

（2）计算出样品中三聚氰胺的含量。

七、结果讨论

对实验过程中出现的问题进行分析讨论。

八、思考题

1．固相萃取操作过程中要注意哪些事项？

2．影响固相萃取的主要因素有哪些？

3．简述固相萃取的原理。

实验三　高效液相色谱法测定土壤中多环芳烃

一、实验目的

（1）进一步学习掌握高效液相色谱法的基本原理，掌握高效液相色谱仪的操作。

（2）学习掌握微波萃取技术原理和操作技术。

（3）掌握高效液相色谱法测定土壤中多环芳烃的方法。

二、实验原理

1．高效液相色谱仪工作原理

LC-10Avp 高效液相色谱仪常规配置的检测器是紫外吸收检测器，当光束通过流动检测池时，光强度将被部分吸收，吸收的程度取决于某种样品的浓度，这样便可根据光的吸收程度来计算出样品的含量。

当光强度为 I_0 的光束通过被测样品的浓度为 c 的介质时，光强度减弱至 I，其服从朗伯-比尔定律：

$$A = \lg(I_0/I) = KcL$$

2．土壤中多环芳烃的测定方法

多环芳烃（PAHs）系指含有多个苯环并具有致毒、致癌和致突变作用的有机化合物，主要存在于油和煤焦油中，能够通过废油、含油废水以及淋洗了空气中煤烟的雨水等途径进入土壤生态系统，是一类重要的环境污染物，数量多达几百种，中国已将 7 种列为优先污染控制物加以检测和控制。由于土壤中的多环芳烃处于痕量水平，且土壤样品基质复杂，因此在测定前对多环芳烃进行分离和富集是十分必要的。

目前，国内外萃取分离和检测土壤中的多环芳烃的方法有很多，包括超临界流体萃取、加速溶剂萃取、超声波萃取、索氏提取等。超临界流体萃取虽然在样品制备时有一定的优越性，但是它需要复杂的装备和昂贵的费用，索氏提取虽然提取效率高，但是费时冗长，一般需要十几个小时甚至更长。加速溶剂萃取虽然具有萃取速度快、有机溶剂消耗少等优点，但是它需要较高的压力和温度。微波萃取由于具有快速、溶剂用量少、萃取效率高等优点，是目前处理该类样品的最好的样品预处理技术。

本实验采用微波萃取技术，使用二氯甲烷—丙酮（1∶1）萃取溶剂对样品进行预处理，氮气吹干后，用高效液相色谱仪进行测定。

3. 微波萃取技术

微波辅助萃取（MAE）技术是 20 世纪 80 年代中期开始发展起来的一种分离速度快且溶剂用量少的新型前处理技术。微波是指频率为 300～300 000 MHz 的电磁波，介于红外线和无线电波之间。民用微波频率一般采用 2 450 MHz，所对应能量大约为 0.96 J/mol，能级属于范德华力（分子间作用力）的范畴，与化合物键能相差甚远。USEPA 通过对 17 种稠环芳香碳氢化合物、14 种苯酚类化合物、8 种碱性、中性化合物以及 20 种有机农药的研究认证了微波萃取法不会破坏任何被测分析物的分子结构。微波与物质相互作用主要是两种方式：极性分子（如 H_2O）在微波电磁场中快速旋转和离子在微波场中的快速迁移，从而相互摩擦而发热。微波加热方式与传统加热方式不同，微波将能量直接作用于被加热物质，空气和器皿基本上不会损耗微波能量，这保证了能量的快速传递和充分利用。

主要原理是物质中的极性分子在微波的作用下快速活化，分子间的剧烈碰撞导致物质在短时间内迅速升温，由于不同物质的介电常数不同，在微波场中，萃取体系中各种物质被选择性地加热，被加热的物质物理性质发生变化，变得容易进入介电常数小的萃取溶剂中。极性溶剂能更好地吸收微波，提高溶剂活性，所以在微波辅助萃取中 般选择极性溶剂作为萃取溶剂。

微波萃取的优点主要有：① 选择性好：微波萃取过程中由于可以对萃取物质中不同组分进行选择性的加热，因而能使目标物质直接从基体中分离。② 加热效率高，有利于萃取热不稳定物质，可以避免长时间高温引起样品分解。③ 萃取结果不受物质水分含量影响，回收率高。④ 试剂用量少，节能、污染小。⑤ 仪器设备简单、低廉，适用面广。⑥ 处理批量大，萃取效率高，省时。

三、实验仪器与试剂

1. 试剂

乙腈：色谱纯，二氯甲烷、丙酮、甲醇等为分析纯，多环芳烃：荧蒽、苯并[a]蒽、䓛、苯并[b]荧蒽、苯并[k]荧蒽、苯并[a]芘、二苯并[a,h]蒽、苯并[g,h,i]芘、萘、苊、芴、菲、蒽、茚并[1,2,3-cd]芘、芘、二氢苊等（百灵威化学公司）。实验用水为二次蒸馏水。

2. 仪器

LC-10Avp 岛津高效液相色谱仪（包括 LC-10Atvp 高压输液泵两台、SPD-10Avp 紫外可见检测器、SCL-10Avp 控制器、DGU-12A 脱气机、手动进样器、柱温箱、Shimadzu CLASS-VP V5.032 色谱工作站）、分析天平、台式高速离心机、超声波水浴、针头过滤器、40 目分样筛、HGC-12A 氮吹仪。

3. 微波萃取仪

图 8-14 MARS-X 微波萃取仪

四、实验步骤

1. 溶液配制

二氯甲烷—丙酮溶液：准确量取 50 mL 二氯甲烷和 50 mL 丙酮，混合后备用；乙腈和水要经过溶剂过滤器过滤后备用。

2. 标准溶液的配制

将多环芳烃混合标准溶液用二氯甲烷—甲醇（1∶1）逐级稀释成 0.10 μg/mL、0.20 μg/mL、0.50 μg/mL、1.0 μg/mL、1.5 μg/mL、2.0 μg/mL、3.0 μg/mL、4.0 μg/mL 的系列混合标准溶液备用。

3．仪器调节和测定

HPLC 工作条件：色谱柱：Eclipse PAHs 柱[250 mm×4.6 mm（i.d）]，流动相：（水∶乙腈＝10∶90），流速：1.0 mL/min，柱温：25℃，波长：220 nm，进样量：10 μL。

4．标准曲线绘制

待高效液相色谱仪基线走稳后，将标准样品根据浓度由低到高依次进样进行分析检测，得到各个浓度下的色谱图，再以峰面积对浓度作图，回归线性方程。

五、样品的预处理与定量测定

（1）微波萃取预处理：将风干后土样研磨，并用 40 目分样筛过筛，准确称取 1.000 0 g 于微波反应管中，加入搅拌磁子和 5.0 mL 二氯甲烷—丙酮（1∶1）萃取溶剂，加盖。放入微波腔中，预搅拌 30 s，在 60℃下微波萃取 30 min。待微波管内温度和压力下降后取出，将溶液冷却并用针头滤器过滤，用少量溶剂洗涤微波管和注射器内侧 2～3 次，洗涤液并入滤液中。

（2）在 25℃下使用氮吹仪将其吹至近干，用 1.0 mL 的乙腈—水（乙腈∶水＝1∶1）复溶，用高效液相色谱仪进行测定。

（3）高效液相仪实验操作

① 打开 DGU-12A、LC-10Atvp×2、SPD-10Avp、柱温箱等本次需要使用的各单元电源，待各单元自检通过。

② 打开 SCL-10Avp 电源，检查开机屏幕应显示各单元，如果某单元没有显示，则不能控制该单元，需按 f2 键取消屏幕 Fixed 标志即可显示并控制该单元。否则检查通讯设置。

③ 排空操作。打开 LC-10Atvp 泵排空阀（逆时针 90 度以上），按 Purge 键，泵开始排空运行。

④ 检查泵流动相入口透明 Teflon 管路没有气泡后，再按 Purge 键停止排空。

⑤ 压力调零。按 LC-10Atvp 泵 Func 键数次，直至屏幕显示 ***mL ZERO ADJ 项，按 Enter 键，再按 CE 键，即完成调零。然后关紧排空阀（顺时针旋紧）。

⑥ 首先打开打印机电源（因硬件加密在打印机接口），再打开计算机电源，在计算机中双击 CLSS-VP 图标，进入工作站。

⑦ 再双击 Instrument 1-4（或对应使用的 HPLC***系统）进入本次应用的实时分析窗口。

⑧ 编辑分析方法并开始运行。检查各单元参数应与方法设定一致，等待系统平衡。一般情况下，由于流动相交换平衡的时间不定，可以观察检测器信号变化，如果信号值基本稳定不变，即认为接近平衡，可以调零等待；确认不变后，可以

准备进样。也可以通过预览基线观察基线变化，待基线平稳，可以准备进样。

⑨ 点击 Control ∈ Single Run，出现对话框：编辑样品参数：Sample ID（样品信息），Method Name（方法文件名），Data Path（数据存储路径），Data Name（数据文件名），Injection（进样量，如 5 μL）。

⑩ 开始分析。点击 Start 后，出现一个记录对话框等待记录。

⑪ 手动进样。取微量进样器用待分析样品润洗 5 次后，准确吸取要进入的样品的量；同时确定六通阀处于 load 状态，由进样口将针体推到底，接着把样品注入进样环中，快速旋转手柄，将六通阀由 load 状态转到 inject 状态。注意这个过程要快，更不能在半路停留，防止柱压升高或者损坏六通阀。

⑫ 记录开始。当六通阀由 load 状态转到 inject 状态时，记录对话框同时开始记录，时间在不断变化，同时也会出现样品的色谱峰，中央控制器仪器上的 RUN 灯在亮。

⑬ 分析结束。当到达所设定的时间时，记录自动结束，同时对色谱峰数据进行自动积分处理，并把所得数据记录在指定的文件中。

⑭ 报告打印。点击 Reports∈Print∈Method Custom Report 即完成报告打印。如果需要峰面积即可选择 Reports∈Print∈Area%。

⑮ 关机步骤。分析结束后，按柱温箱 on/off 键关闭电源，并打开柱箱门，降低柱箱温度至室温；如用缓冲液，先更换水清洗流路系统和色谱柱 1 h，最后用有机溶剂（如甲醇）清洗 30 min 以上。再按运行方法键停止系统运行。退出 CLASS-VP（两阶退出），关 SCL-10Avp 电源。关其他各 LC 单元电源。关计算机和打印机电源。

六、数据处理

（1）记录实验条件。仪器组成、色谱柱型号、吸收波长（nm）、流动相组成、流速（mL/min）、柱温、进样量、微波萃取设备及操作条件、氮吹仪干燥设备等实验条件。

（2）计算出土壤中多环芳烃的含量。

七、结果讨论

对实验过程中出现的问题进行分析讨论。

八、思考题

1．微波萃取的原理是什么？简要叙述微波萃取操作的过程。

2．影响微波萃取的主要因素有哪些？

3．如何提高土壤中多环芳烃的检测效果？

实验四　高效液相色谱法测定蔬菜中喹诺酮类抗生素

一、实验目的

（1）进一步学习掌握高效液相色谱法的基本原理，掌握高效液相色谱仪的操作。

（2）学习掌握蔬菜中喹诺酮类抗生素的超声萃取技术。

（3）掌握高效液相色谱—荧光法测定蔬菜中喹诺酮类抗生素的方法。

二、实验原理

1．荧光检测器工作原理

荧光检测器（FLD）是利用某些溶质在受紫外光激发后，能发射可见光（荧光）的性质来进行检测的。它是一种具有高灵敏度和高选择性的检测器。对不产生荧光的物质，可使其与荧光试剂反应，制成可发生荧光的衍生物再进行测定。

荧光检测器的灵敏度比紫外吸收检测器高100倍，当要对痕量组分进行选择检测时，它是一种有力的检测工具。但是荧光检测器的线性范围较窄，不宜作为一般的检测器来使用。测定过程中不能使用可熄灭、抑制或吸收荧光的溶剂作流动相。荧光检测器进行液相色谱分析技术已经广泛在生物化工、临床医学、食品检验、环境监测等领域得到使用。

2．蔬菜中喹诺酮类抗生素的测定方法

喹诺酮类抗生素主要有诺氟沙星（NOR）、环丙沙星（CIP）、洛美沙星（LOM）和恩诺沙星（ENR）等，是一类广谱抗菌药物，主要用于人类和动物的治疗，如果加到饲料中还可以提高饲料利用率和促进动物生长。抗生素使用后只有少部分残留在体内，85%以上以药物原形排出，成为新的环境有机污染物，每年由此输入土壤的抗生素数量甚至不亚于农药，导致土壤的抗生素污染。甚至还会进入地表水及地下水，对土壤、地表水和地下水生态环境产生危害，喹诺酮类抗生素已在水环境、土壤环境和畜禽废物中均有不同程度的检出。

环境中抗生素通常为痕量级，目前主要采用液相色谱—质谱联用仪（HPLCMS）进行测定，但仪器昂贵，分析费用高，难以满足日常监测分析的要求。本实验是利用酸化乙腈进行微波萃取，再用正己烷进行液—液萃取，用高效液相色谱——荧光法测定蔬菜中喹诺酮类抗生素。

三、实验仪器与试剂

1．试剂

乙腈、甲醇：色谱纯，氢氧化钠、盐酸等为分析纯，喹诺酮类抗生素主要有诺氟沙星（NOR）、环丙沙星（CIP）、洛美沙星（LOM）和恩诺沙星（ENR）（德国 Dr Ehrenstorfer 公司）。实验用水为二次蒸馏水。

2．仪器

LC-10Avp 岛津高效液相色谱仪（包括 LC-10Atvp 高压输液泵两台、RF-10AxL 荧光检测器、SCL-10Avp 控制器、DGU-12A 脱气机、手动进样器、柱温箱、Shimadzu CLASS-VP V5.032 色谱工作站）、分析天平、台式高速离心机、超声波水浴、针头过滤器、HGC-12A 氮吹仪。

四、实验步骤

1．溶液配制

酸化甲醇溶液：准确移取 250 mL 甲醇和 2 mL 盐酸充分混合后备用。

标准品储备液：准确称取 0.010 0 g 标准品溶于 0.05 mol/L 氢氧化钠溶液中，并定容于 100 mL 容量瓶中，配制成浓度为 100 μg/mL 的储备液，避光保存。

2．标准溶液的配制

将标准品储备液用流动相逐级稀释成 0.10 μg/mL、0.20 μg/mL、0.50 μg/mL、1.0 μg/mL、1.5 μg/mL、2.0 μg/mL、3.0 μg/mL、4.0 μg/mL 的系列混合标准溶液备用。

3．仪器调节和测定

HPLC 工作条件：荧光检测器 RF-10AxL：激发波长 280 nm，发射波长 450 nm；色谱柱：ODS 柱[250 mm×4.6 mm（i.d）]；流动相：乙腈：0.08 mol/L 磷酸＝15：85，用三乙胺调节 pH 2.5；流速：1.0 mL/min；柱温：25℃；进样量：10 μL。

4．标准曲线绘制

待高效液相色谱仪基线走稳后，将标准样品根据浓度由低到高依次进样进行分析检测，得到各个浓度下的色谱图，再以峰面积对浓度作图，回归线性方程。

五、样品的预处理与定量测定

（1）超声萃取处理。将风干后土蔬菜样品研磨，准确称取 2.000 0 g 于 50 mL 离心管中，加入 10 mL 酸化乙腈溶液，振荡后放入超声波中提取 10 min，离心分离 10 min，收集上清液，残渣用上述方法反复提取 2 次，合并上清液。用 20 mL 正己烷进行液—液萃取上清液，除去脂类物质，重复萃取 1 次。

（2）收集下清液用氮吹仪吹至近干，用乙腈∶0.08 mol/L 磷酸（15∶85）定容至 5 mL，吸取 1 mL 用针头过滤器过滤后进样。

（3）高效液相仪实验操作。

① 打开脱气机 DGU-12A、输液泵 LC-10Atvp×2、荧光检测器 RF-10AxL（激发波长 280 nm，发射波长 45 nm）、柱温箱等本次需要使用的各单元电源，待各单元自检通过。

② 打开 SCL-10Avp 电源，检查开机屏幕应显示各单元，如果某单元没有显示，则不能控制该单元，需按 f2 键取消屏幕 Fixed 标志即可显示并控制该单元。否则检查通讯设置。

③ 排空操作。打开 LC-10Atvp 泵排空阀（逆时针 90 度以上），按 Purge 键，泵开始排空运行。

④ 检查泵流动相入口透明 Teflon 管路没有气泡后，再按 Purge 键停止排空。

⑤ 压力调零。按 LC-10Atvp 泵 Func 键数次，直至屏幕显示 ***mL ZERO ADJ 项，按 Enter 键，再按 CE 键，即完成调零。然后关紧排空阀（顺时针旋紧）。

⑥ 首先打开打印机电源（因硬件加密在打印机接口），再打开计算机电源，在计算机中双击 CLSS-VP 图标，进入工作站。

⑦ 再双击 Instrument 1-4（或对应使用的 HPLC***系统）进入本次应用的实时分析窗口。

⑧ 编辑分析方法并开始运行。检查各单元参数应与方法设定一致，等待系统平衡。一般情况下，由于流动相交换平衡的时间不定，可以观察检测器信号变化，如果信号值基本稳定不变，即认为接近平衡，可以调零等待；确认不变后，可以准备进样。也可以通过预览基线观察基线变化，待基线平稳，可以准备进样。

⑨ 点击 Control∈Single Run，出现对话框：编辑样品参数：Sample ID（样品信息），Method Name（方法文件名），Data Path（数据存储路径），Data Name（数据文件名），Injection（进样量，如 5 μL）。

⑩ 开始分析。点击 Start 后，出现一个记录对话框等待记录。

⑪ 手动进样。取微量进样器用待分析样品润洗 5 次后，准确吸取要进入的样品的量；同时确定六通阀处于 load 状态，由进样口将针体推到底，接着把样品注入进样环中，快速旋转手柄，将六通阀由 load 状态转到 inject 状态。注意这个过程要快，更不能在半路停留，防止柱压升高或者损坏六通阀。

⑫ 记录开始。当六通阀由 load 状态转到 inject 状态时，记录对话框同时开始记录，时间在不断变化，同时也会出现样品的色谱峰，中央控制器仪器上的 RUN 灯在亮。

⑬ 分析结束。当到达所设定的时间时，记录自动结束，同时对色谱峰数据进

行自动积分处理，并把所得数据记录在指定的文件中。

⑭ 报告打印。点击 Reports∈Print∈Method Custom Report 即完成报告打印。如果需要峰面积即可选择 Reports∈Print∈Area%。

⑮ 关机步骤。分析结束后，按柱温箱 on/off 键关闭电源，并打开柱箱门，降低柱箱温度至室温；如用缓冲液，先更换水清洗流路系统和色谱柱 1 h，最后用有机溶剂（如甲醇）清洗 30 min 以上。再按运行方法键停止系统运行。退出 CLASS-VP（两阶退出），关 SCL-10Avp 电源。关其他各 LC 单元电源。关计算机和打印机电源。

六、数据处理

（1）记录实验条件。仪器组成、色谱柱型号、激发波长、发射波长、流动相组成、流速（mL/min）、柱温、进样量、氮吹仪干燥设备等实验条件。

（2）计算出蔬菜中喹诺酮类抗生素的含量。

七、结果讨论

对实验过程中出现的问题进行分析讨论。

八、思考题

1. 荧光检测器的原理是什么？
2. 影响测定的主要因素有哪些？
3. 如何提高蔬菜中喹诺酮类抗生素的检测效果？

第九章 红外吸收光谱法

第一节 概 述

一、定义

分子的振动能量比转动能量大，当发生振动能级跃迁时，不可避免地伴随有转动能级的跃迁，所以无法测量纯粹的振动光谱，而只能得到分子的振动—转动光谱，这种光谱称为红外吸收光谱。

红外光谱又称分子振动转动光谱，属分子吸收光谱。当样品受到频率连续变化的红外光照射时，分子吸收了某些频率的辐射，并由其振动或转动运动引起偶极矩的净变化，产生分子振动和转动能级从基态到激发态的跃迁，相应于这些区域的透射光强减弱，记录百分透过率 *T*%对波数或波长的曲线，即红外光谱。

二、红外光区的划分

红外光谱在可见光区和微波光区之间，波长范围为 0.75~1 000 μm，根据仪器技术和应用不同，习惯上又将红外光区分为三个区：近红外光区（0.75～2.5 μm）、中红外光区（2.5～25 μm）、远红外光区（25～1 000 μm）。

近红外光区（0.75～2.5 μm），吸收带主要是由低能电子跃迁、含氢原子团（如 O—H、N—H、C—H）伸缩振动的倍频吸收等产生的。该区的光谱可用来研究稀土和其他过渡金属离子的化合物，并适用于水、醇、某些高分子化合物以及含氢原子团化合物的定量分析。

中红外光区（2.5～25 μm），绝大多数有机化合物和无机离子的基频吸收带出现在该光区。由于基频振动是红外光谱中吸收最强的振动，所以该区最适于进行红外光谱的定性和定量分析。同时，由于中红外光谱仪最为成熟、简单，而且目前已积累了该区大量的数据资料，因此它是应用极为广泛的光谱区。通常，中红外光谱法又简称为红外光谱法。

远红外光区（25～1 000 μm），该区的吸收带主要是由气体分子中的纯转动跃迁、振动—转动跃迁、液体和固体中重原子的伸缩振动、某些变角振动、骨架振动以及晶体中的晶格振动所引起的。由于低频骨架振动能很灵敏地反映出结构变化，所以对异构体的研究特别方便。此外，还能用于金属有机化合物（包括络合物）、氢键、吸附现象的研究。但由于该光区能量弱，除非其他波长区间内没有合适的分析谱带，一般不在此范围内进行分析。

三、红外光谱的表示方法

红外吸收光谱一般用 T—λ曲线或 T—σ（波数）曲线表示。

纵坐标为百分透射比 $T\%$，因而吸收峰向下，向上则为谷；横坐标是波长λ（单位为μm），或波数σ（单位为 cm^{-1}）。波长λ与波数之间的关系为：

$$\sigma_{波数}（cm^{-1}）=10^4/\lambda（\mu m） \tag{9.1}$$

四、红外光谱的应用

红外光谱与分子的结构密切相关，是研究表征分子结构的一种有效手段，与其他方法相比较，红外光谱由于对样品没有任何限制，它是公认的一种重要分析工具。在分子构型和构象研究、化学化工、物理、能源、材料、天文、气象、遥感、环境、地质、生物、医学、药物、农业、食品、法庭鉴定和工业过程控制等多方面的分析测定中都有十分广泛的应用。

红外光谱可以研究分子的结构和化学键，如力常数的测定和分子对称性等，利用红外光谱方法可测定分子的键长和键角，并由此推测分子的立体构型。根据所得的力常数可推知化学键的强弱，由简正频率计算热力学函数等。分子中的某些基团或化学键在不同化合物中所对应的谱带波数基本上是固定的或只在小波段范围内变化，因此许多有机官能团例如甲基、亚甲基、羰基、氰基、羟基、胺基等在红外光谱中都有特征吸收，通过红外光谱测定，人们就可以判定未知样品中存在哪些有机官能团，这为最终确定未知物的化学结构奠定了基础。

由于分子内和分子间相互作用，有机官能团的特征频率会由于官能团所处的化学环境不同而发生微细变化，这为研究表征分子内、分子间相互作用创造了条件。

分子在低波数区的许多简正振动往往涉及分子中全部原子，不同分子的振动方式彼此不同，这使得红外光谱具有像指纹一样高度的特征性，称为指纹区。利用这一特点，人们采集了成千上万种已知化合物的红外光谱，并把它们存入计算机中，编成红外光谱标准谱图库。

人们只需把测得未知物的红外光谱与标准库中的光谱进行比对，就可以迅速判定未知化合物的成分。

当代红外光谱技术的发展已使红外光谱的意义远远超越了对样品进行简单的常规测试并从而推断化合物的组成的阶段。红外光谱仪与其他多种测试手段联用衍生出许多新的分子光谱领域，例如，色谱技术与红外光谱仪联合为深化认识复杂的混合物体系中各种组分的化学结构创造了机会；把红外光谱仪与显微镜方法结合起来，形成红外成像技术，用于研究非均相体系的形态结构。随着电子技术的日益进步，半导体检测器已实现集成化，焦平面阵列式检测器已商品化，它有效地推动了红外成像技术的发展，也为未来发展非傅里叶变换红外光谱仪创造了契机。

随着同步辐射技术的发展和广泛应用，现已出现用同步辐射光作为光源的红外光谱仪，由于同步辐射光的强度比常规光源高五个数量级，这能有效地提高光谱的信噪比和分辨率，特别值得指出的是，近年来自由电子激光技术为人们提供了一种单色性好、亮度高、波长连续可调的新型红外光源，与近场技术相结合，可使得红外成像技术在分辨率和化学反差两方面皆得到有效提高。

五、IR与UV的区别

紫外、可见吸收光谱常用于研究不饱和有机物，特别是具有共轭体系的有机化合物，而红外光谱法主要研究在振动中伴随有偶极矩变化的化合物（没有偶极矩变化的振动在拉曼光谱中出现）。因此，除了单原子和同核分子（如Ne、He、O_2、H_2等）外，几乎所有的有机化合物在红外光谱区均有吸收。除光学异构体、某些高分子量的高聚物以及在分子量上只有微小差异的化合物外，凡是具有结构不同的两个化合物，一定不会有相同的红外光谱。通常红外吸收带的波长位置与吸收谱带的强度，反映了分子结构上的特点，可以用来鉴定未知物的结构组成或确定其化学基团；而吸收谱带的吸收强度与分子组成或化学基团的含量有关，可用以进行定量分析和纯度鉴定。由于红外光谱分析特征性强，气体、液体、固体样品都可测定，并具有用量少、分析速度快、不破坏样品的特点。因此，红外光谱法不仅与其他许多分析方法一样，能进行定性和定量分析，而且该法是鉴定化合物和测定分子结构的最有用方法之一。

第二节 红外光谱分析原理

一、产生红外吸收的条件

1．能量相等条件

振动或转动能级跃迁的能量与红外辐射光子能量相等。

红外吸收光谱是分子振动能级跃迁产生的。因为分子振动能级差为 0.05～1.0 eV，比转动能级差（0.000 1～0.05 eV）大，因此分子发生振动能级跃迁时，不可避免地伴随转动能级的跃迁，因而无法测得纯振动光谱，但为了讨论方便，以双原子分子振动光谱为例说明红外光谱产生的条件。若把双原子分子（A-B）的两个原子看作两个小球，把连接它们的化学键看成质量可以忽略不计的弹簧，则两个原子间的伸缩振动，可近似地看成沿键轴方向的简谐振动。由量子力学可以证明，该分子的振动总能量（E_ν）为：

$$E_\nu = (\nu + 1/2) h\nu \tag{9.2}$$

式中，ν 为振动量子数（ν=0，1，2，……）；E_ν是与振动量子数 ν 相应的体系能量；ν为分子振动的频率。

在室温时，分子处于基态（ν=0），E_ν=1/2 · $h\nu$，此时，伸缩振动的频率很小。当有红外辐射照射到分子时，若红外辐射的光子（ν_L）所具有的能量（E_L）恰好等于分子振动能级的能量差（$\Delta E_{振}$）时，则分子将吸收红外辐射而跃迁至激发态，导致振幅增大。分子振动能级的能量差为：

$$\Delta E_{振} = \Delta\nu \cdot h\nu \tag{9.3}$$

又因光子能量为：

$$E_L = h\nu_L$$

于是可得产生红外吸收光谱的第一条件为：

$$E_L = \Delta E_{振}$$

$$即\ \nu_L = \Delta\nu \cdot \nu$$

表明，只有当红外辐射频率等于振动量子数的差值与分子振动频率的乘积时，分子才能吸收红外辐射，产生红外吸收光谱。

分子吸收红外辐射后，由基态振动能级（ν=0）跃迁至第一振动激发态（ν=1）

时，所产生的吸收峰称为基频峰。因为$\Delta\nu=1$时，$\nu_L=\nu$，所以基频峰的位置（ν_L）等于分子的振动频率。

在红外吸收光谱上除基频峰外，还有振动能级由基态（$\nu=0$）跃迁至第二激发态（$\nu=2$）、第三激发态（$\nu=3$）……所产生的吸收峰称为倍频峰。

由$\nu=0$ 跃迁至$\nu=2$ 时，$\Delta\nu=2$，则$\nu_L=2\nu$，即吸收的红外线谱线（ν_L）是分子振动频率的二倍，产生的吸收峰称为二倍频峰。

由$\nu=0$ 跃迁至$\nu=3$ 时，$\Delta\nu=3$，则$\nu_L=3\nu$，即吸收的红外线谱线（ν_L）是分子振动频率的三倍，产生的吸收峰称为三倍频峰。其他类推。在倍频峰中，二倍频峰还比较强。三倍频峰以上，因跃迁概率很小，一般都很弱，常常不能测到。

由于分子非谐振性质，各倍频峰并非正好是基频峰的整数倍，而是略小一些。以 HCl 为例：

基频峰（$\nu 0\rightarrow 1$）	2 885.9 cm^{-1}	最强
二倍频峰（$\nu 0\rightarrow 2$）	5 668.0 cm^{-1}	较弱
三倍频峰（$\nu 0\rightarrow 3$）	8 346.9 cm^{-1}	很弱
四倍频峰（$\nu 0\rightarrow 4$）	10 923.1 cm^{-1}	极弱
五倍频峰（$\nu 0\rightarrow 5$）	13 396.5 cm^{-1}	极弱

除此之外，还有合频峰（$\nu 1+\nu 2$，$2\nu 1+\nu 2$，……）、差频峰（$\nu 1-\nu 2$，$2\nu 1-\nu 2$，……）等，这些峰多数很弱，一般不容易辨认。倍频峰、合频峰和差频峰统称为泛频峰。

2．耦合作用（能量传递条件）

为满足辐射与物质之间有耦合作用这个条件，分子振动必须伴随偶极矩的变化。红外跃迁是偶极矩诱导的，即能量转移是通过振动过程所导致的偶极矩的变化和交变的电磁场（红外线）相互作用发生的。分子由于构成它的各原子的电负性不同，也显示不同的极性，称为偶极子。通常用分子的偶极矩（μ）来描述分子极性的大小。当偶极子处在电磁辐射的电场中时，该电场作周期性反转，偶极子将经受交替的作用力而使偶极矩增加或减少。由于偶极子具有一定的原有振动频率，显然，只有当辐射频率与偶极子频率相匹时，分子才与辐射相互作用（振动耦合）而增加它的振动能，使振幅增大，即分子由原来的基态振动跃迁到较高振动能级。因此，并非所有的振动都会产生红外吸收，只有发生偶极矩变化（$\Delta\mu\neq 0$）的振动才能引起可观测的红外吸收光谱，该分子称之为红外活性的；$\Delta\mu=0$ 的分子振动不能产生红外振动吸收，称为非红外活性的。

当一定频率的红外光照射分子时，如果分子中某个基团的振动频率和它一致，二者就会产生共振，此时光的能量通过分子偶极矩的变化而传递给分子，这个基团就吸收一定频率的红外光，产生振动跃迁。如果用连续改变频率的红外光照射某样品，由于试样对不同频率的红外光吸收程度不同，使通过试样后的红外光在一些波数范围减弱，在另一些波数范围内仍然较强，用仪器记录该试样的红外吸收光谱，进行样品的定性和定量分析。

二、双原子分子的振动

分子中的原子以平衡点为中心，以非常小的振幅（与原子核之间的距离相比）做周期性的振动，可近似地看做简谐振动。这种分子振动的模型，以经典力学的方法可把两个质量为 M_1 和 M_2 的原子看成钢体小球，连接两原子的化学键设想成无质量的弹簧，弹簧的长度 r 就是分子化学键的长度。由经典力学可导出该体系的基本振动频率计算公式：

$$\nu = (1/2\pi) \cdot (k/\mu) \tag{9.4}$$

$$\text{或} \quad \text{波数} = (1/2\pi c) \cdot (k/\mu)$$

式中，k 为化学键的力常数，其定义为将两原子由平衡位置伸长单位长度时的恢复力（单位为 N/cm），单键、双键和三键的力常数分别近似为 5 N/cm、10 N/cm 和 15 N/cm；c 为光速（2.998×1 010 cm/s）；μ 为折合质量，单位为 g，且 $\mu = m_1 \cdot m_2 / (m_1 + m_2)$。

根据小球的质量和相对原子质量之间的关系：

$$\text{波数} = 1\,302\,(k/A_r')\,1/2 \tag{9.5}$$

式中，A_r' 为折合相对原子质量。

影响基本振动频率的直接原因是相对原子质量和化学键的力常数。化学键的力常数 k 越大，折合相对原子质量 A_r' 越小，则化学键的振动频率越高，吸收峰将出现在高波数区；反之，则出现在低数区。例如：≡C—C≡、═C═C═、—C≡C—三种碳碳键的质量相同，键力常数的顺序是三键＞双键＞单键。

因此在红外光谱中，—C≡C—的吸收峰出现在 2 222 cm^{-1}，而═C═C═约在 1 667 cm^{-1}，≡C—C≡在 1 429 cm^{-1}。

对于相同化学键的基团，波数与相对原子质量平方根成反比。例如 C—C、C—O、C—N 键的力常数相近，但相对折合质量不同，其大小顺序为 C—C＜C—N＜C—O，因而这三种键的基频振动峰分别出现在 1 430 cm^{-1}、1 330 cm^{-1}、1 280 cm^{-1} 附近。

需要指出的是，上述用经典方法来处理分子的振动是宏观处理方法，或是近似处理的方法。但一个真实分子的振动能量变化是量子化；另外，分子中基团与基团之间，基团中的化学键之间都相互有影响，除了化学键两端的原子质量、化学键的力常数影响基本振动频率外，还与内部因素和外部因素有关。

三、多原子分子的振动

多原子分子由于原子数目增多，组成分子的键或基团和空间结构不同，其振动光谱比双原子分子要复杂。但是可以把它们的振动分解成许多简单的基本振动，即简正振动。

1. 简正振动

简正振动的振动状态是分子质心保持不变，整体不转动，每个原子都在其平衡位置附近做简谐振动，其振动频率和相位都相同，即每个原子都在同一瞬间通过其平衡位置，而且同时达到其最大位移值。分子中任何一个复杂振动都可以看成这些简正振动的线性组合。

2. 简正振动的基本形式

一般将振动形式分成两类：伸缩振动和变形振动。

（1）伸缩振动。原子沿键轴方向伸缩，键长发生变化而键角不变的振动称为伸缩振动，用符号ν表示。它又可以分为对称伸缩振动（ν_s）和不对称伸缩振动（ν_{as}）。对同一基团，不对称伸缩振动的频率要稍高于对称伸缩振动。

（2）变形振动（又称弯曲振动或变角振动）。基团键角发生周期变化而键长不变的振动称为变形振动，用符号δ表示。变形振动又分为面内变形振动和面外变形振动。面内变形振动又分为剪式振动（以δ表示）和平面摇摆振动（以ρ表示）。面外变形振动又分为非平面摇摆振动（以ω表示）和扭曲振动（以τ表示）。

由于变形振动的力常数比伸缩振动的小，因此，同一基团的变形振动都在其伸缩振动的低频端出现。

3. 基本振动的理论数

简正振动的数目称为振动自由度，每个振动自由度相当于红外光谱图上一个基频吸收带。设分子由 n 个原子组成，每个原子在空间都有 3 个自由度，原子在空间的位置可以用直角坐标中的 3 个坐标 x、y、z 表示，因此，n 个原子组成的分子总共应有 $3n$ 个自由度，即 $3n$ 种运动状态。但在这 $3n$ 种运动状态中，包括 3 个整个分子的质心沿 x、y、z 方向平移运动和 3 个整个分子绕 x、y、z 轴的转动运动。这 6 种运动都不是分子振动，因此，振动形式应有（$3n-6$）种。但对于直线型分子，若贯穿所有原子的轴是在 x 方向，则整个分子只能绕 y、z 轴转动，因此，直线性分子的振动形式为（$3n-5$）种。

每种简正振动都有其特定的振动频率，似乎都应有相应的红外吸收带。实际上，绝大多数化合物在红外光谱图上出现的峰数远小于理论上计算的振动数，这是由如下原因引起的：

（1）没有偶极矩变化的振动，不产生红外吸收。

（2）相同频率的振动吸收重叠，即简并。

（3）仪器不能区别那些频率十分接近的振动，或吸收带很弱，仪器检测不出。

（4）有些吸收带落在仪器检测范围之外。

例如，线型分子二氧化碳在理论上计算其基本振动数为 4，共有 4 个振动形式，在红外图谱上有 4 个吸收峰。但在实际红外图谱中，只出现 667 cm^{-1} 和 2 349 cm^{-1} 两个基频吸收峰。这是因为对称伸缩振动偶极矩变化为零，不产生吸收，而面内变形振动和面外变形振动的吸收频率完全一样，发生简并。

四、吸收谱带的强度

红外吸收谱带的强度取决于分子振动时偶极矩的变化，而偶极矩与分子结构的对称性有关。振动的对称性越高，振动中分子偶极矩变化越小，谱带强度也就越弱。一般地，极性较强的基团（如 C═O、C—X 等）振动，吸收强度较大；极性较弱的基团（如 C═C、C—C、N═N 等）振动，吸收较弱。红外光谱的吸收强度一般定性地用很强（v_s）、强（s）、中（m）、弱（w）和很弱（v_w）等表示。按摩尔吸光系数ε的大小划分吸收峰的强弱等级，具体如下：

$\varepsilon > 100$	非常强峰（v_s）
$20 < \varepsilon < 100$	强峰（s）
$10 < \varepsilon < 20$	中强峰（m）
$1 < \varepsilon < 10$	弱峰（w）

五、基团频率和特征吸收峰

物质的红外光谱是其分子结构的反映，谱图中的吸收峰与分子中各基团的振动形式相对应。多原子分子的红外光谱与其结构的关系，一般是通过实验手段得到。这就是通过比较大量已知化合物的红外光谱，从中总结出各种基团的吸收规律。

实验表明，组成分子的各种基团，如 O—H、N—H、C—H、C═C、C═OH 和 C≡C 等，都有特定的红外吸收区域，分子的其他部分对其吸收位置影响较小。通常把这种能代表其存在、并有较高强度的吸收谱带称为基团频率，其所在的位置一般又称为特征吸收峰。

1．基团频率区和指纹区

（1）基团频率区。中红外光谱区可分成 4 000～1 300 cm^{-1} 和 1 800（1 300）～600 cm^{-1} 两个区域。最有分析价值的基团频率在 4 000～1 300 cm^{-1}，这一区域称为基团频率区、官能团区或特征区。区内的峰是由伸缩振动产生的吸收带，比较稀疏，容易辨认，常用于鉴定官能团。

在 1 800（1 300）～600 cm^{-1} 区域内，除单键的伸缩振动外，还有因变形振动产生的谱带。这种振动与整个分子的结构有关。当分子结构稍有不同时，该区的吸收就有细微的差异，并显示出分子特征。这种情况就像人的指纹一样，因此称为指纹区。指纹区对于指认结构类似的化合物很有帮助，而且可以作为化合物存在某种基团的旁证。基团频率区可分为三个区域：

① 4 000～2 500 cm^{-1} X-H 伸缩振动区，X 可以是 O、H、C 或 S 等原子。O—H 基的伸缩振动出现在 3 650～3 200 cm^{-1} 范围内，它可以作为判断有无醇类、酚类和有机酸类的重要依据。当醇和酚溶于非极性溶剂（如 CCl_4），浓度于 0.01 mol/dm^3 时，在 3 650～3 580 cm^{-1} 处出现游离 O—H 基的伸缩振动吸收，峰形尖锐，且没有其他吸收峰干扰，易于识别。

当试样浓度增加时，羟基化合物产生缔合现象，O—H 基的伸缩振动吸收峰向低波数方向位移，在 3 400～3 200 cm^{-1} 出现一个宽而强的吸收峰。胺和酰胺的 N—H 伸缩振动也出现在 3 500～3 100 cm^{-1}。因此，可能会对 O—H 伸缩振动有干扰。

C—H 的伸缩振动可分为饱和和不饱和的两种。饱和的 C—H 伸缩振动出现在 3 000 cm^{-1} 以下，3 000～2 800 cm^{-1}，取代基对它们影响很小。如—CH_3 基的伸缩吸收出现在 2 960 cm^{-1} 和 2 876 cm^{-1} 附近；—CH_2 基的吸收在 2 930 cm^{-1} 和 2 850 cm^{-1} 附近；≡CH（不是炔烃）基的吸收出现在 2 890 cm^{-1} 附近，但强度很弱。不饱和的 C—H 伸缩振动出现在 3 000 cm^{-1} 以上，以此来判别化合物中是否含有不饱和的 C—H 键。

苯环的 C—H 键伸缩振动出现在 3 030 cm^{-1} 附近，它的特征是强度比饱和的 C—H 键稍弱，但谱带比较尖锐。

不饱和的双键═C—H 的吸收出现在 3 010～3 040 cm^{-1} 范围内，末端═CH_2 的吸收出现在 3 085 cm^{-1} 附近。

叁键≡CH 上的 C—H 伸缩振动出现在更高的区域（3 300 cm^{-1}）附近。

② 2 500～1 900 cm^{-1} 为叁键和累积双键区。主要包括—C≡C、—C≡N 等叁键的伸缩振动，以及—C═C═C、—C═C═O 等累积双键的不对称性伸缩振动。对于炔烃类化合物，可以分成 R—C≡CH 和 R′—C≡C—R 两种类型，R—C≡CH 的伸缩振动出现在 2 100～2 140 cm^{-1} 附近，R′—C≡C—R 出现在 2 190～2 260 cm^{-1} 附近。如果是 R—C≡C—R，因为分子是对称，则为非红外活性。—C≡N 基的伸缩振动在非共轭的情况下出现在 2 240～2 260 cm^{-1} 附近。当与不饱和键或芳香核共轭时，该峰位移到 2 220～2 230 cm^{-1} 附近。若分子中含有 C、H、N 原子，—C≡N 基吸收比较强而尖锐。若分子中含有 O 原子，且 O

原子离—C≡N 基越近，—C≡N 基的吸收越弱，甚至观察不到。

③ 1 900～1 200 cm^{-1} 为双键伸缩振动区。该区域主要包括三种伸缩振动：

a）C═O 伸缩振动出现在 1 900～1 650 cm^{-1}，是红外光谱中很特征的且往往是最强的吸收，以此很容易判断酮类、醛类、酸类、酯类以及酸酐等有机化合物。酸酐的羰基吸收带由于振动耦合而呈现双峰。

b）C═C 伸缩振动。烯烃的 C═C 伸缩振动出现在 1 680～1 620 cm^{-1}，一般很弱。单核芳烃的 C═C 伸缩振动出现在 1 600 cm^{-1} 和 1 500 cm^{-1} 附近，有两个峰，这是芳环的骨架结构，用于确认有无芳核的存在。

c）苯的衍生物的泛频谱带，出现在 2 000～1 650 cm^{-1} 范围，是 C—H 面外变形振动和 C═C 面内变形振动的泛频吸收，虽然强度很弱，但它们的吸收面貌在表征芳核取代类型上是有用的。

（2）指纹区。

① 1 800（1 300）～900 cm^{-1} 区域是 C—O、C—N、C—F、C—P、C—S、P—O、Si—O 等单键的伸缩振动和 C═S、S═O、P═O 等双键的伸缩振动吸收。

其中：1 375 cm^{-1} 的谱带为甲基的 $\delta_{C\text{-}H}$ 对称弯曲振动，对识别甲基十分有用，C—O 的伸缩振动在 1 300～1 000 cm^{-1}，是该区域最强的峰，也较易识别。

② 900～650 cm^{-1} 区域的某些吸收峰可用来确认化合物的顺反构型。例如，烯烃的═C—H 面外变形振动出现的位置，很大程度上决定于双键的取代情况。对于 RCH═CH_2 结构，在 990 cm^{-1} 和 910 cm^{-1} 出现两个强峰；对于 RC═CRH 结构，其顺、反构型分别在 690 cm^{-1} 和 970 cm^{-1} 出现吸收峰，可以共同配合确定苯环的取代类型。

2. 常见官能团的特征吸收频率

基团频率主要是由基团中原子的质量和原子间的化学键力常数决定。然而，分子内部结构和外部环境的改变对它都有影响，因而同样的基团在不同的分子和不同的外界环境中，基团频率可能会有一个较大的范围。因此了解影响基团频率的因素，对解析红外光谱和推断分子结构都十分有用。

影响基团频率位移的因素大致可分为内部因素和外部因素。

内部因素：

（1）电子效应。包括诱导效应、共轭效应和中介效应，它们都是由于化学键的电子分布不均匀引起的。

① 诱导效应（I 效应）。由于取代基具有不同的电负性，通过静电诱导作用，引起分子中电子分布的变化。从而改变了键力常数，使基团的特征频率发生了位移。

例如，一般电负性大的基团或原子吸电子能力强，与烷基酮羰基上的碳原子

如硅碳棒方便。硅碳棒是由碳化硅烧结而成，工作温度在 1 200～1 500℃。

2．吸收池

因玻璃、石英等材料不能透过红外光，红外吸收池要用可透过红外光的 NaCl、KBr、CsI、KRS-5（TlI 58%、TlBr 42%）等材料制成窗片。用 NaCl、KBr、CsI 等材料制成的窗片需注意防潮。固体试样常与纯 KBr 混匀压片，然后直接进行测定。

3．单色器

单色器由色散元件、准直镜和狭缝构成。

色散元件常用复制的闪耀光栅。由于闪耀光栅存在次级光谱的干扰，因此，需要将光栅和用来分离次光谱的滤光器或前置棱镜结合起来使用。

4．检测器

常用的红外检测器有高真空热电偶、热释电检测器和碲镉汞检测器。

高真空热电偶是利用不同导体构成回路时的温差电现象，将温差转变为电位差。

热释电检测器是利用硫酸三苷肽的单晶片作为检测元件。硫酸三苷肽（TGS）是铁电体，在一定的温度以下，能产生很大的极化反应，其极化强度与温度有关，温度升高，极化强度降低。将 TGS 薄片正面真空镀铬（半透明），背面镀金，形成两电极。当红外辐射光照射到薄片上时，引起温度升高，TGS 极化度改变，表面电荷减少，相当于“释放”了部分电荷，经放大，转变成电压或电流方式进行测量。碲镉汞检测器（MCT 检测器）是由宽频带的半导体碲化镉和半金属化合物碲化汞混合形成，其组成为 $Hg_{1-x}Cd_xTe$，$x≈0.2$，改变 x 值，可获得测量波段不同、灵敏度各异的各种 MCT 检测器。

5．记录系统（略）

二、Fourier 变换红外光谱仪（FTIR）

1．Fourier 变换红外光谱仪工作原理

Fourier 变换红外光谱仪没有色散元件，主要由光源（硅碳棒、高压汞灯）、Michelson 干涉仪、检测器、计算机和记录仪组成。核心部分为 Michelson 干涉仪，它将光源来的信号以干涉图的形式送往计算机进行 Fourier 变换的数学处理，最后将干涉图还原成光谱图。它与色散型红外光度计的主要区别在于干涉仪和电子计算机两部分。

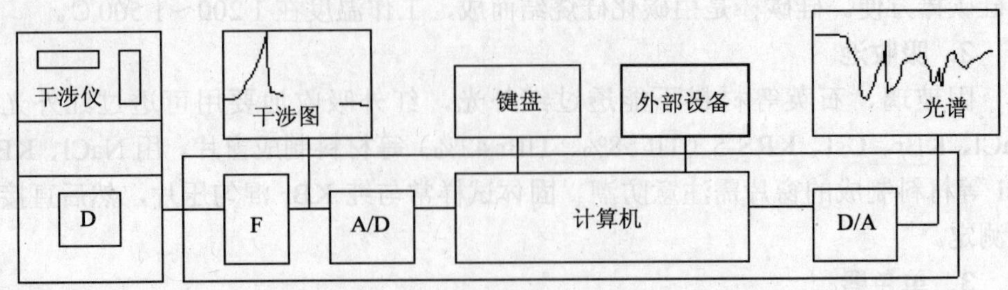

图 9-2 Fourier 变换红外光谱仪工作原理图

仪器中的 Michelson 干涉仪的作用是将光源发出的光分成两光束后，再以不同的光程差重新组合，发生干涉现象。当两束光的光程差为$\lambda/2$ 的偶数倍时，则落在检测器上的相干光相互叠加，产生明线，其相干光强度有极大值；相反，当两束光的光程差为$\lambda/2$ 的奇数倍时，则落在检测器上的相干光相互抵消，产生暗线，相干光强度有极小值。由于多色光的干涉图等于所有各单色光干涉图的加和，故得到的是具有中心极大，并向两边迅速衰减的对称干涉图。干涉图包含光源的全部频率和与该频率相对应的强度信息，所以如有一个有红外吸收的样品放在干涉仪的光路中，由于样品能吸收特征波数的能量，结果所得到的干涉图强度曲线就会相应地产生一些变化。包括每个频率强度信息的干涉图，可借数学上 Fourier 变换技术对每个频率的光强进行计算，从而得到吸收强度或透过率和波数变化的普通光谱图。

2. Fourier 变换红外光谱仪的特点

（1）扫描速度极快。Fourier 变换仪器是在整个扫描时间内同时测定所有频率的信息，一般只要 1 s 左右即可。因此，它可用于测定不稳定物质的红外光谱。而色散型红外光谱仪，在任何一瞬间只能观测一个很窄的频率范围，一次完整扫描通常需要 8 s、15 s、30 s 等。

（2）具有很高的分辨率。通常 Fourier 变换红外光谱仪分辨率达 0.1～0.005 cm^{-1}，而一般棱镜型的仪器分辨率在 1 000 cm^{-1} 处有 3 cm^{-1}，光栅型红外光谱仪分辨率也只有 0.2 cm^{-1}。

（3）灵敏度高。因 Fourier 变换红外光谱仪不用狭缝和单色器，反射镜面又大，故能量损失小，到达检测器的能量大，可检测 10^{-8} g 数量级的样品。除此之外，还有光谱范围宽（1 000～10 cm^{-1}）；测量精度高，重复性可达 0.1%；杂散光干扰小；样品不受因红外聚焦而产生的热效应的影响；特别适合于与气相色谱联机或研究化学反应机理等。

第四节　红外光谱法的应用

一、试样的处理和制备

要获得一张高质量红外光谱图，除了仪器本身的因素外，还必须有合适的样品制备方法。

1. 红外光谱法对试样的要求

红外光谱的试样可以是液体、固体或气体，一般应要求：

（1）试样应该是单一组分的纯物质，纯度应＞98%或符合商业规格才便于与纯物质的标准光谱进行对照。多组分试样应在测定前尽量预先用分馏、萃取、重结晶或色谱法进行分离提纯，否则各组分光谱相互重叠，难于判断。

（2）试样中不应含有游离水。水本身有红外吸收，会严重干扰样品谱，而且会侵蚀吸收池的盐窗。

（3）试样的浓度和测试厚度应选择适当，以使光谱图中的大多数吸收峰的透射比处于10%～80%范围内。

2. 制样的方法

（1）气体样品。气态样品可在玻璃气槽内进行测定，它的两端粘有红外透光的 NaCl 或 KBr 窗片。先将气槽抽真空，再将试样注入。

（2）液体和溶液试样。

①液体池法。沸点较低，挥发性较大的试样，可注入封闭液体池中，液层厚度一般为 0.01～1 mm。

②液膜法。沸点较高的试样，直接滴在两片盐片之间，形成液膜。

对于一些吸收很强的液体，当用调整厚度的方法仍然得不到满意的谱图时，可用适当的溶剂配成稀溶液进行测定。一些固体也可以溶液的形式进行测定。常用的红外光谱溶剂应在所测光谱区内本身没有强烈的吸收，不侵蚀盐窗，对试样没有强烈的溶剂化效应等。

（3）固体试样。

①压片法。将 1～2 mg 试样与 200 mg 纯 KBr 研细均匀，置于模具中，用 80 MPa 左右，稳定 5 s，在油压机上压成透明薄片，即可用于测定。试样和 KBr 都应经干燥处理，研磨到粒度小于 2 μm，以免散射光影响。

②石蜡糊法。将干燥处理后的试样研细，与液体石蜡或全氟代烃混合，调成糊状，夹在盐片中测定。

③薄膜法。主要用于高分子化合物的测定。可将它们直接加热熔融或压制成膜。也可将试样溶解在低沸点的易挥发溶剂中，涂在盐片上，待溶剂挥发后成膜测定。当样品量特别少或样品面积特别小时，采用光束聚光器，并配有微量液体池、微量固体池和微量气体池，采用全反射系统或用带有卤化碱透镜的反射系统进行测量。

二、定性分析

1. 已知物的鉴定

将试样的谱图与标准的谱图进行对照，或者与文献上的谱图进行对照。如果两张谱图各吸收峰的位置和形状完全相同，峰的相对强度一样，就可以认为样品是该种标准物。如果两张谱图不一样，或峰位不一致，则说明两者不为同一化合物，或样品有杂质。如用计算机谱图检索，则采用相似度来判别。使用文献上的谱图应当注意试样的物态、结晶状态、溶剂、测定条件以及所用仪器类型均应与标准谱图相同。

2. 未知物结构的测定

测定未知物的结构，是红外光谱法定性分析的一个重要用途。

如果未知物不是新化合物，可以通过两种方式利用标准谱图进行查对：

（1）查阅标准谱图的谱带索引，寻找与试样光谱吸收带相同的标准谱图。

（2）进行光谱解析，谱图的解析至今尚无一定规则。但一般来说可按照“先特征，后指纹；先最强峰，后次强峰；先粗查，后细找；先否定，后肯定”的程序解析。在对光谱图进行解析之前，应收集样品的有关资料和数据。了解试样的来源，以估计其可能是哪类化合物；测定试样的物理常数，如熔点、沸点、溶解度、折光率等，作为定性分析的旁证；根据元素分析及相对摩尔质量的测定，求出化学式并计算化合物的不饱和度：

$$\Omega=1+n_4+(n_3-n_1)/2$$

式中，n_4、n_3、n_1 分别为分子中所含的四价、三价和一价元素原子的数目。

当计算得$\Omega=0$ 时，表示分子是饱和的，应是链状烃及其不含双键的衍生物；

当$\Omega=1$ 时，可能有一个双键或脂环；

当$\Omega=2$ 时，可能有两个双键和脂环，也可能有一个叁键；

当$\Omega=4$ 时，可能有一个苯环等。

但是，二价原子如 S、O 等不参加计算。谱图解析一般先从基团频率区的最强谱带开始，推测未知物可能含有的基团，判断不可能含有的基团。再从指纹区的谱带进一步验证，找出可能含有基团的相关峰，用一组相关峰确认一个基团的存在。对于简单化合物，确认几个基团之后，便可初步确定分子结构，然后查对标准谱图核实。

图谱解析，例如：某化合物，测得分子式为 C_8H_8O，其红外光谱如图 9-3 所示，试推测其结构式。

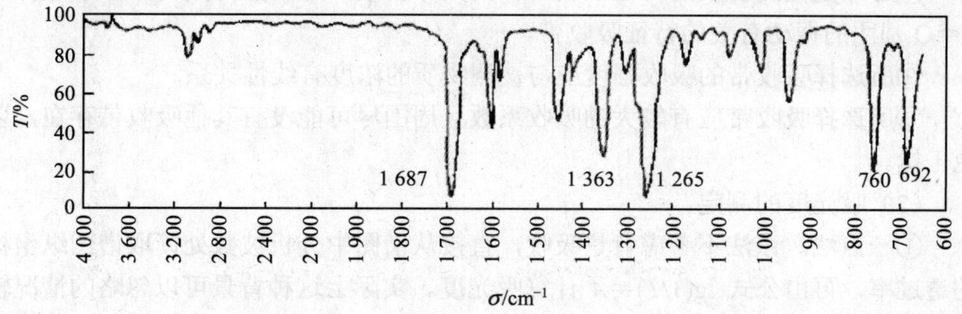

图 9-3　C_8H_8O 红外光谱图

解：特征区最强峰 1 687 cm^{-1} 为 C=O 的伸缩振动，因分子式中只含一个氧原子。不可能是酸或酯，只能是醛或酮。1 600 cm^{-1}、1 580 cm^{-1}、1 450 cm^{-1} 三个峰是苯环的骨架振动；3 000 cm^{-1} 附近的数个弱峰是苯环及 CH_3 的 C-H 伸缩振动；指纹区 760 cm^{-1}、692 cm^{-1} 两个吸收峰结合 2 000～1 667 cm^{-1} 的一组泛频峰说明为单取代苯。1 363 cm^{-1} 和 1 430 cm^{-1} 的吸收峰为甲基的 C—H 弯曲振动。

至此可初步推断该化合物为苯乙酮。

根据$\Omega=1+n_4+(n_3-n_1)/2$，计算其不饱和度为 5。

苯乙酮含有苯环及双键，故上述推断合理，进一步与标准谱图对照，证明推断正确。

3．几种标准谱图

（1）萨特勒（Sadtler）标准红外光谱图。

（2）Aldrich 红外谱图库。

（3）Sigma Fourier 红外光谱图库。

三、定量分析

红外光谱定量分析是通过对特征吸收谱带强度的测量来求出组分含量。其理论依据是朗伯-比尔定律。

由于红外光谱的谱带较多，选择的余地大，所以能方便地对单一组分和多组分进行定量分析。此外，该法不受样品状态的限制，能定量测定气体、液体和固体样品。因此，红外光谱定量分析应用广泛。但红外定量灵敏度较低，尚不适用于微量组分的测定。

1. 基本原理

（1）选择吸收带的原则。

①必须是被测物质的特征吸收带。例如分析酸、酯、醛、酮时，必须选择>C=O 基团的振动有关的特征吸收带。

②所选择吸收带的吸收强度应与被测物质的浓度有线性关系。

③所选择吸收带应有较大的吸收系数且周围尽可能没有其他吸收带存在，以免干扰。

（2）吸光度的测定。

①一点法。该法不考虑背景吸收，直接从谱图中分析波数处读取谱图纵坐标的透过率，再由公式 $\lg(1/T)=A$ 计算吸光度。实际上这种背景可以忽略的情况较少，因此多用基线法。

②基线法。通过谱带两翼透过率最大点作光谱吸收的切线，作为该谱线的基线，则分析波数处的垂线与基线的交点，与最高吸收峰顶点的距离为峰高，其吸光度 $A=\lg(I_0/I)$。

2. 定量分析方法

可用标准曲线法、求解联立方程法等方法进行定量分析。

第五节　实验内容

实验一　苯甲酸红外吸收光谱的测定——KBr 晶体压片法

一、实验目的

（1）学习用红外吸收光谱进行化合物的定性分析。

（2）掌握用压片法制作固体试样晶片的方法。

（3）熟悉红外分光光度仪的工作原理及其使用方法。

二、实验原理

红外光谱法是鉴别化合物和确定分子结构的常用手段之一，尤其是对于一些较难分离并在紫外可见区找不到明显特征峰的样品也可以方便、迅速地进行分析，因此广泛地应用于有机化学、高分子化学、无机化学、化工、催化、石油、材料、生物、医药、环境等领域。

红外吸收光谱分析方法主要是依据分子内部原子间的相对振动和分子转动等信息进行测定。红外光谱法研究的是分子中原子的相对振动，也可以归纳为化学键的振动。不同的化学键或官能团，其振动能级从基态跃迁到激发态所需能量不同，因此要吸收不同的红外光。物质吸收不同的红外光，将在不同波长出现吸收峰，红外光谱就是这样形成的。红外谱图的横坐标是红外光的波数（波长的倒数）。纵坐标是透过率，它表示红外光照射样品薄膜上，光能透过的程度。不同的样品状态（固体、液体、气体以及黏稠样品）需要相应的制样方法。制样方法的选择和制样技术的好坏直接影响谱带的频率、数目和强度。

在化合物分子中，具有相同化学键的原子基团，其基本振动频率吸收峰（简称基频峰）基本上出现在同一频率区域内，例如，$CH_3(CH_2)_5CH_3$、$CH_3(CH_2)_4C\equiv N$ 和 $CH_3(CH_2)_5CH=CH_2$ 等分子中都有—CH_3、—CH_2—基团，它们的伸缩振动基频峰与 $CH_3(CH_2)_6CH_3$ 分子的红外吸收光谱中—CH_3、—CH_2—基团的伸缩振动基频峰都出现在同一频率区域内，即在＜3 000 cm^{-1} 波数附近。

但又有所不同，这是因为同一类型原子基团，在不同化合物分子中所处的化学环境有所不同，使基频峰频率发生一定移动。

例如—C═O 基团的伸缩振动基频峰频率一般出现在 1 850～1 860 cm^{-1} 范围内，当它位于酸酐中时，$\nu_{C=O}$ 为 1 820～1 750 cm^{-1}；在酯类中时，为 1 750～1 725 cm^{-1}；在醛中时，为 1 740～1 720 cm^{-1}；在酮类中时，为 1 725～1 710 cm^{-1}；在与苯环共轭时，如乙酰苯中 $\nu_{C=O}$ 为 1 695～1 680 cm^{-1}；在酰胺中时，$\nu_{C=O}$ 为 1 650 cm^{-1} 等。

因此，掌握各种原子基团基频峰的频率及其位移规律，就可应用红外吸收光谱来确定有机化合物分子中存在的原子基团及其在分子结构中的相对位置。苯甲酸分子中各原子基团的基频峰如表 9-1 所示。

表 9-1　苯甲酸分子中各原子基团的基频峰

原子基团的基本振动形式	基频峰的频率/cm^{-1}
$\nu_{=C-H}$（Ar 上）	3 077，3 012
$\nu_{C=C}$（Ar 上）	1 600，1 582，1 495，1 450
$\delta_{=C-H}$（Ar 上邻接五氢）	715，690
ν_{O-H}（形成氢键二聚体）	3 000～2 500（多重峰）
δ_{O-H}	935
$\nu_{C=O}$	1 700
δ_{C-O-H}（面内弯曲振动）	1 250

本实验以苯甲酸为例，练习一下红外图谱测定的一般流程。即用溴化钾晶体稀释苯甲酸试样，研磨均匀后，压制成晶片，测绘试样的红外吸收光谱。

三、实验仪器与试剂

傅里叶红外光谱仪（岛津 FTIR-8400）；压片机；玛瑙研钵；红外干燥灯。溴化钾（光谱纯）；苯甲酸试样。

四、实验步骤

（1）开启空调，使室内温度控制在 18～20℃，相对湿度≤65%。

（2）在红外灯下研钵中加入 KBr 进行研磨，至少 10 min。

（3）将 KBr 装入膜具，在压片机上压片，压力上升至 80 MPa 左右，稳定 5 s。

（4）打开傅里叶红外光谱仪，将压好的薄片装机，设置背景的各项参数之后，进行测试，得到背景的扫描谱图。

（5）苯甲酸试样的制作。取预先在 110℃下烘干，并保存在干燥器内的溴化钾 100～200 mg 和 1～2 mg 苯甲酸，置于洁净的玛瑙研钵中，研磨成均匀、细小的颗粒（2 μm），然后转移到压片模具上压片。

（6）将样品的薄片固定好，装入红外光谱仪，设置样品测试的各项参数后进行测试，得到苯甲酸的红外谱图。

（7）对样品谱图进行简单的编辑和修饰，并标注出吸收峰值，保存试样的红外谱图。

（8）在红外光谱仪自带的谱图库中进行检索，检出相关度较大的已知物的标准谱图，对样品的谱图进行解读，参考标准谱图得出鉴定结果。

注意事项：

制得的晶片，必须无裂痕，局部无发白现象，如同玻璃般完全透明，否则应重新制作。晶片局部发白，表示压制的晶片厚薄不匀；晶片模糊，表示晶体吸潮。水在光谱图 3 450 cm^{-1} 和 1 640 cm^{-1} 处出现吸收峰。

五、数据处理

（1）记录实验条件。

（2）在苯甲酸试样红外吸收光谱图上，标出各特征吸收峰的波数，并确定其归属。

（3）将苯甲酸试样光谱图与其标样光谱图进行对比，如果两张图谱上的特征吸收峰及其吸收强度一致，则可认为该试样是苯甲酸。

六、参考

1 693 cm^{-1} 附近的强峰是 C＝O 双键的吸收；

3 300～2 500 cm^{-1} 区域有宽而散的峰，并在约 934 cm^{-1} 的位置有羧酸二聚体的吸收，约在 1 400 cm^{-1}、1 300 cm^{-1} 处附近有羧酸的吸收，证明了 COOH 基团的存在；

1 600 cm^{-1}、1 583 cm^{-1} 是苯环的特征吸收，3 070 cm^{-1}、3 012 cm^{-1} 是苯环的特征吸收，707 cm^{-1}、684 cm^{-1} 是单取代苯的特征吸收，说明了单取代的苯环的存在。

七、思考题

1．红外吸收光谱分析，对固体试样的制片有何要求？

2．如何着手进行红外吸收光谱的定性分析？

3．红外光谱实验室为什么对温度和相对湿度要维持一定的指标？

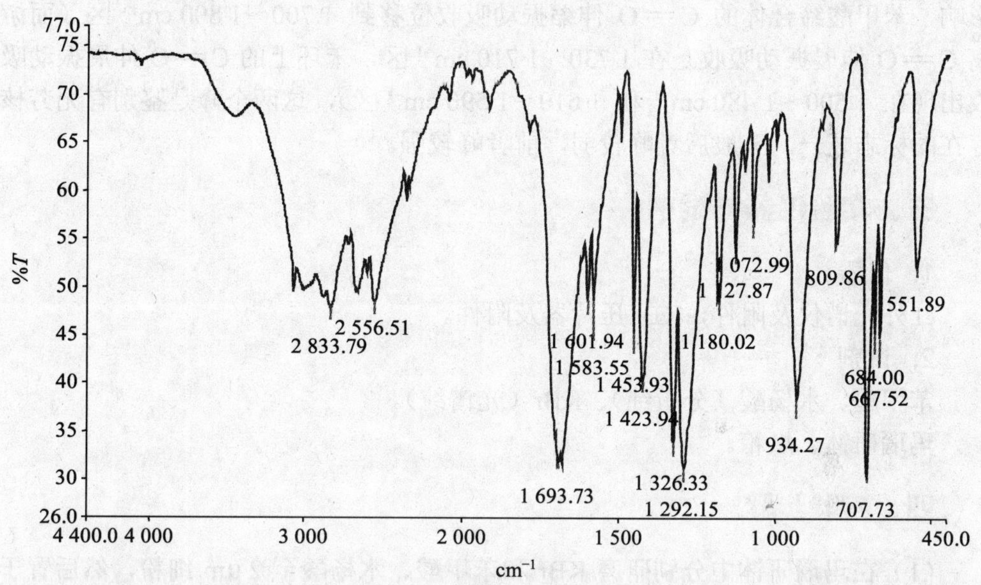

图 9-4　苯甲酸红外吸收光谱图

实验二　苯甲酸和水杨酸的红外光谱测定

一、实验目的

（1）掌握红外光谱分析时固体样品的压片法样品制备技术。

（2）了解如何根据红外光谱图识别官能团，了能苯甲酸和水杨酸的红外光谱图。

二、实验原理

（1）将固体样品与卤化碱（通常是 KBr）混合研细，并压成透明片状，然后放到红外光谱仪上进行分析，这种方法就是压片法。压片法所用碱金属的卤化物应尽可能地纯净和干燥，试剂纯度一般应达到分析纯，可以用的卤化物有 NaCl、KCl、KBr、KI 等。由于 NaCl 的晶格能较大不易压成透明薄片，而 KI 又不易精制，因此大多采用 KBr 或 KCl 作样品载体。

（2）由于氢键的作用，苯甲酸通常以二分子缔合体的形式存在。只有在测定气态样品或非极性溶剂的稀溶液时，才能看到游离态苯甲酸的特征吸收。用固体压片法得到的红外光谱中显示的是苯甲酸二分子缔合体的特征，在 2 400～3 000 cm^{-1} 处是 O—H 伸展振动峰，峰宽且散；由于受氢键和芳环共轭两方面的影响，苯甲酸缔合体的 C═O 伸缩振动吸收位移到 1 700～1 800 cm^{-1} 区（而游离 C═O 伸展振动吸收是在 1 730～1 710 cm^{-1} 区，苯环上的 C═O 伸展振动吸收出现在 1 500～1 480 cm^{-1} 和 1 610～1 590 cm^{-1} 区），这两个峰是鉴别有无芳核存在的标志之一，一般后者峰较弱，前者峰较强。

三、实验仪器与试剂

1. 仪器

红外光谱仪及附件，KBr 压片器及附件。

2. 试剂

苯甲酸、水杨酸（分析纯）、KBr（光谱纯）。

玛瑙研钵、烘箱。

四、实验步骤

（1）在玛瑙研钵中分别研磨 KBr 和苯甲酸、水杨酸至 2 μm 细粉，然后置于烘箱中烘 4～5 h，烘干后的样品置于干燥器中待用。

（2）分别取 1～2 mg 的干燥苯甲酸或水杨酸和 100～200 mg 干燥 KBr，一并倒入玛瑙研钵中进行混合直至均匀。

（3）取少许上述混合物粉末倒入压片器中压制成透明薄片。然后放到红外光谱仪上测试，仪器使用流程（略）。

（4）测定未知样的红外光谱图。

五、数据处理

（1）指出苯甲酸或水杨酸红外谱图中的各官能团的特征吸收峰，并作出标记。

（2）将未知化合物官能团区的峰位列表，并根据其他数据指出可能结构。

六、思考题

1．测定苯甲酸的红外光谱还可以用哪些制样方法？

2．影响样品红外光谱图质量的因素是什么？

第十章

X 射线粉末衍射分析法

第一节　概　述

X 射线粉末衍射分析法又称多晶 X 射线衍射分析法，是根据晶体对 X 射线的衍射特征——衍射线的方向及强度来鉴定结晶物质物相的方法。把被测样品制成很细的粉末，当用 X 射线照射晶体时就会发生衍射现象，每一种结晶物质都有自己独特的衍射花样，它们的特征可以用各个反射面的间距 d 和反射线的相对强度 I/I_0 来表征。其中晶面间距 d 与晶胞的形状和大小有关，相对强度则与质点的种类及其在晶胞中的位置有关。所以任何一种结晶物质的衍射数据 d 和 I/I_0 是其晶体结构的必然反映，因而可以根据它们来鉴别结晶物质的物相。特别是随着结构研究基础的 X 射线晶体学的成熟，相关的繁重计算由于计算机的使用和有关软件的不断升级开发，越来越方便可行。X 射线粉末衍射分析法作为一项研究物质结构的分析技术，在材料、物理、化学、生物、化工、地矿、核能、微电子、机械、环境、医药等学科研究上，以及在钢铁、水泥、陶瓷、医药、地质（石油）、化工等研究和生产上得到广泛应用。

一、X 射线粉末衍射分析法的发展

1895 年 W.C.Roentgen 在研究阴极射线管时，发现一种有穿透力的肉眼看不见的射线，称为 X 射线（伦琴射线），当即在医学上应用 X 线透视技术。1912 年劳埃（M. Von Laue）以晶体为光栅，发现了晶体的 X 射线衍射现象，证实了 X 射线的电磁波性和晶体结构的周期性。同年，W.H.Bragg 和 M.L.Bragg 发现 X 射线衍射 Bragg 公式，测定了 NaCl 晶体的结构，开创了 X 射线晶体结构分析的历史。

X 射线波长短，波长范围为 0.10～100 Å，具有波粒性。物质结构中原子间的距离正好落在 X 射线的波长范围内，所以物质（特别是晶体）对 X 射线的散

射能够传递极丰富的微观结构信息。

X 射线粉末衍射技术最早被人们用来鉴定结晶材料的结构，通过粉末衍射图形的对照，对不同晶体的来源进行定性分析。20 世纪 50 年代末，H.Friedman 的设计试制了粉末射线衍射仪，以后又经过改进成功制成了 Bragg-Brentano 衍射测角仪，从而射线衍射仪开始得到普遍采用。

X 射线粉末衍射仪已成为土壤、矿物、岩石、金属、陶瓷、塑料等物品广泛应用的分析仪器，在考古、法庭医学和专利检验中也成为一种十分重要的工具。随着电子学、计算机、探测器和精密机械加工技术的发展，射线衍射仪向着高精度、大功率、计算机化及一机多用的方向发展。世界上主要的衍射仪生产厂家有日本理学公司、荷兰飞利浦公司、日本岛津公司、德国布鲁克公司等。目前已经制造出从操作控制到数据采集处理完全计算机化的全自动射线衍射仪，并配有多种附件及应用软件。近些年来，各生产厂家对仪器主要部件作了很大改进，性能得到进一步提高。射线管的结构及寿命、射线发生器的稳定度、测角仪的精密度和分辨率、探测器的计数率和灵敏度、射线衍射仪的综合稳定度等均有提高。自动狭缝、Gobel 等器件的使用及光路系统的改进，附件及应用软件的改进与发展，使射线衍射仪可以记录高分辨图形，并有良好的信噪比，扩展了射线衍射仪的应用领域。

二、X 射线粉末衍射分析法特点

（1）X 射线粉末衍射分析法是一种非破坏性分析方法，分析过程一般不会使样品受到化学破坏，测试后的样品还可以用于其他的实验研究。

（2）对测试样品的要求低，样品用量少。X 射线粉末衍射分析法不同于单晶衍射，一般的晶态的或是准晶态的固体样品都可以进行测试。被分析的样品一般都是粉末状的，或容易制成粉末状的多晶块状样品，制备容易，用量很少，因而适用的范围很广，用少量的晶态粉末或多晶块状样品便能得到其 X 射线衍射图。

（3）操作简单、自动化程度高。随着仪器技术的改进，自动化程度的提高，实验操作日益简化，多晶 X 射线衍射分析法容易掌握。配有多种实用程序，能自动控制衍射仪的操作，实时完成多晶衍射原始数据的采集、处理，以直接可用实验报告格式输出数据分析的结果。

第二节 X 射线粉末衍射原理

一、X 射线衍射的物理模型

X 射线属于电磁辐射，波长范围 0.1～100 Å，在电磁谱中，介于紫外和γ射线之间，X 射线衍射分析所用波长为 0.5～2.5 nm。X 射线作为一电磁波投射到晶体中时，受到晶体中原子的散射，以每一个原子中心发出的散射波，好比一个源球面波。由于晶体中原子周期排列，这些散射球面波之间存在着固定的位相关系，它们之间在空间产生干涉，导致在某些散射方向的球面波相互加强，而在某些方向上相互抵消，从而也就出现衍射现象，即在偏离原入射线方向上，只有在特定的方向上出现散射线加强而存在衍射斑点或 Debye 环，其余方向则无衍射斑点或 Debye 环。散射波周相一致相互加强的方向称衍射方向。衍射方向取决于晶体的周期或晶胞的大小，衍射强度是由晶胞中各个原子及其位置决定的。

二、劳厄方程和布拉格方程

1. 劳厄方程

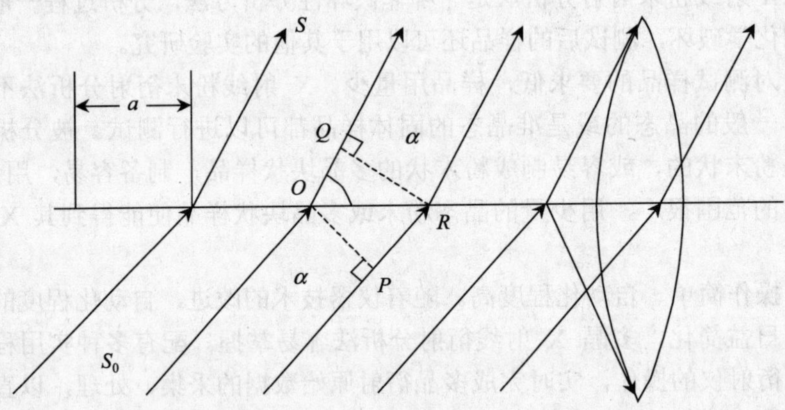

图 10-1 一行原子列对 X 射线的衍射

设波长为λ的一束 X 射线，以入射角α投射到晶体中原子间距为 a 的原子列上。假设入射线和衍射线均为平面波，且晶胞中只有一个原子，原子的尺寸忽略不计，原子中各电子产生的相干散射由原子中心点出。

相邻两原子的散射线光程差为：

$$\delta = \mathrm{OQ} - \mathrm{PR} = \mathrm{OR}(\cos\alpha' - \cos\alpha)$$

$$\delta = H\lambda \text{或} \ a(\cos\alpha' - \cos\alpha) = H\lambda$$

式中，H 为整数（0，±1，±2，±3，……），称为衍射级数。

当入射 X 射线的方向 S_0 确定后，α也就随之确定，那么，决定各级衍射方向α'角可由下式求得：

$$\cos\alpha' = \cos\alpha + H/a \cdot \lambda$$

在三维空间：入射线方向为 S_0，晶轴为 a、b、c，交角为α、β、γ；衍射线 S 与晶轴交角为α'、β'、γ'。

劳厄方程：

$$a(\cos\alpha' - \cos\alpha) = H\lambda$$

$$b(\cos\beta' - \cos\beta) = K\lambda$$

$$c(\cos\gamma' - \cos\gamma) = L\lambda$$

式中，H、K、L 均为整数，a、b、c 分别为三个晶轴方向的晶体点阵常数。

由于 S 与三晶轴的交角具有一定的相互约束，因此，α'、β'、γ'不是完全相互独立，也受到一定关系的约束。

劳厄方程也可以用矢量方程表达，即：

$$a(S - S_0) = H\lambda$$

$$b(S - S_0) = K\lambda$$

$$c(S - S_0) = L\lambda$$

从劳厄方程看，给定一组 H、K、L，结合晶体结构的约束方程，选择适当的λ或合适的入射方向 S_0，劳厄方程就有确定的解。

劳厄方程从理论上解决了 X 射线在晶体中衍射的方向。

2．晶体衍射 Bragg 方程

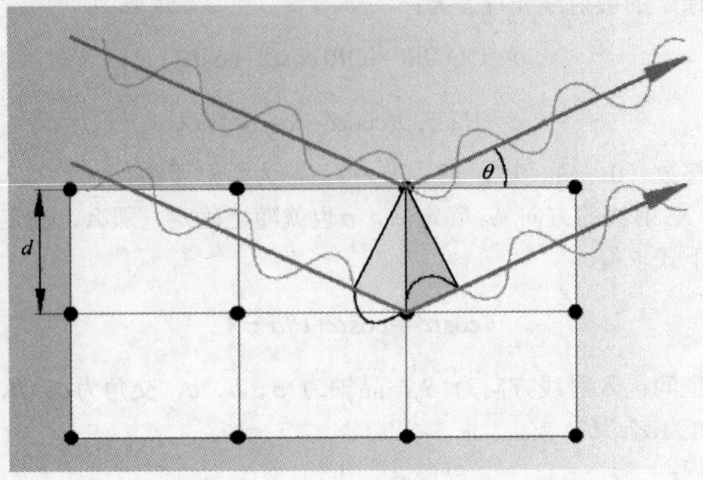

图 10-2 布拉格衍射实验原理图

晶体发生衍射的必要条件：

$2d_{hkl}\sin\theta_{hkl}=n\lambda$（Bragg 方程），$n$ 被称为衍射（反射）级数。

当 $n=1$ 时，相邻两晶面的“反射线”的光程差为 1 个波长，成为 1 级衍射；

$n=2$ 时，相邻两晶面的“反射线”的光程差为 2λ，产生 2 级衍射；

……相邻两晶面的“反射线”光程差为 $n\lambda$时，产生 n 级衍射。

在衍射中，将晶面族（hkl）的 n 级衍射假想作晶面族（nh、nk、nl）的一级衍射，方程可写为：

$$2(d_{hkl}/n)\sin\theta=\lambda$$

指数为（nh、nk、nl）的晶面是与（hkl）面平行、面间距为 d_{hkl}/n 的晶面族，故方程可写作：

$$2d_{nh,\ nk,\ nl}\sin\theta=\lambda$$

指数（nh、nk、nl）称为衍射指标，可用（HKL）来表示。方程可简化为：

$$2d\sin\theta=\lambda$$

上式即为布拉格方程通用式。

讨论：

对于各级衍射，由布拉格方程可知：

$$\sin\theta_1=\lambda/2d,\ \sin\theta_2=\lambda/d,\ \sin\theta_3=3\lambda/2\,d,\ \cdots,\ \sin\theta_n=n\lambda/2d$$

方程中的整数 n 受到限制：

$$\sin\theta \leqslant 1$$

$$n \leqslant 2d/\lambda，或 d \geqslant n\lambda/2$$

显然，λ 一定，衍射面 d 选定，晶体可能的衍射级数也就被确定。一组晶面只能在有限的几个方向“反射”X 射线，而且，晶体中能产生衍射的晶面数也是有限的。

另外：
$$2d/n \geqslant \lambda 或 \lambda \leqslant 2d$$

用于衍射分析的 X 射线的波长应与晶格常数接近，一般为 0.25～5.0 nm。

3. 厄瓦尔德图解

引入倒易点阵概念，通过倒易点阵，用作图形式表达 X 射线衍射产生的必要条件（倒易点落在 Ewald 球上）。

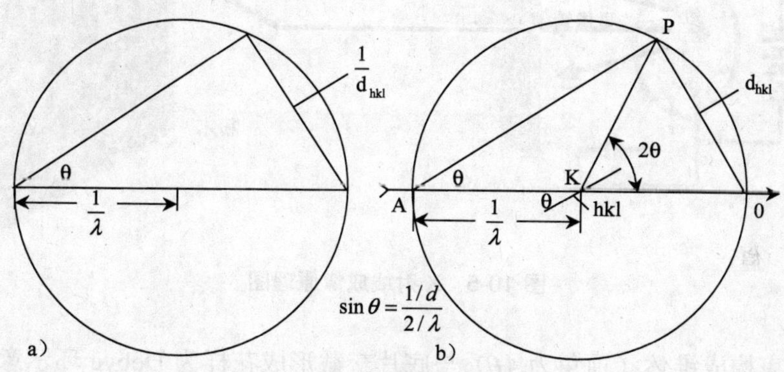

图 10-3 厄瓦尔德图解

4. 多晶衍射成像原理

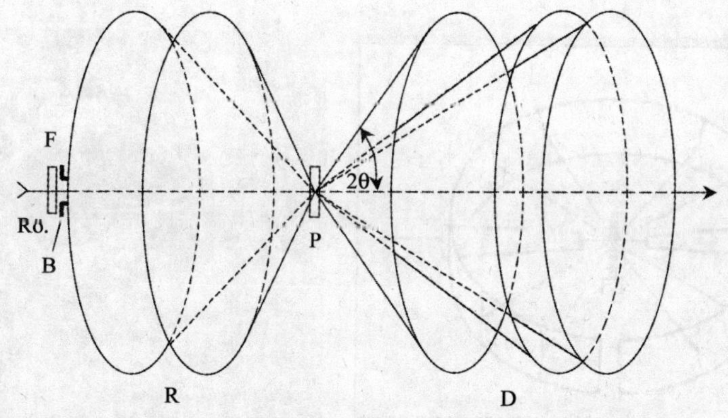

图 10-4 多晶衍射成像原理

多晶样品是由无数小晶粒组成的。晶面取向是等概率的，晶面对应的倒易点 H（hkl）是球形对称的，倒易端点与反射球面相交为一圆环。环上各点与球心连线都是衍射方向，组倒易端点与反射球面相交为一圆环。环上各点与球心连线都是衍射方向，组合为一圆锥（张角为 4 Bragg 角）。

不同的 H（hkl）对应于张角不同的圆锥，其结果是在与轴线相垂直的平面上，将分布着与大小不同的相对应的圆——Debye 环。

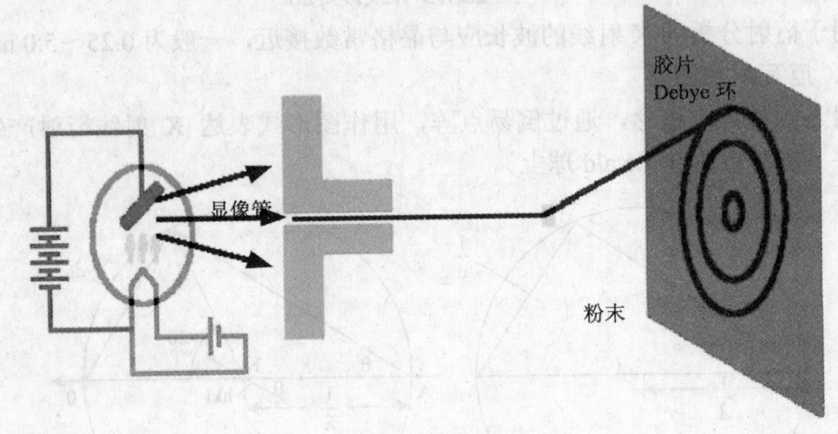

图 10-5　X 射线成像原理图

衍射束构成锥体（顶角为 4θ）与底片交截形成花样为 Debye 环示意图。

（1）采用 Debye-Scherer 相机成像。将粉末样品粘在玻璃纤维或毛细管内，放置到 Debye-Scherer 相机中，X 射线底片绕试样沿相机盒圆周装置，经过一段时间衍射后，取下底片进行显影和定影处理，可以得到相干衍射的条纹图案。

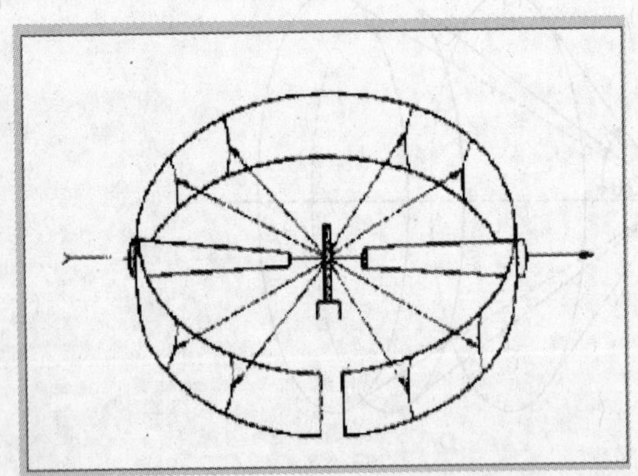

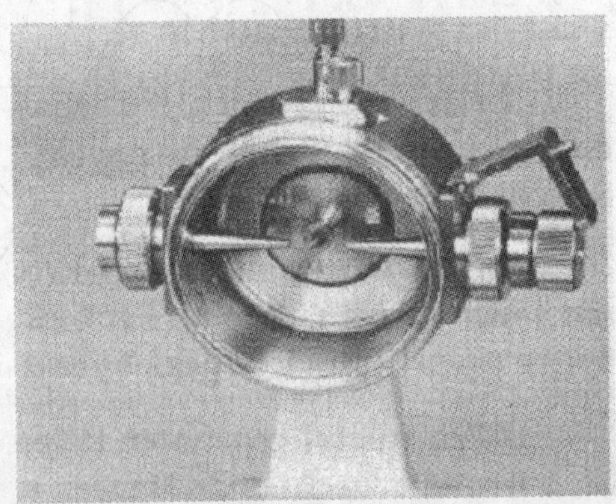

图 10-6　Debye-Scherer 相机

图 10-7 各点阵面产生的相干散射 Debye 环

（2）采用衍射仪成像。各 Debye 环与水平（或垂直）线相交，单位弧上的强度表示为 I—2θ关系。其方法实质是 X 射线与物质交互作用产生衍射花样；衍射花样三要素：峰位、峰强、线性；数据谱分析：软件技术的发展开拓对粉末衍射数据处理的根本变革。

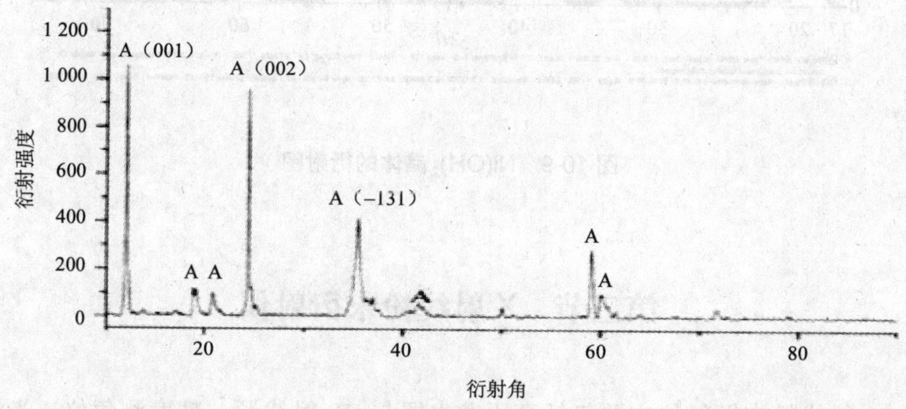

图 10-8 衍射强度 I—2θ的关系

例如图 10-9 是 $Ni(OH)_2$ 晶体的衍射图，经过使用 Search/Macth 软件作物相鉴定，能给出各衍射线的 d 值，试样的（001）衍射线明锐 FWHM＝0.233，而（102）衍射线明显宽化 FWHM＝1.715，表现了β-$Ni(OH)_2$ 电池材料的各向异性宽化亚结构特征。

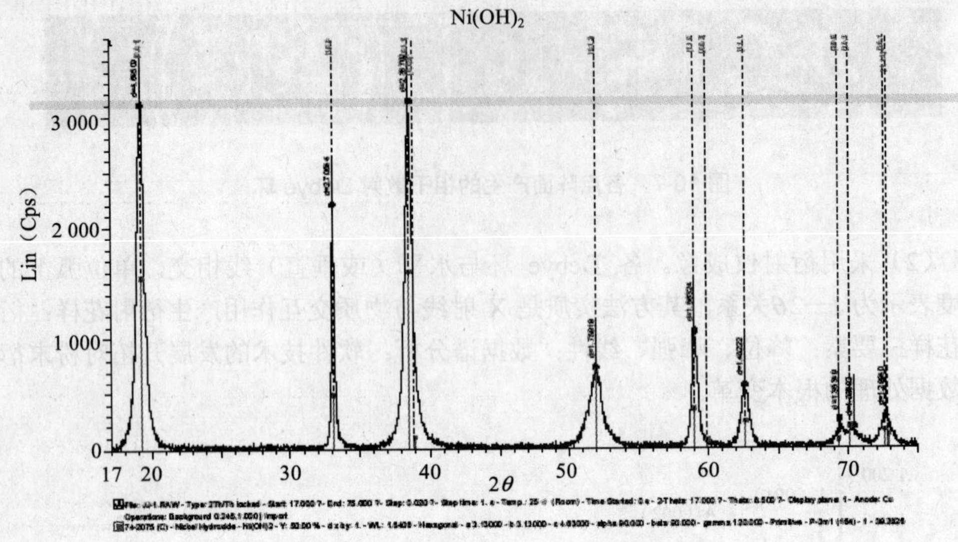

图 10-9　$Ni(OH)_2$ 晶体的衍射图

第三节　X 射线粉末衍射仪

X 射线粉末衍射仪主要包括高压发生器与 X 射线源、精度测角仪、光源光学系统、探测器、控测系统、数据采集、数据处理与应用软件等。

一、X 射线源

高性能的高强度射线源的发展，使射线粉末衍射解决问题的能力大大提高。

1. 实验室 X 射线源

封闭式 X 射线管：Philips 公司发展了一种陶瓷的射线管。由于陶瓷绝缘性好，可以做得比较小，又由于陶瓷可精加工，使构造精确，换管后光源位置能重复，不需重新调整，方便了操作。

细焦点 X 射线源：是一种低功率、高亮度的射线源。其光源尺寸小，只有几十微米，故功率虽只有几十瓦，但其发射亮度可达 10^{11}（$phs.sec^{-1}.sr^{-1}$）。适宜于需高亮度、高灵敏度的工作及显微分析。英国的 Bede 公司及 Oxford 公司都出品这类产品。

转靶 X 射线源：是一种高功率、高强度的实验室射线源，现用功率为 18 kW。

适宜于实验室需要的高强度和高灵敏度的工作，满足许多特殊需要的场合。具有以下特点：

（1）超高功率转靶。最高射线管流可达 500 mA、1 000 mA、1 500 mA，总功率达 30 kW、60 kW 及 90 kW。

（2）低压高电流转靶。电子枪发射能力可达 1 000 mA 以上。其连续谱的通量可与通常转靶的特征谱的通量相当。适用于快速的能量色散衍射及 X 射线吸收光源。

（3）高能转靶。为了增加低θ角的衍射线数量，为了穿透器壁便于做在位实验，需要用短波长的 X 光，如用 AgKα线或用 MoKα线。为此需提高发生器的高压。已有最高可达 200 kV 的转靶，相应的最大管流为 90 mA。

（4）细焦点高亮度转靶。一种途径是改变通常的 18 kW 转靶的电子枪与聚焦系统，使阳极面上的电子焦斑尺寸缩小为 0.3 mm×3 mm、0.2 mm×2 mm、0.1 mm×1 mm，允许的功率降到 5.4 kW、3.0 kW、1.2 kW。但其发射亮度分别与 60 kW、75 kW、120 kW 的转靶相当。

2．高强度脉冲 X 射线源

主要是用来对一些动态的、高速变化过程进行研究，如生命过程和爆炸过程。因而，此种射线源发射的射线是脉冲式的，脉冲长度在 Ps 和 Fs 量级，而且强度很高，常有下列两类光源：

（1）等离子体 X 射线源。等离子体是由大量的自由电子和离子构成的，其中存在着不停的、复杂的相互作用，因而总是发光的。可以由真空放电或激光来产生等离子体。

（2）闪光 X 射线源。产生 X 射线的原理与普通 X 光管一样，只是用高电场场致发射的方法以得到高能的大电子脉冲（10^4A）。此法可以得到高能射线，用来研究被爆炸冲击波冲击前后的物体的结构变化。

（3）激光驱动 X 射线源。在这种 X 射线源中，激光不是被用来产生等离子体，而是打在光阴极上，从光阴极上产生电子再找靶发生 X 射线。

二、探测器

目前最流行的用于衍射仪的计数探测器是闪烁计数，此外也有用正比计数器的。近些年来，由于衍射技术的发展，出现了许多适用于特定情况的新式探测器。

（1）位敏探测器。这是一种一维的正比计数器，可以同时记录一定角度范围内的衍射信号，有一类的探测角度范围在 3°～10°（2θ），一般用于小角度散射或用于扫描粉末衍射。在后一种情况，由于同一角度被多次记录，输出为它们的相加，故所得强度大，可提高扫描速度。另一类是宽角度范围的，记录角度范围可达到 120°～160°（2θ），可以同时记录整个衍射谱。

（2）固体探测器。过去主要用于射线光谱，近年来一些公司，如瑞士的 ARL 将其用于粉末衍射。利用其优良的能量分辨能力，可以不用单色器，因而大大提高了入射光的利用率，提高其衍射强度。而且其噪声极低，增加了动力学范围与信噪比，灵敏度也高。由于使用了电子冷却器，可以避免笨重的液氮冷却装置，具有简单、方便的优点。

（3）影像板（IP）。这是一种像照相底片的面探测器，由在塑料底板上涂一薄层感光材料（掺铕的卤化钡 BaFBr：Eu^{2+}）构成。光照到板上，使 Eu^{2+}电离为 Eu^{3+}，电离出的电子被溴原子空位捕获而形成一个色心 F，这就是潜像。显影时用激光辐照，被 F 中心俘获的电子会被释放而重新与 Eu^{3+}结合，变回 Eu^{2+}，在此过程中发出一个波长为 390 nm 的光子，用光电倍增管探测这些光子，与其位置相结合就得到了衍射图像。在粉末衍射中，IP 常与强光源结合来做动态研究。在弧形的 IP 板前面，有一块开有一条狭缝的挡光板，只有穿过狭缝的衍射线才能落在 IP 板上感光，随着样品中反应的进行，移动 IP 板，则反映不同时间的衍射图就依次在 IP 上感光，显影后就可以看出样品结构随时间的变化过程。

（4）阵列探测器。是一种由许多微小的（如 50 μm）固体探测器规则排列成一维或二维的线或面探测器，以满足在一维或二维方向上同时测量多个衍射点的要求。由于固体探测器的许多优点，这种类型的探测器有可能成为今后的主要探测器。Philips 公司推出了一种新的一维阵列探测器。它由 100 个并排的固体探测器构成，每一个固体探测器称一个像元。把它用于普通的粉末衍射仪，在扫描过程中，这 100 个像元会依次对每一个 2θ角进行探测，也就是每一个 2θ角被探测了 100 次，输出的强度为这 100 次的相加。从理论上说，它是单次探测的 100 倍。在没有提高射线发生功率的情况下大大提高了探测到的衍射强度。

三、光学元件

在 X 射线粉末衍射仪中，对入射射线进行一定的处理的光学元件是不可缺少的，目的在于增加光通量、改善光谱的纯度、控制发散度和获得一定尺寸的入射光束。早期的滤色片和光阑的效率都很低。在近代的衍射仪中，出现了宽度可调狭缝、索拉光阑和晶体单色器等，大大提高了入射光的单色性及利用率。目前反射镜和毛细管的使用，更大大提高了 X 射线光路的效率和能力。

多层膜可以设计得让平行面上的反射线形成干涉相长，从而可大大提高反射强度。多层膜的作用除了使 X 射线改变方向以外，更重要的是使发散光变成平行光或聚焦，这与多层膜的设计和形状有关。镜子可以是平的，也可以是曲面。弯曲可以是一维的，也可以是二维的。曲面可是抛物线的或椭圆的等，作用各不相同。反射镜有的是单块使用，而有的是两块或数块联合使用。

另一个重要的光学元件是锥状的毛细管，X 光在毛细管内壁全反射。一般，如从粗的一头进去，细的一头射出，则可起聚焦作用，如反过来，则可变成平行光。有单根使用的，也有许多根形成束使用的。可单个使用，也可两个联合使用。光学元件的构造组合的不同，可起不同的作用。

四、衍射装置

市场上最常用的是采用 Bragg-Branteno 衍射几何的粉末衍射仪，但随着高强射线源、探测器及光学元件的发展，采用的衍射几何越来越多，可满足不同情况的实验要求。

（1）θ-θ衍射几何。采用样品板水平放置，不运动，优点是样品不会掉落。

（2）德拜衍射几何。采用宽角度位敏探测器或 IP 作记录，优点是所有衍射线可同时记录。

（3）显微衍射。用来对微小区域的样品进行衍射。在用同步辐射源时，可将 X 射线束聚集到几个微米。对于实验室射线源，光束尺寸约为几十个微米。

（4）掠入射衍射。让高度准直的 X 射线以与样品表面近乎平行的方式入射，这是为适合薄膜、表面、界面结构的研究而发展起来的。

（5）在位时间分辨衍射。在反应容器内，反应实际进行的条件下进行时间分辨的衍射测定，对一些化学过程和陶瓷等材料的研究是很重要的。由于容器的吸收，要求入射 X 射线的能量高、强度大，探测器的灵敏度高，而且读出时间短。

第四节 分析方法的建立和实验技术

一、仪器测试条件的确定

仪器测试条件是指开始样品测定前应确定的仪器条件，主要是由厂家到现场安装时进行的调试，在以后进行样品测定时一般不再调整改变。主要包括 X 射线光源条件、测角仪的校正、测量记录系统的调整。

1. X射线光源条件

（1）X 射线掠出角大小的确定。粉末衍射仪一般使用线状 X 射线源，安装 X 射线管时应该注意选择使用线焦点的出射窗。实际上 X 射线源总是有一定宽度的，射线源的有效宽度 W_{yx} 决定于 X 射线管中电子束轰击靶面的焦线宽度 W

和光束自靶面射出的出射角ψ：

$$W_{yx}=W\sin\psi$$

式中，ψ称为掠出角。ψ取得愈小，W_{yx} 也就愈小，对提高分辨率有利。但是，若ψ取得太小时，X 射线的发射强度将显著降低，并使得样品表面上入射线束强度分布显著不均匀，带来不良影响。

（2）X 射线波长的选择。选择合适的 X 射线波长（选择靶材），是进行 X 射线衍射实验首先要考虑的问题。应依据被测样品的元素的吸收性质，选择合适的 X 射线波长，亦即选择不同靶材的 X 射线管。在选择波长时应避免使用能被样品强烈吸收的 X 射线，否则将激发样品放出强的荧光辐射，增高衍射图的背景。

根据元素吸收性质基本上得到一个简单的选靶规则：X 射线管靶材的原子序数要比样品中最轻元素的原子序数小或者相等，最多不宜大于 1。X 射线管产生的连续光谱的短波限决定于 X 射线管的工作高压。不宜使用太高的电压，否则会导致衍射仪检测器的工作物质被短波部分激发，产生所谓“逃逸峰”。

2. 测角仪的校正

测角仪校正这一步骤的主要要求是：确定接收狭缝中线与 X 射线源焦线以及衍射仪轴共一平面时的位置，即 $2\theta=0.00°$的位置；确定样品表面相对接收狭缝以 1∶2 的角速度关系作跟随运动的起点，即$\theta=0.00°$的位置。上述校正也称为测角仪的“对零”，“零位偏差”是衍射角测定中最大的一项系统误差来源，所以“对零”必须细心做好。除“对零”外，测角仪的校正总的要求还包括了其他一些工作。衍射仪只有在经过校正后才能以最好精度水平满足衍射仪的设计要求，这是衍射仪准确测量样品衍射线位置的必要条件，也是获得最大衍射强度、最佳的仪器分辨能力以及衍射线剖面畸变最小的必要条件。

经过校正的测角仪，工作一段时间之后，或者更换 X 射线管之后，应进行 2θ零位的检查并进行再校正。

3. 测量记录系统的调整

对于衍射工作使用的每种 X 射线波长，都需要为脉冲幅度分析系统确定一组适用的工作条件。这些条件包括：①检测器的工作电压；②放大器的增益（放大倍数）；③分析器的工作阈值和道宽。

如果 X 射线测量系统的脉冲幅度分析器工作条件选得正确，将能有效地改善衍射图的峰高/背底比。

二、具体测试条件的选定

在实际进行衍射实验测量前，还有一些具体的实验条件，需要操作者根据样品的衍射能力和实验的目的（对数据的要求）来选择确定。主要包括发散狭缝、接收狭缝、防散射狭缝、扫描方式、数据记录条件等。

1．发散狭缝

发散狭缝的宽度决定了入射 X 射线束在扫描平面上的发散角α。实际用的样品表面是一个平面，相当于用切线代替聚焦圆上的弧，这一近似会引起衍射线剖面的畸变，使剖面向低角度一侧不对称地宽化和位移。此影响随α增大而迅速增加，峰顶的位移量较之为小，但和重心一样，其位移量随 2θ的减小而增加，在$2\theta=180°$时为零。发散狭缝有固定宽度和宽度自动连续变化两种。

使用固定狭缝宽度的发散狭缝时，有一个狭缝宽度的选择问题，选用大的α角可以增加样品的受照面积，提高衍射线的强度，不过在低角度区域，有效的α实际上不取决于发散狭缝的宽度而取决于样品表面的最大宽度，这时使用发散狭缝的目的是为了限制光束不要照射到样品以外地方，以免引起大量的附加散射或线条。一般衍射仪所附的样品框的装样窗孔，其宽度为 20 mm，故在低角度范围上α不可以用得很大。

2．接收狭缝

接收狭缝是为了限制待测角度位置附近区域之外的 X 射线进入检测器，它的宽度对衍射仪的分辨能力、线的强度以及峰高/背底比有着重要的影响作用。使用窄的接收狭缝可以获得较好的分辨能力。一般衍射仪配备的最窄的接收狭缝为 0.08 mm。选用较宽的接收狭缝，仅能增加峰的积分强度和峰高，但峰高/背底比降低，并使线剖面对称地宽化，不过，宽化的量与θ的大小无关，不影响剖面重心的位置。但对于部分分离的 $K\alpha$双重线，宽化将导致 $K\alpha1$、$K\alpha2$ 线的重叠加深，使 $K\alpha1$ 的峰顶趋向较高的角度，使双重线相互靠近。

衍射仪配备的接收狭缝其宽度最大为 2.0 mm，这种特宽狭缝可用于记录特别弥散的峰，还可用于测量衍射线的积分强度。用宽的接收狭缝能同时接收一个衍射束的全部能量，以此法测定线的积分就避免记录线的剖面、求剖面的面积等烦琐的步骤了。

3．防散射狭缝

防散射狭缝是光路中的辅助狭缝，它能限制由于不同原因产生的附加散射进入检测器。例如光路中空气的散射、狭缝边缘的散射、样品框的散射等。此狭缝如果选用得当，可以得到最低的背底，而衍射线强度的降低不超过 2%。如果衍射线强度损失太多，则应改较宽的防散射狭缝。

4．扫描方式

扫描方式主要有定速连续扫描和步进式扫描。

（1）定速连续扫描。试样和接收狭缝以角速度比 1∶2 的关系匀速转动。在转动过程中，检测器连续地测量 X 射线的散射强度，各晶面的衍射线依次被接收。计算机控制的衍射仪多数采用步进电机来驱动测角仪转动，因此实际上转动并不是严格连续的，而是一步一步地（每步 0.002 5°）跳跃式转动，在转动速度较慢时尤为明显。但是检测器及测量系统是连续工作的。连续扫描的优点是工作效率较高。例如以 2θ/min 转动、4°/min 的速度扫描，扫描范围从 20°～80°的衍射图 15 min 即可完成，而且也有不错的分辨率、灵敏度和精确度，因而对大量的日常工作（一般是物相鉴定工作）是非常合适的。

（2）步进扫描。试样每转动一步（固定的$\Delta\theta$）就停下来，测量记录系统开始测量该位置上的衍射强度。强度的测量也有两种方式：定时计数方式和定数计时方式。然后试样再转过一步，再进行强度测量。如此一步步进行下去，完成指定角度范围内衍射图的扫描。步进扫描一般耗费时间较多，因而须认真考虑其参数。选择步进宽度时需考虑两个因素：一是所用接收狭缝宽度，步进宽度至少不应大于狭缝宽度所对应的角度；二是所测衍射线线形的尖锐程度，步进宽度过大则会降低分辨率甚至掩盖衍射线剖面的细节。为此，步进宽度不应大于最尖锐峰的半高度宽的 1/2。但是，也不宜使步进宽度过小。步进时间即每步停留的测量时间，若长一些，可减小计数统计误差，提高准确度与灵敏度，但将损失工作效率。

5. 数据记录

目前市场的衍射仪大多采用计算机进行衍射数据采集和处理，可选定速连续扫描方式，也可以选择步进扫描方式。这两种方式都要适当选择采集数据的“步长”，步长应当大大小于衍射峰的半高宽。此外，对前者还要选定“扫描速度”，而对后者则要选择“定时计数”还是“定数计时”测量方式。为了降低计数统计误差造成的计数起伏，克服不可避免的仪器性能随时间的漂移变化，用计算机进行数字测量衍射图时还可以采用重复扫描叠加技术。

三、样品的制备

样品的准备工作非常重要，往往要得到好的衍射图，必须精心准备测试的样品。有的同学常常由于急于要看到衍射图，或舍不得花必要的工夫而马虎地准备样品，这样常会给实验数据带入显著的误差甚至无法解释，造成混乱。准备衍射仪用的样品试片一般包括两个步骤：首先，需把样品研磨成适合衍射实验用的粉末；然后，把样品粉末制成有一个十分平整平面的试片。整个过程以及之后安装试片、记录衍射谱图，都不允许样品的组成及其物理化学性质有所变化。确保采样的代表性和样品成分的可靠性。

1．样品粉末粒度的要求

任何一种粉末衍射技术都要求样品是十分细小的粉末颗粒，使试样在受光照的体积中有足够多数目的晶粒。因为只有这样，才能满足获得正确的粉末衍射图谱数据的条件：即试样受光照体积中晶粒的取向是完全机遇的。这样才能保证用照相法获得相片上的衍射环是连续的线条；或者，才能保证用衍射仪法获得的衍射强度值有很好的重现性。此外，将样品制成很细的粉末颗粒，还有利于抑制由于晶癖带来的择优取向；而且在定量解析多相样品的衍射强度时，可以忽略消光和微吸收效应对衍射强度的影响。对于衍射仪（以及聚焦照相法），实验时试样实际上是不动的。即使使用样品旋转器，由于只能使样品在自身的平面内旋转，并不能很有效地增加样品中晶粒取向的随机性，因此衍射仪对样品粉末颗粒尺寸的要求比粉末照相法的要求高得多，有时甚至那些可以通过 360 目（38 μm）的粉末颗粒都不能符合要求。对于高吸收的或者颗粒基本是个单晶体颗粒的样品，其颗粒大小要求更为严格。但是若样品本身已处于微晶状态，则为了能制得平滑粉末样面，样品粉末能通过 300 目便足够了。

2．样品试片平面性要求

粉末衍射仪要求样品试片的表面是十分平整的平面。试片装上样品台后其平面必须能与衍射仪轴重合，与聚焦圆相切。试片表面与真正平面的偏离（表面形状不规则、不平整、凸出或凹下、很毛糙等）会引起衍射线的宽化、位移以及使强度产生复杂的变化，对光学厚度小的（即吸收大的）样品其影响更为严重。但是，制取平整表面的过程常常容易引起择优取向，而择优取向的存在会严重地影响衍射线强度的正确测量。

实际实验中，当要求准确测量强度时，一般首先考虑如何避免择优取向的产生而不是追求平整度。通常采用的制作衍射仪试片的方法都很难避免在试片平面中导致表层晶粒有某种程度的择优取向。多数晶体是各向异性的，把它们的粉末压入样品框窗孔中很容易引起择优取向，尤其对那些容易解离成棒状、鳞片状小晶粒的样品，对于这类样品，采用普通的压入法制作试片，衍射强度测量的重现性很差，甚至会得到相对强度大小次序颠倒过来的衍射图谱。

克服择优取向没有通用的方法，根据实际情况可以采用以下几种：使样品粉末尽可能得细，装样时用筛子筛入，先用小抹刀刀口剁实并尽可能轻压等；把样品粉末筛落在倾斜放置的粘有胶的平面上通常也能减少择优取向，但是得到的样品表面较粗糙；或者通过加入各向同性物质（如 MgO、CaF_2 等）与样品混合均匀，混入物还能起到内标的作用。但是，对于一些具有明显各向异性的晶体样品，采用上述方法仍不可避免一定程度的择优取向；而且对于具有十分细小晶粒的金属样品，采用形变的方法（碾、压等）把样品制成平板使用时也常常会导致择优取向的结构，需要考虑适当的退火处理。

3．样品试片厚度要求

样品对 X 射线透明度的影响，跟样品表面对衍射仪轴的偏离所产生的影响类似，会引起衍射峰的位移和不对称的宽化，此误差使衍射峰位移向较低的角度，特别是对线吸收系数μ值小的样品，在低角度区域引起的位移会很显著。一般制作样品的厚度在 1.5～2 mm 就可以了。

4．制样方法

在制样过程中一定要保证试片上样品的组成及其物理化学性质和原样品相同，必须确保样品的可靠性。这是制样的根本性要求。固体样品本身已处于微晶状态，但通常却是较粗糙的粉末颗粒或是较大的集结块，因此实验时一般需要先加工成细粉末，最常用的方法是研磨和过筛，只有当样品是十分细的粉末，手摸无颗粒感，才可以认为晶粒的大小已符合要求。

在研磨样品时，对于一些软而不便研磨的物质（无机物或者有机物），可以用干冰或液态空气冷却至低温，使之变脆，然后进行研磨。若样品是一些具有不同硬度和晶癖的物质的混合物，研磨时较软或易于解离的部分容易被粉化而包裹较硬部分的颗粒，因此需要不断过筛，分出已粉化的部分，最后把全部粉末充分混合后再制作实验用的试样。样品中不同组分在各粒度级分中可能有不同的含量，因此对多相样品不能只筛取最细的部分来制样（除非是进行分级研究）。

样品粉末的制备方法还可以根据样品的物理化学性质来设计，例如 NaCl 粉末可以利用酒精使 NaCl 从它的饱和溶液中析出。一些样品本身的性质会影响衍射的图谱，工作时亦应予以注意。例如，有些软的晶态物质经长时间研磨后会造成点阵的某些破坏，导致衍射峰的宽化，此时可采用退火处理；有的样品在空气中不稳定，易发生物理化学变化（例如易潮解、风化、氧化、挥发等），则需有专门的制样器具和必要的保护、预防措施。

粉末衍射仪要求样品试片具有一个十分平整的平面，而且对平面中的晶粒的取向常常要求是完全无序的，不存在择优取向。一般采用压片法、涂片法、喷雾法来制作试片。

压片法：先把衍射仪所附的制样框用胶纸固定在平滑的玻璃片上（如镜面玻璃，显微镜载玻片等），然后把样品粉末尽可能均匀地撒入制样框的窗口中，再用小抹刀的刀口轻轻剁紧，使粉末在窗孔内摊匀堆好，然后用小抹刀把粉末轻轻压紧，最后用载玻片的断口把多余凸出的粉末削去，然后，小心地把制样框从玻璃平面上拿起，便能得到一个很平的样品粉末的平面。

涂片法：该法所需的样品量较少。把粉末撒在一片大小约 25 mm×35 mm×1 mm 的显微镜载片上，然后加上足够量的丙酮或酒精，使粉末成为薄层浆液状，均匀地涂布开来，粉末的量只需能够形成一个单颗粒层的厚度就可以，待丙酮蒸发后，粉末黏附在玻璃片上，可供衍射仪使用，若样品试片需要永久保存，可滴上一滴稀的胶黏剂。上述两种方法很简便，最常用，但仍很难避免在样品平面中晶粒会有某种程度的择优取向。

喷雾法：把粉末筛到一只玻璃烧杯里，待杯底盖满一薄层粉末后，把塑料胶喷成雾珠落在粉末上，这样，塑料雾珠便会把粉末颗粒敛集成微细的团粒，待干燥后，把这些细团粒自烧杯扫出，分离出细于 115 目的团粒用于制作试片，试片的制作类似上述的涂片法，把制得的细团粒撒在一张涂有胶黏剂的载片上，待胶干后，倾去多余的颗粒。

四、衍射数据的后期处理

经过实验我们从衍射仪得到的一系列数据，是对应于一系列 2θ角度位置的 X 射线强度数据。我们要了解有关物质结构的更多信息，必须对这些原始数据进行一些初步处理，主要采用专用的软件来进行。

（1）图谱的平滑。

（2）背底的扣除。

（3）衍射峰的辨认。

（4）各晶面族的衍射角 2θ的实验值测定。

（5）衍射强度 I 的测量。

原始衍射数据经过这些初步处理之后才能用于进一步的分析计算。如物相定性鉴定，物相定量分析，精确测定晶面间距和晶胞参数、晶体颗粒大小及其分布、晶体缺陷以及晶体结构的研究等。

主要的软件有：

（1）各种实验方法应用软件及功能简介。

（2）数据库管理器 PDFmaint 软件。

（3）物相鉴定中的数据标样处理与物相检索 EVA 软件。

（4）物相的定量分析 Dquant 软件。

（5）嵌镶尺寸（晶粒大小）和点阵畸变（微观应力）CRYSIZE 软件。

（6）线性拟合，粉末衍射花样拟合精修晶体结构与解结构 TOPAS 2 软件。

（7）残余应力测定 STRESS 软件。

（8）控测极图 TEXTURE，织构定量 ODF 取向分布函数分析软件。

（9）高分辨 X 射线衍射，模拟及数据处理 LEPTOS H 软件。

（10）薄膜的厚度、密度、表面与界面粗糙度分析 LEPTOS R 软件。

第五节 实验内容

实验一 X 射线衍射法分析 ZSM-5 晶体化合物

一、实验目的

（1）学习 X 射线衍射法的基本原理。

（2）了解 X 射线衍射仪的主要组成及各部分的作用，熟悉 X 射线衍射仪的操作规程和注意事项。

（3）掌握 X 射线衍射法分析 ZSM-5 晶体化合物。

（4）重点学习 MDI-Jade5.0 衍射数据处理系统。

二、实验原理

ZSM-5 沸石因其具有独特的三维骨架结构和双交联的孔道系统，以及极好的热稳定性、强酸性、水蒸气稳定性和择形性，在石油化工和环境催化方面有着广泛的应用，其分子截面结构如图 10-10。

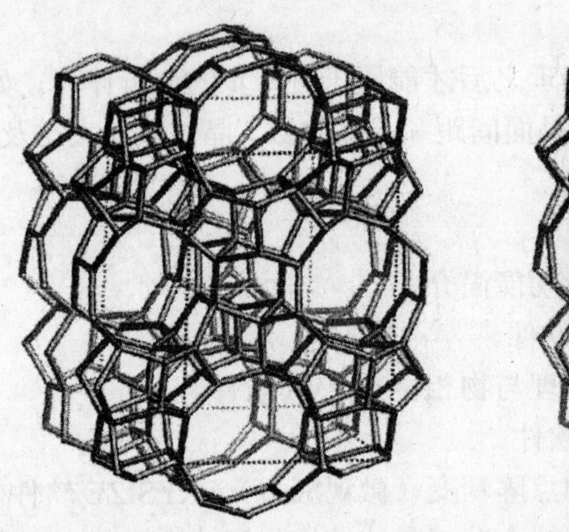
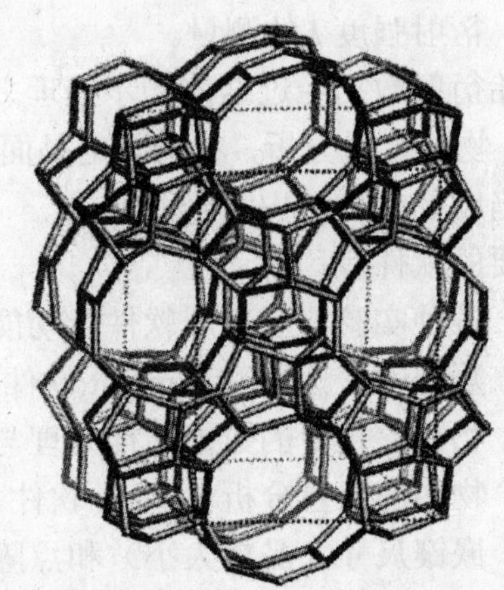

图 10-10 ZSM-5 分子筛截面孔道结构

ZSM-5 沸石基本结构单元是 TO4（T=Si 或 Al）四面体，次级结构单元由八个五元环组成。次级结构单元之间可以成键，此键通过四、五、六元环连成三维交叉直通道体系。通道类型有两种：平行于（100）面的正弦形通道和平行于

(010) 面的直通道。通道尺寸分别为 0.53 nm×0.56 nm 和 0.51 nm×0.55 nm，晶体结构具有单斜和斜方对称性。晶胞参数 a＝2.01 nm、b＝1.92 nm、c＝1.34 nm。单胞原子数为 96。

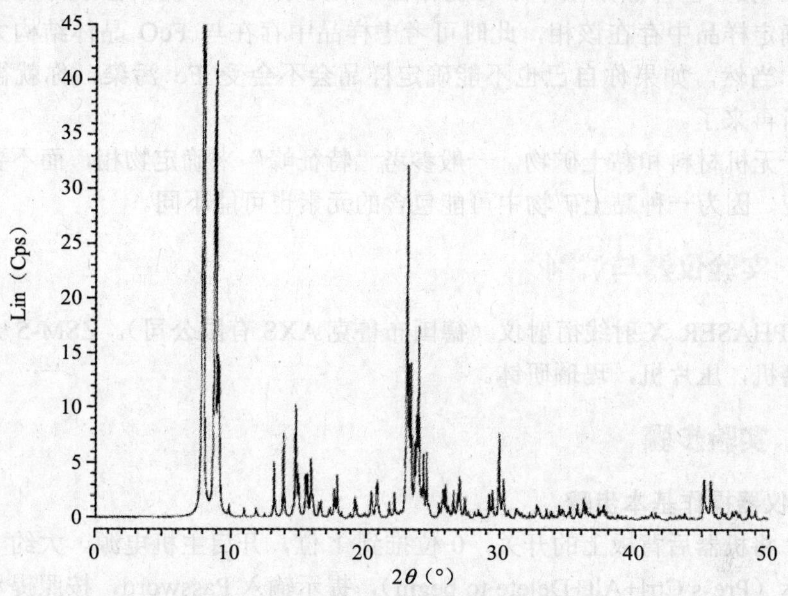

图 10-11　ZSM-5 的 XRD 衍射谱图

Jade 物相定性分析的基本原理：①任何一种物相都有其特征的衍射谱；②任何两种物相的衍射谱不可能完全相同；③多相样品的衍射峰是各物相的机械叠加。因此，通过实验测量或理论计算，建立一个“已知物相的卡片库”，将所测样品的图谱与 PDF 卡片库中的“标准卡片”一一对照，就能检索出样品中的全部物相。物相检索的步骤包括：

(1) 给出检索条件。包括检索子库（有机还是无机、矿物还是金属等）、样品中可能存在的元素等。

(2) 计算机按照给定的检索条件进行检索，将最可能存在的前 100 种物相列出一个表。

(3) 从列表中检定出一定存在的物相。一般来说，判断一个相是否存在有三个条件：①标准卡片中的峰位与测量峰的峰位是否匹配，换句话说，一般情况下标准卡片中出现的峰的位置，样品谱中必须有相应的峰与之对应，即使三条强线对应得非常好，但有另一条较强线位置明显没有出现衍射峰，也不能确定存在该相，但是，当样品存在明显的择优取向时除外，此时需要另外考虑择优取向问题；②标准卡片的峰强比与样品峰的峰强比要大致相同，但一般情况下，对于金属块状样品，由于择优取向存在，导致峰强比不一致，因此，峰强比仅可作参考；③检索出来的物相包含的元素在样品中必须存在，如果检索出一个 FeO 相，但样品中根本不可能存在 Fe 元素，则即使其他条件完全吻合，也不能确定样品中存在该相，此时可考虑样品中存在与 FeO 晶体结构大体相同的某相。当然，如果你自己也不能确定样品会不会受 Fe 污染，你就得去做做元素分析再来了。

对于无机材料和黏土矿物，一般参考"特征峰"来确定物相，而不要求全部峰的对应，因为一种黏土矿物中可能包含的元素也可能不同。

三、实验仪器与试剂

D2 PHASER X 射线衍射仪（德国布鲁克 AXS 有限公司）。ZSM-5 分子筛样品，研磨机，压片机，玛瑙研钵。

四、实验步骤

1. 仪器操作基本步骤

（1）将机器后背板上的开关，0 位推到 1 位，开启主机电源。大约 2 min 后出现提示（Press Ctrl+Alt+Delete to begin），提示输入 Password，按照提示输入密码：password，然后单击 OK。

（2）等待 1 min 后出现图标显示，表明计算机已经进入工作状态：start/all programs/DIFFRAC Measurement Suite/Measurement server；也可以通过双击桌面 Measurement server 的图标进入。

（3）仪器自检自测。右下角有一黄色图标出现，表明仪器已经进入可测试状态，测试前自检正常。

（4）双击桌面 DIFFRAC Measurement 图标；或者右键单击 Open，进入测试：机器提示 Please login，直接单击 OK（没有密码），进入测试界面。

（5）将 TwoTheta：√，将 Phi：√，单击 Init（进行初始化操作）；出现提示：The following drive（s）will be initialized simultaneously，Do you want to continue？单击 OK，正式进入测试状态。

（6）设定测试参数。扫描类型 Theta/TwoTheta；扫描模式 Scan mode；测试速度、起始角；步长；终止角等测试数据设定。

（7）装载样品。打开仪器正门，将装载测试样品的样品架放置载物台上，并且一定要把载物台推回到原位，关闭仪器正门，单击 start，开始测试。

（8）测试过程中，在窗口的左上角会提示正在扫描的角度，即扫描进程；扫描完成后，单击 OFF，将高压关掉；特别注意在打开仪器正门前，一定要关掉高压。

（9）数据存盘。单击窗口的左上角的图标（save last measured rawfile…），选择保存路径：①学生实验 D：/Xue sheng shi yan；②科研测试：D：/Ke yan measurement/co-worker/自己的文件夹中。文件可以保存成.TXT 文件以便对数据的完美修饰，也可以保存成.raw 文件以方便在线对数据进行平滑处理、查找标准谱图等工作。

注意：不要将数据乱存，凡是没有在指定文件夹中存放的数据将会被自动更新掉；为保证系统安全运行，防止病毒入侵，测试的数据由本实验室提供的专用存取工具进行存取，不可私自将存取设备与主机连接！D 盘的 new folder 文件夹中的数据为仪器测试员出厂调试数据，因此不要损毁该文件夹。

（10）测试完成后关闭测试程序，提示 Do you want to exit the application？单击 YES start/shut down/ok，大约 2 min 后，出现提示 It is now safe to turn off your computer，即可将机器后背板上的开关，由 0 位推到 1 位，关闭主机电源。

2．样品的预处理

先将 ZSM-5 分子筛在 105℃烘箱中干燥 2 h，取出，放入干燥器中冷却至室温，取少量样品倒入玛瑙研钵中研磨 3～4 min，至手摸样品无颗粒感。将研磨后的样品装入专用样品架中，用载玻片压实，备用。

3．测试

将样品置于 X 射线衍射仪中，仪器操作基本步骤进行扫描测试。然后将原始数据用 MDI-Jade5.0 软件进行处理。

五、MDI-Jade 软件处理

MDI-Jade5.0 分析软件是 MDI（Materials Date，Inc）的产品，具有 X 射线衍射分析的一些基本功能，如：平滑、Ka 分离、去背底、寻峰、分峰拟合、物相检索、结晶度计算、晶粒大小和晶格畸变分析、RIR 值快速定量分析、晶格常数计算、图谱指标化、角度校正、衍射谱计算等功能。从 Jade6.0 开始增加了全谱拟合 Rietveld 法定量分析，还可以对晶体结构进行精修。

（1）在开始的桌面上，双击“MDI-Jade5.0”图标，进入到 Jade 主窗口，选择菜单“File/Patterns…”打开一个读入文件的对话框。

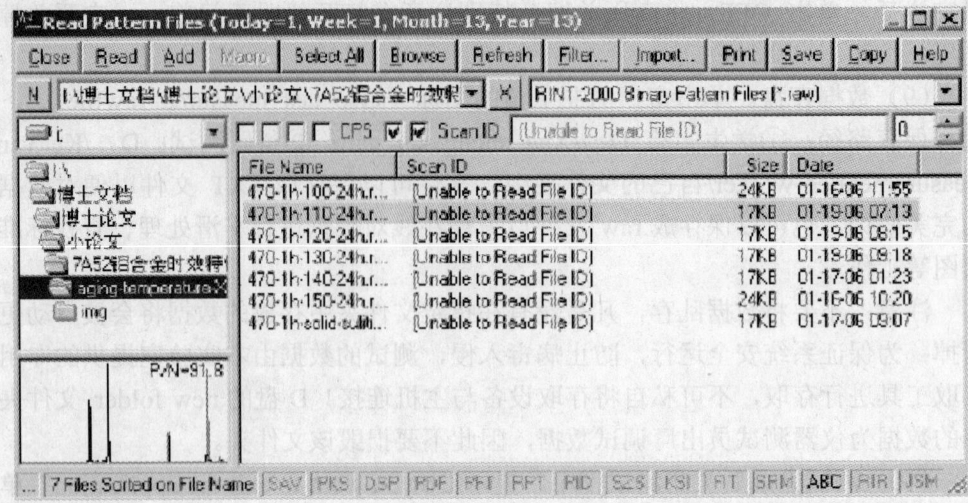

菜单“File| Thumbnail...”则以另一种方式显示这个对话框：

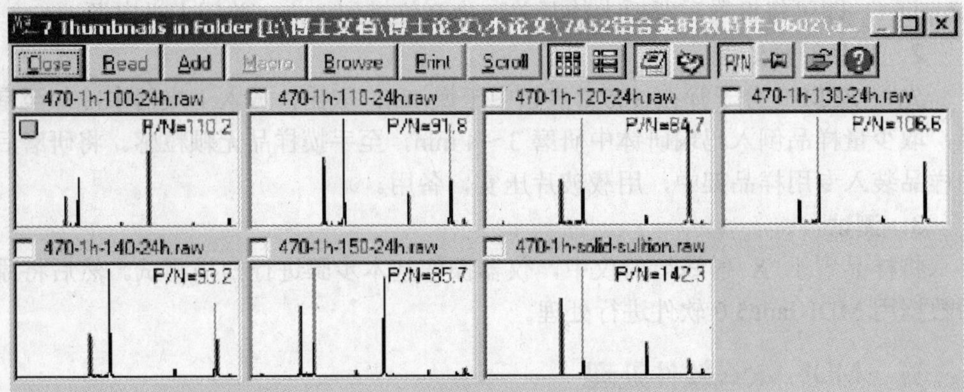

图 10-12 MDI-Jade 菜单

（2）读数文件的参数设置。Jade 默认的数据格式是 MDI ASCIIPattern Files，也是一种通用的纯文本格式，被很多其他软件使用，第一次进入 Jade 所见到的就是这种文件，也有使用.raw 和.txt 格式的文件。

（3）Jade 的基本功能。当你建立了 PDF 索引后，就可以进行打开文件、打印/预览、寻峰、平滑图谱、峰形拟合、扣除背底、物相检索、查找 PDF 卡片等项工作。

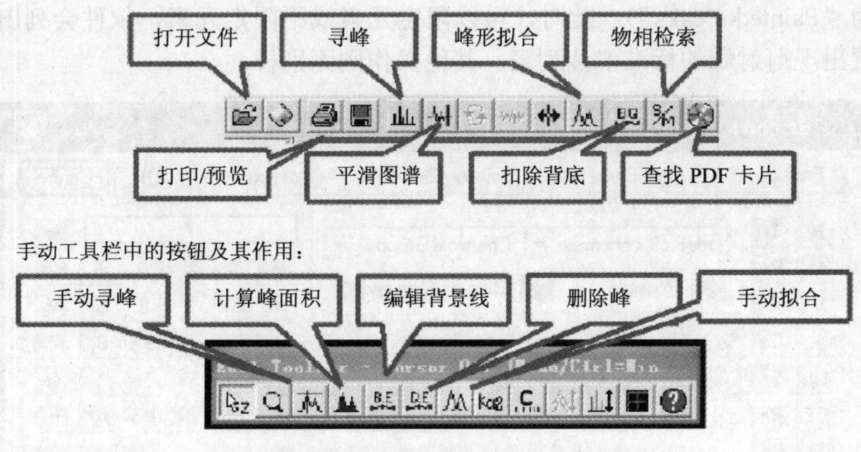

图 10-13 MDI-Jade 常用工具条

（4）用 Jade 分析自己做的 ZSM-5 分子筛的衍射图。

第一轮：不做限定检索。打开一个图谱，不作任何处理，鼠标右键点击“S/M”按钮，打开检索条件设置对话框，去掉“Usc chcmistry filtcr”选项的对号，同时选择多种 PDF 子库，检索对象选择为主相（S/M Focus on Major Phases），再点击“OK”按钮，进入“Search/Match Display”窗口。

第二轮：限定条件的检索。限定条件主要是限定样品中存在的“元素”或化学成分，在“Use chemistry filter”选项前加上对号，进入一个元素周期表对话框。将样品中可能存在的元素全部输入，点击“OK”，返回到前一对话框界面，此时可选择检索对象为次要相或微量相（S/M Focus on Minor Phases 或 S/M Focus on Trace Phases）。其他下面的操作就完全相同了。此步骤一般能将剩余相都检索出来。如果检索尚未全部完成，即还有多余的衍射线未检定出相应的相来，可逐步减少元素个数，重复上面的步骤，或按某些元素的组合，尝试一些化合物的存在。如某样品中可能存在 Al、Si、O 等元素，可尝是否存在 Al-O 化合物，此时元素限定为 Al 和 O，暂时去掉其他元素。在化学元素选定时，有三种选择，即“不可能”、“可能”和“一定存在”。见图 10-14。

第三轮：单峰搜索。如果经过前两轮尚有不能检出的物相存在，也就是有个别的小峰未被检索出物相来，那么，此时最有可能成功的就是单峰搜索。在一般的教材上都有“三强线”检索法，这里使用单峰搜索，即指定一个未被检索出的峰，在 PDF 卡片库中搜索在此处出现衍射峰的物相列表，然后从列表中检出物相。方法如下：在主窗口中选择“计算峰面积”按钮，在峰下画出一条底线，该峰被指定，鼠标右键点击“S/M”，此时，检索对象变为灰色不可调（Jade 5.0 中显示为“Painted Peaks”）。此时，可以限定元素或不限定元素，软件会列出在此峰位置出现衍射峰的标准卡片列表。其他操作则无别样。

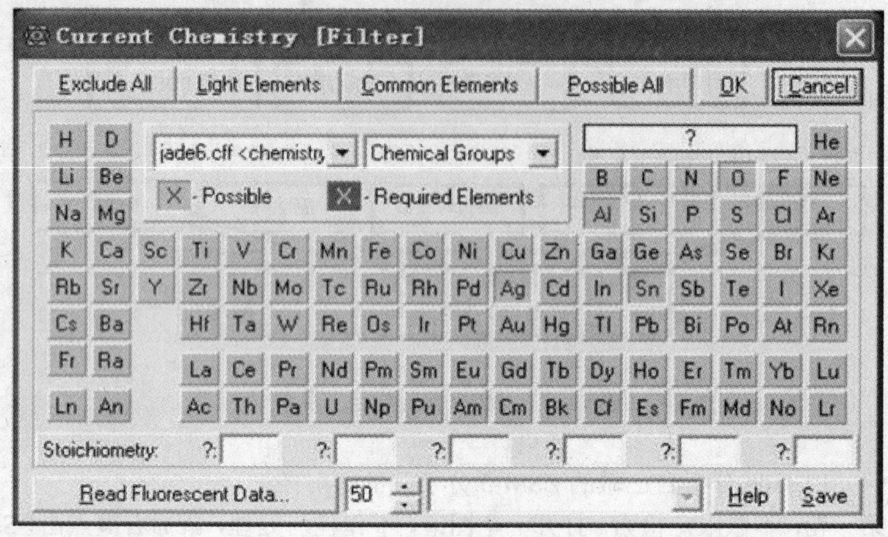

图 10-14 元素选择界面

（5）物相鉴定中说明的问题。实验所得出的衍射数据，往往与标准卡片或表上所列的衍射数据并不完全一致，通常只能是基本一致或相对地符合。尽管两者所研究的样品确实是同一种物相，也会是这样。因而，在数据对比时注意下列几点，可以有助于作出正确的判断。

① d 的数据比 I/I_1 数据重要。即实验数据与标准数据两者的 d 值必须很接近，一般要求其相对误差在±1%以内。I/I_1 值允许有较大的误差。这是因为面网间距 d 值是由晶体结构决定的，它是不会随实验条件的不同而改变的，只是在实验和测量过程中可能产生微小的误差。然而。I/I_1 值却会随实验条件（如靶、制样方法等）不同产生较大的变化。

②强线比弱线重要，特别要重视 d 值大的强线。这是因为强线稳定也较易测得精确；而弱线强度低而不易察觉，判断准确位置也困难，有时还容易缺失。

③若实测的衍射数据较卡片中的少几个弱线的衍射数据，不影响物相的鉴定。

六、结果讨论

对实验过程中出现的问题进行分析讨论。

七、思考题

1．D2-X 射线衍射仪开机过程要注意的主要问题是什么？
2．如何能够得到一张好的衍射图谱？
3．Jade 都有哪些功能？如何进行衍射图谱的分析？

实验二　X 射线衍射内标法测定铁矿石中 FeO 含量

一、实验目的

（1）学习 X 射线衍射法的基本原理。

（2）学习掌握 X 射线衍射仪的主要组成及各部分的作用，进一步熟悉 X 射线衍射仪的操作规程和注意事项。

（3）掌握 X 射线衍射法测定铁矿石中 FeO 的含量。

（4）掌握 MDI-Jade5.0 衍射数据处理系统。

二、实验原理

在铁矿石品种中，特别是高炉原料烧结矿中，铁元素主要以α-Fe_2O_3、Fe_3O_4等氧化态物相存在。高炉炼铁时需要根据不同的铁氧化物组成来计算配焦比，因此，一直需要分析烧结矿中 FeO 物相的含量。目前烧结矿中 FeO 的测定一般使用盐酸溶样—重铬酸钾直接滴定法，其操作烦琐，若试样难溶解，还往往导致分析结果偏低。X 射线衍射法除可进行多晶材料的物相定性分析之外，还可以根据 X 射线衍射强度与所含物相的质量百分数的对应关系来进行物相定量分析。

X 射线衍射定量分析方法依据 Alexander 和 Klug 导出的定量分析基本公式：

$$I_J = KR_J \frac{V_J}{Z\bar{\mu}} \tag{10.1}$$

式中，V_J 为 J 相在试样中所占体积百分数；$\bar{\mu}$ 为试样的平均吸收系数。

若将物相质量百分数换算代入式（10.1），可得到另一公式：

$$I_J = K_J \frac{W_J}{(\bar{\mu}/\rho)} \tag{10.2}$$

式中，W_J 为 J 相的质量百分数；（$\bar{\mu}/\rho$）为试样的平均质量吸收系数。

可以看出 J 相的衍射强度与 J 相在试样中的质量百分数成正比，而与试样的平均质量吸收系数成反比。用 X 射线衍射测定铁矿石中 FeO 含量时，如果矿石来源稳定，烧结过程工艺稳定，可以直接使用绝对衍射强度来计算。如果矿石来源不稳定，烧结过程也变化较多时，直接强度法分析结果偏差往往较大。

X 射线衍射定量分析多晶物质中物相含量时，一般使用吸收分析法、内标法、添加标样法等来消除不同质量吸收系数的基体干扰。其中，内标法因为不受待测物质的平均吸收系数影响，被测相浓度仅与衍射线强度比 I/I_s 成正比线性关系，在工业分析中较多采用。

标准曲线的制作：实验将选择 NaCl 为内标物质，将其以 20%的质量分数比例掺入已知 FeO 含量的磁铁矿和烧结矿标准样品中，通过测量样品中 Fe_3O_4 衍射峰[hkl（400），d（2.099Å），2θ（50.44°）]和内标物 NaCl 衍射峰[hkl（220），d（1.994Å），2θ（53.31°）]的强度，计算获得衍射强度比值 $I_{Fe_3O_4}/I_{NaCl}$，然后根据 $I_{Fe_3O_4}/I_{NaCl}$，与已知样品中 FeO 物相含量，作出标准曲线。

实测样品时，按同样方法掺入内标物质，获得样品中 Fe_3O_4 和 NaCl 衍射强度比值 $I_{Fe_3O_4}/I_{NaCl}$，即可快速获得待测样品中 FeO 含量。实验采用 X 射线衍射内标法可以测定不同组成的烧结矿、球团矿等样品。

三、实验仪器与试剂

D2 PHASER X 射线衍射仪（德国布鲁克 AXS 有限公司）。各种矿石标准样品，NaCl 试剂（AR 级），研磨机，压片机，玛瑙研钵。

四、实验步骤

1. 仪器操作基本步骤

（1）将机器后背板上的开关，0 位推到 1 位，开启主机电源；大约 2 min 后出现提示（Press Ctrl+Alt+Delete to begin），提示输入 Password，按照提示输入密码：password，然后单击 OK。

（2）等待 1 min 后出现图标显示，表明计算机已经进入工作状态：start/all programs/DIFFRAC Measurement Suite/Measurement server；也可以通过双击桌面 Measurement server 的图标进入。

（3）仪器自检自测。右下角有一黄色图标出现，表明仪器已经进入可测试状态，测试前自检正常。

（4）双击桌面 DIFFRAC Measurement 图标；或者右键单击 Open，进入测试：机器提示 Please login，直接单击 OK（没有密码），进入测试界面。

（5）将 TwoTheta：√，将 Phi：√，单击 Init（进行初始化操作）；出现提示：The following drive（s）will be initialized simultaneously，Do you want to continue？单击 OK，正式进入测试状态。

（6）设定测试参数。扫描类型 Theta/TwoTheta；扫描模式 Scan mode；测试速度、起始角；步长；终止角等测试数据设定。

（7）装载样品。打开仪器正门，将装载测试样品的样品架放置载物台上，并且一定要把载物台推回到原位，关闭仪器正门，单击 start，开始测试。

（8）测试过程中，在窗口的左上角会提示正在扫描的角度，即扫描进程；扫描完成后，单击 OFF，将高压关掉；特别注意在打开仪器正门前，一定要关掉高压。

（9）数据存盘。单击窗口的左上角的图标（save last measured rawfile…），选择保存路径：①学生实验 D：/Xue sheng shi yan；②科研测试：D：/Ke yan measurement/co-worker/自己的文件夹中。文件可以保存成.txt 文件以便对数据的完美修饰，也可以保存成.raw 文件以方便在线对数据进行平滑处理、查找标准谱图等工作。

注意：不要将数据乱存，凡是没有在指定文件夹中存放的数据将会被自动更新；为保证系统安全运行，防止病毒入侵，测试的数据由本实验室提供的专用存取工具进行存取，不可私自将存取设备与主机连接！D 盘的 new folder 文件夹中的数据为仪器测试员出厂调试数据，因此不要损毁该文件夹。

（10）测试完成后关闭测试程序，提示 Do you want to exit the application？单击 YES start/shut down/ok，大约 2 min 后，出现提示 It is now safe to turn off your computer，即可将机器后背板上的开关，由 0 位推到 1 位，关闭主机电源。

2．样品的预处理

先将矿石标样（或待测样品）和内标物质 NaCl 在 105℃烘箱中干燥 2 h，取出，放入干燥器中冷却至室温（块状矿样先行用研磨机制成粉末待用），准确称取 2.000 0 g 矿石标样和 0.500 0 g NaCl，放入瓷坩埚中，用细玻璃棒仔细搅拌均匀，然后，将混合样品倒入玛瑙研钵中研磨 3～4 min，至手摸样品无颗粒感。将研磨后的样品装入专用样品架中，用载玻片压实，备用。

3．测试

将样品置于 X 射线衍射仪中，开始扫描测试。测量 Fe_3O_4 物相的 $2\theta=50.44°$ 及 NaCl 的 $2\theta=53.31°$的峰，然后将原始数据用 MDI-Jade5.0 软件进行处理。并进行积分运算得到.int 文件。打开定量分析软件 Quantitative analysis 系统，进入 Calibration curve method 菜单，再将上述.int 文件逐一添加到指定菜单中，回归计算获得测量曲线并保存。

将未知样品同样操作，测量 Fe_3O_4 物相的 $2\theta=50.44°$及 NaCl 的 $2\theta=53.31°$的峰。然后，将以上原始数据进行积分运算得到.int 文件。进入定量分析软件 Quantitative analysis 系统，打开 Calibration curve method 菜单，将检量线调出，将未知样品的.int 文件加入菜单中，即可得到未知物质 A 的重量百分比。

五、数据处理

1．烧结矿样品衍射图谱分析及测量峰的确定

衍射图谱分析：将烧结矿样品测量得到的衍射图用 MDI-Jade5.0 软件进行物相搜索，判断样品中铁元素氧化物的存在形式，如α-Fe_2O_3、Fe_3O_4、Fe（Ⅱ）等的物相，是否存在单纯的 FeO 物相。

测量峰确定：若使用 Fe_2O_3 的 311 衍射峰（2θ=41.376°），可获得最大衍射强度值，但其受 Fe_2O_3 的 110 峰（2θ=41.599°）严重干扰，分离困难，而 Fe_2O_3 的 400 峰（2θ=50.440°）虽然峰小，但不受干扰，比较理想。

2．内标物质衍射谱图及参比衍射峰的确定

NaCl 晶体属立方体晶系，衍射峰较少，常用作内标物质。本法选择分析纯 NaCl 试剂，按照同样的测试条件进行测量，获得衍射图谱，各衍射峰尖锐且无杂峰，表明结晶完整，杂质甚微，而且 NaCl 的 2θ=53.31°衍射峰的强度重复性好，可以用作内标物质。

六、结果讨论

对实验过程中出现的问题进行分析讨论。

七、思考题

1．简述样品研磨中要注意的主要问题。

2．样品制备方式与衍射强度的关系，如何提高装样质量？

3．如何提高各种铁矿石中 FeO 的检测效果？

参 考 文 献

[1] 中华人民共和国国家质量监督检验检疫总局 中国国家标准化管理委员会．数据的统计处理和解释 正态样本离群的判断和处理[S]．北京：中国标准出版社，2009.

[2] 中华人民共和国国家质量监督检验检疫总局 中国国家标准化管理委员会．白酒中锰的测定 电感耦合等离子体原子发射光谱法[S]．北京：中国标准出版社，2009.

[3] 张济新，孙海霖，朱明华．仪器分析实验[M]．北京：高等教育出版社，2003.

[4] 华中师大，东北师大，陕西师大，等．分析化学实验（第三版）[M]．北京：高等教育出版社，2001.

[5] 武汉大学．分析化学实验（第四版）[M]．北京：高等教育出版社，2001.

[6] 朱良漪．分析仪器手册[M]．北京：化学工业出版社，1997.

[7] 常文保，李克安．简明分析化学手册[M]．北京：北京大学出版社，1981.

[8] 北京大学仪器分析教学组．仪器分析教程[M]．北京：北京大学出版社，1997.

[9] 辛仁轩．等离子体发射光谱分析——原子光谱分析技术丛书[M]．北京：化学工业出版社，2005.

[10] 朱明华．仪器分析（第三版）[M]．北京：高等教育出版社，2000.

[11] 武汉大学．分析化学（下）[M]．北京：高等教育出版社，2007.

[12] 武汉大学化学与分子科学学院实验中心．仪器分析实验——高等院校化学实验系列教材[M]．武汉：武汉大学出版社，2005.

[13] 陈培榕，李景虹，邓勃．现代仪器分析实验与技术[M]．北京：清华大学出版社，2006.

[14] 叶宪曾，张新祥，等．仪器分析教程[M]．北京：北京大学出版社，2007.

[15] 冯玉红．现代仪器分析实用教程[M]．北京：北京大学出版社，2008.

[16] 刘志广．仪器分析[M]．北京：高等教育出版社，2007.

[17] 陈国松，陈昌云．仪器分析实验[M]．南京：南京大学出版社，2009.

[18] 李启隆，迟锡增，曾泳淮，等．仪器分析[M]．北京：北京师范大学出版社，1994.

[19] 华中师大，等．分析化学（下）（第三版）[M]．北京：高等教育出版社，2002.

[20] 武汉大学．分析化学实验（第四版）[M]．北京：高等教育出版社，2006.

[21] 华中师大，等．分析化学实验（第三版）[M]．北京：高等教育出版社，2002.

[22] 赵文宽，张悟铭，王长发，等．仪器分析实验[M]．北京：高等教育出版社，1997.

[23] 高向阳．新编仪器分析实验[M]．北京：科学出版社，2009.

[24] 董杜英．现代仪器分析实验[M]．北京：化学工业出版社，2008.

[25] 张剑荣，等．仪器分析实验（第二版）[M]．北京：科学出版社，2009.

[26] 俞英．基础化学实验——仪器分析实验[M]．北京：化学工业出版社，2008.
[27] 张华，刘志广．仪器分析简明教程[M]．大连：大连理工大学出版社，2007.
[28] 于世林．高效液相色谱方法及应用（第二版）[M]．北京：化学工业出版社，2005.
[29] 陈立仁，等．高效液相色谱基础与实践[M]．北京：科学出版社，2001.
[30] 张庆和．高效液相色谱实用手册[M]．北京：化学工业出版社，2008.
[31] 孙毓庆，等．液相色谱溶剂系统的选择与优化[M]．北京：化学工业出版社，2008.
[32] 刘约权．现代仪器分析[M]．北京：高等教育出版社，2006.
[33] 马礼敦．高等结构分析[M]．上海：复旦大学出版社，2002.
[34] 刘粤惠，刘平安．X射线衍射分析原理与应用[M]．北京：化学工业出版社，2003.
[35] 李树棠．晶体X射线衍射学基础[M]．北京：冶金工业出版社，1990.
[36] 马礼敦．近代X射线多晶体衍射[M]．北京：化学工业出版社，2004.
[37] 周上琪．X射线衍射分析原理方法应用[M]．重庆：重庆大学出版社，1991.
[38] 晋勇，孙小松．X射线衍射分析技术[M]．北京：国防工业出版社，2008.
[39] 邓勃．应用原子吸收与原子荧光光谱分析（第二版）[M]．北京：化学工业出版社，2007.
[40] 张扬祖．原子吸收光谱分析应用基础[M]．广州：华东理工大学出版社，2007.
[41] 李安模，魏继中．原子吸收及原子荧光光谱分析[M]．北京：科学出版社，2003.